プログラム委員会

共同委員長

名倉 正剛　(南山大学)
関澤 俊弦　(日本大学)

出版委員長

柏 祐太郎　(九州大学)

オンライン運営委員長

槇原 絵里奈　(同志社大学)

プログラム委員

天嵜 聡介　(岡山県立大学)
阿萬 裕久　(愛媛大学)
石尾 隆　(奈良先端科学技術大学院大学)
石川 冬樹　(国立情報学研究所)
市井 誠　(日立製作所)
伊藤 恵　(はこだて未来大学)
伊原 彰紀　(和歌山大学)
岩間 太　(日本 IBM)
上田 賀一　(茨城大学)
鵜林 尚靖　(九州大学)
上野 秀剛　(奈良高専)
大平 雅雄　(和歌山大学)
大森 隆行　(立命館大学)
小笠原 秀人　(千葉工業大学)
小形 真平　(信州大学)
岡野 浩三　(信州大学)
柏 祐太郎　(九州大学)
神谷 年洋　(島根大学)
岸 知二　(早稲田大学)
切貫 弘之　(NTT)
桑原 寛明　(南山大学)
小林 隆志　(東京工業大学)
近藤 将成　(九州大学)
佐伯 元司　(南山大学)
沢田 篤史　(南山大学)
高田 眞吾　(慶應義塾大学)
立石 孝彰　(日本 IBM)
田原 康之　(電気通信大学)
丹野 治門　(NTT)
角田 雅照　(近畿大学)
戸田 航史　(福岡工業大学)
中川 博之　(大阪大学)
中島 震　(国立情報学研究所)
野呂 昌満　(南山大学)
萩原 茂樹　(千歳科学技術大学)
花川 典子　(阪南大学)
福田 浩章　(芝浦工業大学)
福安 直樹　(大阪工業大学)
本田 澄　(大阪工業大学)
槇原 絵里奈　(同志社大学)
森崎 修司　(名古屋大学)
安田 和矢　(日立製作所)
山本 晋一郎　(愛知県立大学)
吉岡 信和　(早稲田大学)
吉田 敦　(南山大学)

シニアプログラム委員

鯵坂 恒夫　(武庫川女子大学)
大西 淳　(立命館大学)
権藤 克彦　(東京工業大学)
杉山 安洋　(日本大学)
本位田 真一　(早稲田大学)
門田 暁人　(岡山大学)

レクチャーノート/ソフトウェア学 47

ソフトウェア工学の基礎 28

名倉 正剛・関澤 俊弦　編

まえがき

プログラム共同委員長　名倉 正剛* 関澤 俊弦†

本書は，日本ソフトウェア科学会「ソフトウェア工学の基礎」研究会 (FOSE: FOundation of Software Engineering) が主催する第 28 回ワークショップ (FOSE2021) の論文集です．ソフトウェア工学の基礎ワークショップは，ソフトウェア工学の基礎技術を確立することを目指し，研究者・技術者の議論の場を提供します．大きな特色は異なる組織に属する研究者・技術者が，3 日間にわたって寝食を共にしながら自由闊達な意見交換と討論を行う点にあります．第 1 回の FOSE は，1994 年に信州穂高で開催し，それ以降，日本の各地を巡りながら，毎年秋から初冬にかけて実施しており，今回で 28 回となります．本年は，福島県磐梯熱海温泉での開催になります．COVID-19 の影響により現地での開催が危ぶまれましたが，論文集編集時点ではオンラインと現地とのハイブリッドで開催することを予定しています．磐梯熱海温泉は「萩姫伝説」で知られ，南北朝時代に開湯された 800 年の歴史を持つ「美人の湯」として名高い名湯です．温泉でリラックスをし，加えて秋の味覚に舌鼓を打ちつつ，活発な議論が行われることを期待します．

本年もこれまでと同様に，以下の 3 つのカテゴリで論文および発表を募集しました．

1. 通常論文ではフルペーパー (10 ページ以内) とショートペーパー (6 ページ以内) の 2 種類を募集しました．投稿は，フルペーパーに 16 編，ショートペーパーに 5 編あり，それぞれ 4 名以上のプログラム委員による並列査読，および，プログラム委員会での厳正な審議を行いました．その結果，フルペーパーとして 6 編，ショートペーパーとして 13 編の論文を本論文集に掲載しました．
2. ライブ論文 (2 ページ以内の速報的な内容) には，14 編の応募があり，全てを採録として，本論文集に掲載しました．ワークショップでは，論文内容についてポスター発表が行われます．
3. ポスター・デモ発表として，本論文集に掲載されない形でのポスター発表やデモンストレーションを受け付けました．16 件の応募があり，全て発表いただくことを決定しました．

なお，日本ソフトウェア科学会の学会誌「コンピュータソフトウェア」において，本ワークショップと連携した特集号が企画されています．ワークショップでの議論を経てより洗練された論文が数多く投稿されることを期待します．

招待講演では，会津大学の成瀬継太郎氏により「搬送ロボットの Cyber-Physical System と産学連携」のタイトルでご講演を予定しています．これからの搬送ロボットシステムは，異なるフレームワークで開発されたロボットや様々な IoT サービスと連携して利用することになり，そのためには通信データやプロトコルの標準化が必要になります．このご講演では，産学連携による研究開発事例を紹介します．

最後に，本ワークショップのシニアプログラム委員の皆様，プログラム委員の皆様，出版委員長の柏祐太郎氏，オンライン運営委員長の槇原絵里奈氏，ソフトウェア工学の基礎研究会主査の沢田篤史氏，近代科学社編集部および関係諸氏に感謝いたします．

*Masataka Nagura, 南山大学

†Toshifusa Sekizawa, 日本大学

目次

招待講演

搬送ロボットの Cyber-Physical System と産学連携
成瀬継太郎（会津大学） 11

プログラミング

プログラミング初学者のバグ修正履歴を用いたデバッグ問題自動生成の事例研究
秋山楽登，中村司，近藤将成，
亀井靖高，鵜林尚靖（九州大学） 13

プログラミング言語の使用割合に基づくソフトウェア開発の生産性分析
角田雅照（近畿大学），
松本健一（奈良先端科学技術大学院大学），
大岩佐和子，押野智樹（財団法人経済調査会） 23

仕様検証・解析

近似によるリアクティブシステムの仕様検証効率化
伊藤宗平（長崎大学），
辻優磨（富士通 Japan ソリューションズ九州） 33

RPA における不具合発生要因の分類
新田壮史，中川博之，土屋達弘（大阪大学） 39

異粒度指向反例解析に向けて
小形真平，大池勇太郎（信州大学），
中川博之（大阪大学），青木善貴（日本ユニシス），
小林一樹，岡野浩三（信州大学） 45

プログラム自動修正

複数のプログラミング言語の文法知識に起因する制御文の誤りの自動修正方法の提案
蜂巣吉成，東直希，三上比呂，
長野滉大，吉田敦，桑原寛明（南山大学） 51

実行経路を考慮した自動テストケース生成が自動プログラム修正に与える影響の分析
松田雄河，山手響介，近藤将成，
柏祐太郎，亀井靖高，鵜林尚靖（九州大学） 61

プログラム理解・ソースコード

視線と心拍を用いた主観的なプログラム理解難易度の推定
曾我遼，横山由貴，鹿糠秀行（日立製作所），
久保孝富，石尾隆（奈良先端科学技術大学院大学）............ 71

ソースコードの難読化解除手法を活用したメソッド名の整合性評価
峯久朋也，阿萬裕久，川原稔（愛媛大学）.................... 81

メトリクス・推定

ユーザーレビューにおける地域・アプリケーション固有の苦情傾向に関する調査
横森励士（南山大学），吉田則裕（名古屋大学），
野呂昌満（南山大学），井上克郎（大阪大学）................ 91

Webアプリケーション開発フレームワークの学習進度推定ツール
高橋圭一（近畿大学）.................................... 97

Doc2Vecとクラスタリングによるソースファイルの意味的な変更の検出
西岡大介，神谷年洋（島根大学）.......................... 103

開発支援

OSSプロジェクトへのオンボーディング支援のためのGood First Issue自動分類
堀口日向，大平雅雄（和歌山大学）........................ 109

プログラミング作問支援に向けた類似問題検索手法の評価
山本大貴，松尾春紀，沖野健太郎，
近藤将成，亀井靖高，鵜林尚靖（九州大学）................115

リファクタリング検出のための拡張操作履歴グラフ
大森隆行，大西淳（立命館大学）.......................... 121

アーキテクチャ

JavaScriptにおける非同期処理に対応した層活性手法
鳥海健人，福田浩章（芝浦工業大学）...................... 127

ゲーム対戦戦略をプレイヤー習熟度へ適応させる機械学習機構の設計
竹内大輔，野呂昌満，沢田篤史（南山大学）................ 133

実証的分析

ライブラリのテストケース変更に基づく後方互換性の実証的分析
松田和輝，伊原彰紀，才木一也（和歌山大学）..............139

継続的インテグレーションに影響を及ぼす Ringing Test Alarms に関する実証調査
浅田翔，柏祐太郎，近藤将成，
亀井靖高，鵜林尚靖（九州大学）..........................145

ライブ論文

因果ダイアグラムによる経営改善の施策立案支援手法の提案
堀旭宏，川上真澄（日立製作所）.........................151

構文解析情報を用いた Swift プログラムの中間表現レベルミューテーション
齋藤優太，木村啓二（早稲田大学）.......................153

ゾーン分析に基づくテストケース優先度付け手法
左近健太，明神智之（日立製作所）.......................155

Second Validation for Unacceptable Fixes in Automatic Program Repair
Jinan Dai, Kazuya Yasuda（Hitachi, Ltd.）................157

IoT システムの欠陥に対するコードクローン検出の有効性の調査
大野堅太郎，吉田則裕，朱文青，高田広章（名古屋大学）....159

実践プロジェクトに基づく参照開発モデルを利用した機械学習プロジェクトの知見収集
竹内広宜（武蔵大学），今崎耕太（情報処理推進機構），
久野倫義（三菱電機），土肥拓生（ライフマティックス），
本橋洋介（日本電気）..................................161

深層学習システムの保守に関する実証調査の検討
インメイヨウ，柏祐太郎，近藤将成，
亀井靖高，鵜林尚靖（九州大学）..........................163

テストケース生成ツールを用いたバグ限局ツール AutoSBFL の提案
中森陸斗，崔恩瀞（京都工芸繊維大学），
吉田則裕（名古屋大学），水野修（京都工芸繊維大学）.......165

プログラミングにおけるステレオタイプ脅威の影響分析
高塚由利子，角田雅照（近畿大学）.......................167

コードメトリクスを利用した機械学習系ソフトウェアの特徴分析
吉本拓人，満田成紀（和歌山大学），
福安直樹（大阪工業大学） 169

鼻部皮膚温度を用いたソフトウェア開発者の認知負荷推定の試み
米田眞（近畿大学），中才恵太朗（鹿児島工業高等専門学校），
角田雅照（近畿大学），鹿嶋雅之（鹿児島大学） 171

Edutainment 指向のためのソフトウェア教育支援システムにおける学習者データの収集と解析
魏久竣，堤崚介，岡野浩三，
小形真平，新村正明（信州大学） 173

暗号通貨ウォレットを構成するソフトウェアの開発活動と時価総額の関係性の観察
安藤勇人，横森励士，名倉正剛（南山大学） 175

ドキュメントの自動生成によるEnd-to-End テストスクリプトの理解支援
但馬将貴，切貫弘之，丹野治門（日本電信電話） 177

搬送ロボットの Cyber-Physical System と産学連携

Cyber-Physical System of Fleet Robot Systems and Academia-Industry Collaboration

成瀬 継太郎*

本発表では複数の移動ロボットからなる搬送ロボットシステムにおいて，各ロボットを下位系，経路計画を上位系とし，さらに各種データを保存し提供するロボットデータベースの三者がネットワークで接続されたシステムを対象とする．

従来の搬送ロボットシステムは単一のフレームワーク（例：ROS）の中でシステムが開発されていた．しかし今後，搬送ロボットシステムが成熟するにつれ，異なるフレームワークで開発されたロボット（ROS2, Ardupilot, OpenRTM-aist など）や様々な IoT サービスと接続して利用することになる．したがって，異なるデータ形式や通信プロトコルを持つフレームワークとの接続が可能な，一段階上のシステムインテグレーション技術が必要になる．さらに，このシステムは通信の品質が保証できないインターネットにまたがった分散システムになるため，システムのセーフティとセキュリティも考慮しなければならない．そのため，インターネットでも安全に動作するようなシステム設計や，ソフトウェア機能の分割と配置，通信内容や頻度を定める必要がある．

会津大学では産学連携によりこの課題に取り組んでいる．大学は主にシステムの設計やデータや通信の標準化を行い，企業がシステム実装と PoC 試験を行っている．図 1 は会津大学における PoC 実験の様子である．

さらに，ロボットだけでなく監視カメラシステムなどと連携し，建物全体の最新の計測データを集約することで，システム状態の可視化，さらにロボットシミュレータ内に最新の作業空間を再現することもできるようになる．そして実際のロボットに適用する前にシミュレータで新しい知識を試験すること，あるいはシミュレータと学習機構の連携により新しい知識を生成することが可能になる．結果としてシステムがより安全に，より知的になっていく．これが，我々が目指している Cyber-Physical Space（仮想・現実システム）であり，建物全体として継続的に進化するスマートシステムである．

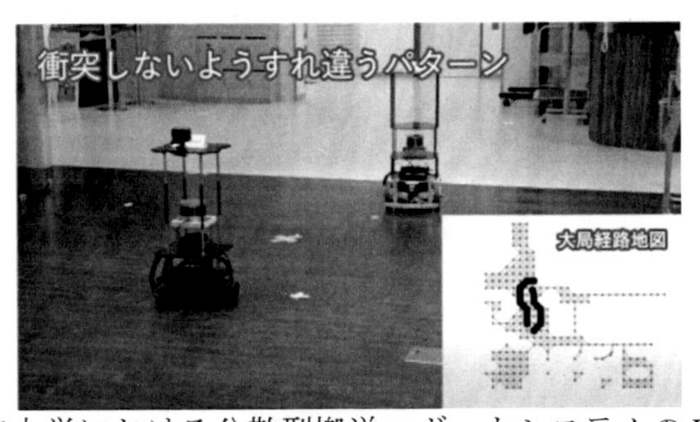

図 1 ：会津大学における分散型搬送ロボットシステムの PoC 実験．

* Keitaro Naruse, 会津大学コンピュータ理工学部

プログラミング初学者のバグ修正履歴を用いたデバッグ問題自動生成の事例研究

A case study of automatic debugging problem generation using novice programmers' bug fix histories

秋山 楽登 [*]　中村 司 [†]　近藤 将成 [‡]　亀井 靖高 [§]　鵜林 尚靖 [¶]

あらまし プログラミング初学者のためのデバッグ支援に関する研究は近年盛んに行われている．しかし，初学者のバグの傾向を捉えたデバッグの演習問題を提供することによる学習支援は研究されていない．そこで，本研究では，そのような演習問題の生成を目指す．その方法として，実際に開発者が作成したバグ修正前後のソースコードから埋め込まれているバグを機械翻訳技術の応用により学習し，バグを生成する Learning-Mutation という手法に着目した．九州大学のプログラミング初学者らのデータに対して Learning-Mutation を適用し，生成されたバグと実際のバグを比較することで，デバッグ演習問題の作成に繋げられるかを評価した．その結果，トークン数が少ないとき，生成されるバグは実際のバグに類似しており，セミコロン忘れや変数・関数の未宣言が 36%以上を占めていた．一方，トークン数が多くなると実際とは異なるバグを埋め込む可能性が高まることがわかった．また，初学者が作成するバグのうち Learning-Mutation では生成が困難なバグは存在するが，そのバグの分布はビームサーチによってプログラミング初学者のバグの分布に近づけることができ，デバッグの学習支援に繋げられる可能性を示した．

1　はじめに

ソフトウェア開発を行う上でデバッグには多くの時間が費やされており，プログラミングに費やす時間の半分を占めるという結果も示されている [1]．特に，プログラミング初学者はコンパイル時に様々なエラーメッセージが出力されてプログラムを実行できず，デバッグに苦労する場合が多い [2]．ここで，プログラミング初学者とは，プログラミングに不慣れな学習者のことである．

そのため，近年のソフトウェア開発では，プログラミング初学者のためのデバッグ支援に関する研究 [3] [4] が盛んに行われている．例えば，プログラムの処理を確認していくトレースの指導補助や，エラーメッセージに対応する修正内容を示した補助メッセージの提示による支援がある．

また，プログラミング初学者にとってデバッグのやり方を学習することは重要であるとされているが [5]，実際に初学者が作るようなバグをデバッグの学習に用いることで，初学者が直面しやすいバグの対処方法を学ぶことができると考えられる．しかし，研究の対象となるプログラミング初学者のバグの傾向を捉えたデバッグの演習問題作成の支援は行われていない．

そこで，本研究では Learning-Mutation [6] という手法に着目する．これは，実際のバグのあるソースコードとそのバグを修正した後のソースコードから，どのようなバグが埋め込まれているかについて機械翻訳に基づく学習を行い，人工的なバグを生成する．Learning-Mutation の先行研究で行われた実験の結果，論理エラーに対して Learning-Mutation を使ったバグの埋め込みが有効であることが示されている．

[*]Gakuto Akiyama, 九州大学

[†]Tsukasa Nakamura, 九州大学

[‡]Masanari Kondo, 九州大学

[§]Yasutaka Kamei, 九州大学

[¶]Naoyasu Ubayashi, 九州大学

本研究では，九州大学のプログラミングの講義においてコンパイルエラーが生じた学生の解答に対して Learning-Mutation を適用する．そして，学生が実際に作るようなバグが生成されるか評価を行い，九州大学でのデバッグの演習問題作成に Learning-Mutation が役立つかを考察する．

本稿では，2 章で背景と本研究の動機を説明して調査課題を提案し，3 章で本研究で用いるデータセットについて述べる．4 章では提案した調査内容に対して行った実験について説明し，さらにその結果を考察する．5 章では関連研究を示し，6 章では妥当性に対する脅威を述べ，7 章でまとめと今後の課題について述べる．

2 ミューテーションテストと研究の動機

デバッグのやり方を学習するためには，類似するバグに対して，反復してデバッグを行う学習法が考えられる．この学習法ではバグが埋め込まれたソースコードをプログラミング初学者に与え，バグを除去させる．

バグが埋め込まれたソースコードがデバッグの演習問題であり，バグを除去したソースコードがその解答である．教員はデバッグの演習問題と解答を作成する必要があるが，労力を要する．そこで，テスト対象プログラム（解答）に対してバグを埋め込んだプログラム（問題）を生成できるミューテーションテストに着目した．

2.1 ミューテーションテスト

開発したソフトウェアのテスト作成には多くの時間がかかり，また，テストを作成してもそのテストがどれほど有効なテストであるかは判断が難しい．そのようなテストケース生成のサポートやテストスイートの有効性の評価を行うためのアプローチとしてミューテーションテストがある．

ミューテーションテストでは，まず，テスト対象のプログラムに人工的なバグを埋め込んだプログラムであるミュータントを生成する．ミュータントの生成にはバグをどのように埋め込むかという規則を表すミューテーション演算子を用いる．そして，ミュータントとテスト対象のプログラムの違いをテストスイートがどの程度検出できるかによってテストスイートの有効性を評価する．

2.2 Learning-Mutation

従来の研究では，ミューテーションテストにおいてミューテーション演算子を実際のバグから手作業で分類する方法は存在したが，労力を要する上にテストの障害となるようなエラーが発生しやすいという問題があった．そこで，Tufano らは深層学習の応用技術であるシーケンス変換を用いて実際のバグ修正からミューテーション演算子を学習してミュータントを生成する Learning-Mutation を提案した [6]．論理エラーを対象とした先行研究では，生成されたバグのうち 20%が完全に元のバグと一致しており 52%が元のバグとは異なるバグを生成することができていた．

本研究ではコンパイルエラーを対象とするが，Learning-Mutation はシーケンス変換による学習を行うためコンパイルエラーへの適用が可能だと考えられる．コンパイルエラーの種類は有限だが，論理エラーと同様にミューテーション演算子の手作業での分類は労力を要する．また，実際のバグ修正には含まれない，分類時に生じたエラーによるバグが埋め込まれる可能性が存在する．このことから，コンパイルエラーにおいても Learning-Mutation によるミュータントの生成が役立つと考えた．

図 1 は Learning-Mutation の処理フローである．各処理の詳細は以下で説明する．

抽象化． 通常のソースコードに含まれる多様なトークンは，機械翻訳によってソースコードの変換を学習することを妨げるため，語彙に制限を設けてトークンの種類を減少させるための抽象化を行う．Learning-Mutation の入力データはバグを修正する前後の抽象化されたソースコードである．先行研究では Java プログラムを対象としているため，図 2 でも例として Java プログラムを用いている．ここでは抽象

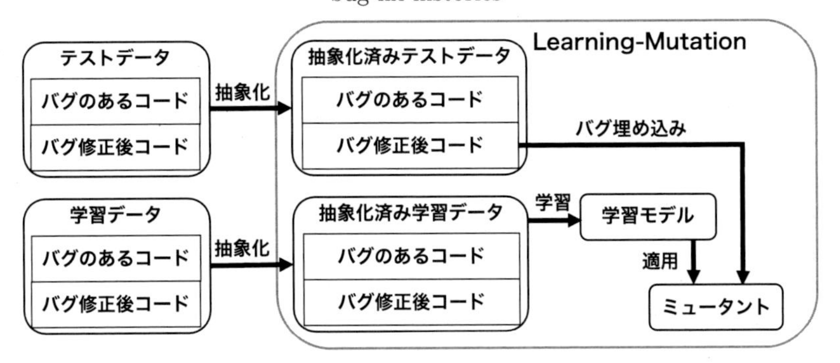

図 1　Learning-Mutation の処理フロー

化に必要な二つの要素を説明する．

一つ目は ID の付与である．ここでは，バグ修正前後のソースコードのペアごとに処理を行う．まず，一組目のペアのバグ修正後のソースコードを検討する．字句解析器によってトークン化した各識別子と各リテラルに構文解析器で一意の ID を付与する．識別子とリテラルが複数回出現する場合，それらは同じ ID に置き換えられる．また，ID の割り当ては見つかった順番に行われる．

次に，一組目のペアのバグ修正前のソースコードを検討する．バグ修正前のソースコードには存在してバグ修正後のソースコードには存在しない，新規の識別子とリテラルに対してのみ新しい ID を生成する．

そして，これらをバグ修正前後のソースコードの全てのペアに対して行う．各ペアの中でトークンの識別を可能にしながら語彙を大幅に減少させることが ID 付与の目的であるため，ID は次のペアでは再度 1 から割り当てられる．

図 2 を見ると，型，メソッド，変数，整数がそれぞれ TYPE，METHOD，VAR，INT と抽象化されており，新規のメソッドにはそれぞれ ID が METHOD_1，METHOD_2 と順に振られている．また，0 から 1 へのバグ修正はそれぞれ INT_2 と INT_1 に変換されており，新しい ID が生成されていることがわかる．

二つ目はイディオムである．ソースコードに頻繁に出現する識別子やリテラルはイディオムと呼ばれ，キーワードとして扱うことができる．例えば，変数 i，j はループで，0 や 1 は条件式や戻り値で頻繁に使用される．イディオムは生成された ID に変換するのではなく，元の状態で保持される．Tufano ら [6] は，30 万件のバグ修正前後のペアから，ソースコード内で使用される各識別子・リテラルの頻度を抽出し，キーワードやセパレータ，コメントを除く上位 0.005%，272 個のトークンをイディオムとして登録した．元の状態で保持することで頻出する識別子やリテラルを抽象化せずに済むため，情報量の減少を抑えながら語彙の数を制限し，コード変換を効率よく学習できる．さらに，ミュータント生成時に新規の ID が出現することを減らし，復元可能な抽象化されたコードの数を増やすことができる．図 2 では，イディオムとして登録されている 1 と 0 が抽象化後もそのまま出力されていることがわかる．

学習と適用によるバグ埋め込み． seq2seq モデル [7] を用いてシーケンス変換によって実際のバグ修正の内容からどのようなバグが埋め込まれているかを学習し，学習モデルを作成する．そして，学習モデルをバグ修正後のソースコードに適用することで，ミュータントを生成する．ミュータント候補は 1 つのバグ修正後のソースコードに対してビームサーチによって複数個生成される．

ビームサーチは探索アルゴリズムの一種である．各トークンに対して，確率で次のトークンを予測するのではなく k 個のトークンの予測を展開する．k はビーム幅と呼ばれ，$k=3$ であれば 1 つのトークンに対してトークンを 3 個予測する．

バグ修正後のソースコードが入力されると，まず学習モデルに応じて先頭のトークンとして上位 k 個の候補を生成する．上位 k 個以外のトークンの予測は削除しな

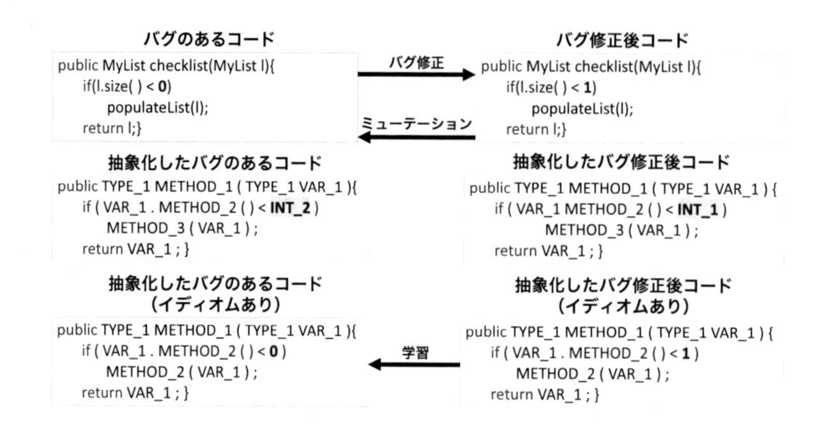

図 2　コードの抽象化

がら各トークンの予測からさらに次のトークンの予測を展開していき，ソースコードの終了記号に到達するまで繰り返す．最終的に k 個のミュータント候補ができる．

2.3　研究の動機

プログラミング初学者のためのデバッグ支援は近年盛んに研究されているが [3] [4]，デバッグのやり方を学ぶことができる学習支援はあまり研究されていない [5]．

デバッグのやり方を学習するために，プログラミング初学者はデバッグの演習問題を繰り返し取り組むことが求められる一方で，教員は十分な演習問題を作成する必要がある．また，実際のプログラミング初学者のバグの傾向を捉えてデバッグの演習問題を作成することで，初学者にとって効果的な演習を実現できると考えられる．

そこで，本研究では九州大学の学生を対象とし，学生自らが作るようなバグに対してデバッグの学習を支援するために，九州大学のプログラミングの講義においてコンパイルエラーが生じた学生の解答に対して Learning-Mutation を適用した．

調査内容は以下の通りである．

調査課題 1　Learning-Mutation はどのようなコンパイルエラーを生成するか
この調査は，実際のプログラミング初学者のバグと類似したバグを生成できているか評価することを目的とする．プログラミング初学者のデータに Learning-Mutation を適用することで，ミュータントに含まれるバグが実際のバグとどの程度類似しているか調査を行う．

調査課題 2　ビーム幅を増加させることで生成されるバグは変化するか
この調査の目的は，一つのソースコードに対して複数のミュータントを生成することによってデバッグの演習問題を増やすことである．ビーム幅を増やすことで生成されるバグに違いがあるのかを調査する．

Learning-Mutation の適用シナリオ．　ここで，本研究で想定するデバッグの学習支援について説明する．プログラミングに不慣れな学生が受講する基礎的なプログラミング演習の授業が対象である．学生が課された演習問題に取り組み，デバッグの経験を積むことで，学生にデバッグのやり方を定着させることを目的とする．

教員はコンパイル時のデータを収集しておく．そして，プログラミング演習の授業の一環として，デバッグの講義と演習を行う．デバッグの演習では，生成された複数のミュータントを if や for といった学習の単元ごとに分類することで，教員は必要に応じた演習問題を課すことができると考えられる．ただし本研究は，実際のバグとの類似性の調査であるため，簡単のためにコンパイル時のエラーメッセージによってミュータントを分類した．適用時には学習単元ごとでの分類が必要である．

表 1　イディオムのリスト

イディオム	度数	クラス	イディオム	度数	クラス
int	14,762	TYPE	a	7,800	VARIABLE
i	13,595	VARIABLE	j	5,379	VARIABLE
printf	11,724	METHOD	1	4,988	LITERAL
0	11,277	LITERAL	b	3,966	VARIABLE
x	7,988	VARIABLE	argv	3,797	VARIABLE

表 2　各データセットに含まれるソースコードの件数

	修正前後のデータ数	学習データ数	評価データ数	テストデータ数
small	610	488	61	61
medium	1,255	1,003	126	126

3　データセット

3.1　対象のデータ

本研究で使用したデータセットは九州大学で開講された基幹教育科目の講義から収集した．講義で課されたC言語プログラム初級者向けの課題に対し，2015年度の法学部，2016年度の薬学部，2017年度の教育学部の学生が書いたソースコードをまとめたものとなっている．TERA-TERMを通じて学生が接続できるサーバーからSFTP（SSH File Transfer Protocol）を通じてコンパイル時のログを収集した [8]．

実験に使用するデータはトークン数nによってsmallデータセットとmediumデータセットに分割される．smallデータセットは$0 < n \leq 50$，mediumデータセットは$50 < n \leq 100$のソースコードの集合であり，$n > 100$のとき破棄される．

このトークン数の選別はLearning-Mutationの提案論文での実験設定を踏襲したものである．全データのうち74%が$n \leq 100$であり，$n > 100$のトークン数のばらつきのあるデータが学習と修正性能に影響を与える可能性を考慮している．

3.2　データの整形

Learning-Mutationの先行研究 [6] で用いられたデータセットと九州大学のデータセットでは，言語や含まれるエラーの種類，使用される識別子やリテラル等，異なる要素が存在するため，それらを考慮して以下のことを行う．

ラベル付け．　九州大学のデータセットにはバグ修正が行われていないソースコードも含まれるため，まず，バグ修正前後のソースコードのペアのみ抽出する．本研究では，学生ごとに課題で生じたコンパイルエラーの数が1以上から0に変化したときをバグが修正されたとみなす．そして，エラー数が1以上あるものをバグ修正前のソースコード，0のものをバグ修正後のソースコードとラベル付けを行なった．

抽象化．　先行研究ではJavaプログラムを対象としているが，九州大学のデータセットはC言語プログラムである．そのため，Learning-Mutationに適したC言語抽象化プログラムを構成した．また，九州大学のデータセットで出現する識別子やリテラルはLearning-Mutationの先行研究と異なるため，新たにイディオムを登録した．全トークンの上位0.005%を占める22個をイディオムとしている．本研究におけるイディオムについて紙幅の都合上，上位10個を表1に示す．

データ分割．　学習，評価およびテストセットにデータを先行研究と同様80%:10%:10%と分割を行なった．データを分割する際，学習データとテストデータには同じ学生が含まれないようにして，評価用データを学習に用いて評価対象を過大に評価してしまうことを防ぐ必要がある．しかし，九州大学のデータセットに含まれるデータ数が少ないため，同じ学生が含まれないようにデータを分割すると

表 3　調査課題 1：各データセットに含まれるソースコードとエラーの件数

	修正前後のデータ数	具体化後 [a]	エラー出力 [b]	エラー数 [c]
small	610	376	270	385
medium	1,255	745	512	1,084

[a] 具体化後に新規の ID を含まないソースコードの数
[b] コンパイルエラーが出力されるソースコードの数
[c] 出力されたコンパイルエラーの数

学習・評価・テストセットを 80%:10%:10%の比で完全に分けることができない．そこで，本研究ではデータを分割する際の比の誤差を許容することによって，同じ学生が含まれないようにした．今回はその許容誤差を 0.5%としている．
各データセットに含まれるソースコードの件数については表 2 に示す．

4　実験と結果

4.1　調査課題 1：Learning-Mutation はどのようなコンパイルエラーを生成するか

アプローチ．　small データセット及び medium データセットそれぞれ学習セット内のバグ修正前後のソースコードに対して Learning-Mutation を用いて seq2seq モデルを学習する．学習したモデルを用いて，テストセット内のバグ修正後のソースコードにバグを埋め込み，ミュータントを生成する．調査課題 1 ではビーム幅が 1 のものを使用する．また，10 分割交差検証により結果の妥当性を確保する．
さらに，埋め込んだエラーの分類を機械的に行うためにコンパイル時のエラーメッセージによって分類を行う．しかし，生成されるミュータントは抽象化されているためコンパイルするには，ID から識別子とリテラルを復元する具体化を行う必要がある．そこで，抽象化の際にテストセットに対して ID と実際のトークンをマッピングすることでミュータントの具体化を可能にした．ミュータントで新たに登場する ID はマッピングされておらず具体化できないため分類には使用せず破棄する．
結果と考察．　破棄されずに残ったソースコードとエラーの件数を表 3 に示す．なお，コンパイラは GCC7.5.0 を用いた．1 つのソースコードに 1 つ以上のコンパイルエラーが存在するのでエラー出力よりもエラー数は大きくなっている．
そして，表 4，表 5 はそれぞれ small，medium データセットにおける生成されたミュータントと実際のバグのあるソースコードにおけるエラーメッセージの件数と割合を示したものである．紙面の都合上，エラーメッセージは生成されたミュータントと実際のバグのあるソースコードのどちらかで 4%以上を占めるものを表示している．また，エラーメッセージ内の「X」は任意のリテラルや識別子を意味する．
まず，表 4 の small データセットのコンパイルエラーについて考える．生成されたミュータントと実際のバグのあるソースコードのどちらも「expected ‘;’ before X」と「X undeclared (first use in this function)」が多いことがわかる．これらのメッセージはそれぞれ，X の前にセミコロンが記述されていないこと，未宣言の X を使用していることに起因する．つまり，プログラミング初学者はセミコロンを忘れることや未宣言の X を使用することが多く，生成されるミュータントはその事実を反映することができている．ただし，「expected ‘;’ before X」の割合は実際のバグのあるソースコードよりも増加している．これはビーム幅が 1 であるため予測の精度が低くなり，実際のバグのあるソースコードと差が生まれている可能性がある．
また，生成されたミュータントでは 4%未満であった「expected ’)’ before X」と「expected ‘=’，‘,’，‘;’，‘asm’ or ‘__attribute__’」が実際のバグのあるソースコードでは「expected declaration or statement at end of input」と「expected identifier or ‘(’ before X」よりも割合が高くなっている．「expected ’)’ before X」

表 4 生成されたミュータントと実際のバグのあるソースコードにおけるエラーメッセージの件数 (small データセット)

エラーメッセージ	ミュータント	実際のバグ
expected ';' before X	111 (28.8%)	149 (19.7%)
X undeclared (first use in this function)	109 (28.3%)	185 (24.9%)
expected declaration or statement at end of input	41 (10.6%)	38 (5.12%)
expected expression before X	24 (6.23%)	66 (8.89%)
expected identifier or '(' before X	18 (4.68%)	40 (5.39%)
expected ')' before X	12 (3.12%)	43 (5.80%)
expected '=', ',', ';', 'asm' or '__attribute__'	8 (2.08%)	55 (7.41%)

表 5 生成されたミュータントと実際のバグのあるソースコードにおけるエラーメッセージの件数 (medium データセット)

エラーメッセージ	ミュータント	実際のバグ
expected expression before X	270 (24.9%)	537 (24.3%)
X undeclared (first use in this function)	195 (17.5%)	336 (15.2%)
expected declaration or statement at end of input	95 (8.76%)	91 (4.13%)
expected identifier or '(' before X	88 (8.12%)	157 (7.12%)
expected ';' before X	85 (7.75%)	356 (16.1%)
redeclaration of X	81 (7.47%)	21 (0.952%)
expected ')' before X	49 (4.52%)	171 (7.75%)

は printf や scanf の引数をコンマで区切らないことや書式文字列内に入れるべき文字を外に出すような関数に関連することが多く,「expected '=', ',', ';', 'asm' or '__attribute__'」はセミコロン忘れや#include の#忘れ, 複数の変数を宣言するときのコンマ忘れに起因することが多かった. このことからミュータントではコンマ忘れのエラーが, 元のソースコードと比較して埋め込まれにくい可能性がある. セミコロンはコンマと違って関数呼び出しの後に出現することがあり, 本研究でのアプローチでは, その分バグを生成しやすいと考えられる.

次に, 表 5 の medium データセットを確認する. small データセット同様「X undeclared (first use in this function)」の割合は高いが,「expected expression before X」が最も多い. これは「=<」を「<=」と間違うような関係演算子の表現や,「(double) X」を「double X」と間違うような型変換の表現など, 誤った表現によって生じるエラーである. small データセットでは medium データセットほど割合は高くなかったが, トークン数の増加によりソースコードが複雑化したからだと考えられる.

一方, small データセットで割合が高かった「expected ';' before X」は, medium データセットではミュータントでの割合が 7.7%であるのに対して, 実際のソースコードでの割合は 16.1%と実際のバグと割合に差があることがわかる. また,「redeclaration of X」は同じ名前の変数や関数を宣言したときに起こるエラーである. ミュータントでは 7.5%生成されたが, 実際のバグのあるソースコードでは 1%未満であった. これらのことからトークン数が増加すると実際のバグとは異なるバグを埋め込む可能性が高まるといえる. トークンはソースコードの先頭から順に予測されており, 予測すべきトークン数の増加によって予測精度が低下したと考えられる.

また, エラーメッセージと生成されたバグか実際のバグかに関連はないという帰無仮説のもと有意水準 5%でカイ二乗検定を行なった. その結果, small データセットでは $\chi^2 = 135.3$, medium データセットでは $\chi^2 = 351.3$ となった. よって, small, medium データセットのどちらにおいても帰無仮説は棄却され, エラーメッセージと生成されたバグか実際のバグかには関連があり, 類似性があることが示された. また, 効果量はそれぞれ 0.346, 0.327 となり効果量は中程度と判定された.

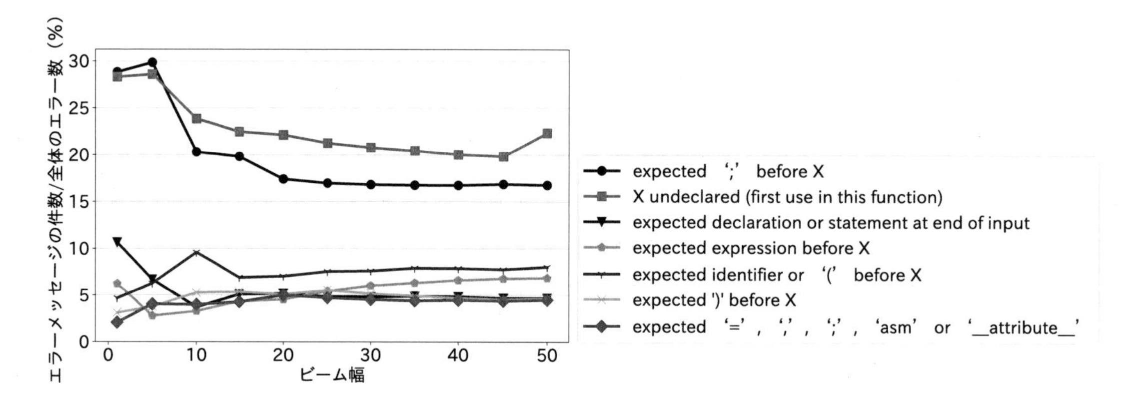

図 3　small データセットにおけるビーム幅によるエラーメッセージの変化

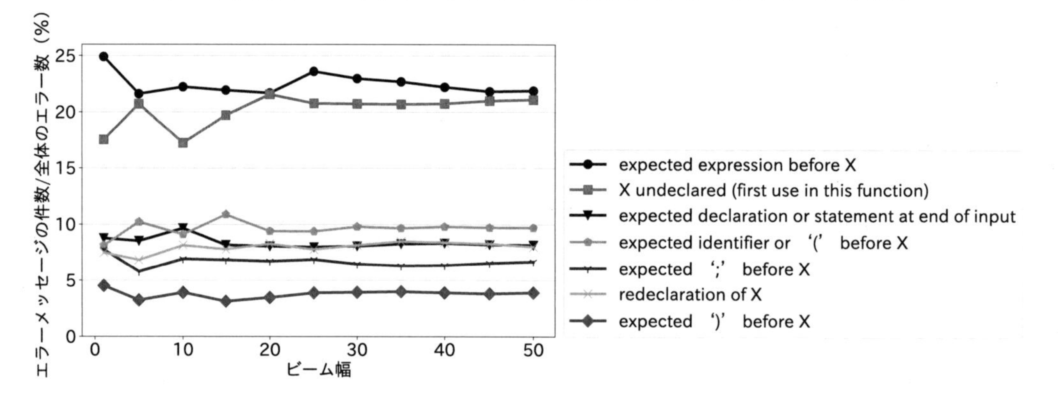

図 4　medium データセットにおけるビーム幅によるエラーメッセージの変化

> 生成されるミュータントのバグはプログラミング初学者が起こしたバグの分布に類似していた．ソースコード内のトークン数 n が $0 < n \leq 50$ のとき，セミコロン忘れや変数・関数の未宣言が多く，コンマに関連するバグは生成が難しい可能性がある．また，$50 < n \leq 100$ のとき，誤った表現が増加し，プログラミング初学者が起こしたバグの分布とは異なるバグを埋め込む可能性が高まる．

4.2　調査課題 2：ビーム幅を増加させることで生成されるバグは変化するか

アプローチ．　ビーム幅を 5 ずつ 50 まで増加させて，具体化したミュータントを調査課題 1 と同様に生成する．調査課題 1 で得られた実際のバグのあるソースコードでの上位のエラーメッセージについて，各ビーム幅での割合を求める．

結果と考察．　図 3 は small データセットにおけるビーム幅によるエラーメッセージの変化である．調査課題 1 で得られた結果と同様に，ビーム幅を増やしても「expected ';' before X」と「X undeclared (first use in this function)」の割合が高く，「expected ')' before X」と「expected '=', ',', ';', 'asm' or '__attribute__' before X」は 7 種類のエラーメッセージ中でも割合が低いことがわかる．しかし，ビーム幅を増やすことでセミコロン忘れと変数・関数の未宣言の割合が逆転している．これは実際のバグのあるソースコードでの結果に近づいており，ビームサーチによる精度の向上だと考えられる．ただし，上位二つのエラーメッセージは，他と比較してデータ数が多かったことも精度に起因している可能性が存在する．

また,「expected ‘;’ before X」と「X undeclared (first use in this function)」はやや減少傾向にあり，その他のエラーメッセージは微増化している．ビーム幅を増やすことでセミコロン忘れと変数・関数の未宣言に偏っていたバグをわずかに分散させることができている．さらに，急な増加や減少がないため，エラーメッセージの割合に大きな変化はなくデバッグ用の問題を単純に増やすことができるといえる．

図 4 は medium データセットのものである．small データセット同様，ビーム幅を増加させてもエラーメッセージの割合に大きな変化は見られない．変数・関数の再宣言も割合はあまり変化せず，トークン数が大きいソースコードでは実際のバグとは異なるバグを埋め込む可能性が高くなることは変わらなかった．

また，small データセットと medium データセットにおいて，学習モデルの構築の平均実行時間はそれぞれ 5135.7 秒と 11595.9 秒であった．一方，ビーム幅が 50 のときのビームサーチの平均実行時間はそれぞれ 20.4 秒と 72.0 秒であった．このことから，ビームサーチの実行時間は学習時間と比較して無視できるものであり，デバッグ用の問題生成への利用が可能だと考えられる．

> ビーム幅を増加させることで，バグの偏りを取り除き，実際のバグのあるソースコードに近づけることができる．そして，デバッグ用の問題を増やすことができる．しかし，ビーム幅を増やしても生成が難しいバグは存在し，トークン数が多くなるとより生成が難しくなる．

5 関連研究

デバッグに苦労するプログラミング初学者は多いため，初学者のためのデバッグ支援に関する研究が近年盛んに行われている．

後藤ら [4] は，初学者にとってコンパイル時のエラーメッセージを読み解くのが困難だと考え，エラーメッセージに対して修正案が記述された補助メッセージを出力するデバッグ支援を提案した．補助メッセージをもとにデバッグを行うことでデバッグする能力を徐々に身につけることを目的としている．

また，山本 [5] の研究では，プログラミング初学者が体系的なデバッグ手順を学ぶための学習支援環境を構築し，初学者が体系的なデバッグ手順を学習することを支援した．バグのあるソースコードと正しい期待動作結果を教員がデータベースに与え，デバッグの手順を表示しながら手順ごとに学習者の期待動作結果の解答の正誤を判定し，デバッグ手順の学習支援を可能にした．

これらの研究と異なり，Learning-Mutation ではプログラミング初学者らの実際のバグ修正前後のソースコードから，埋め込まれているバグを学習し，初学者らのバグに似たデバッグ演習問題の作成を可能にする．また，ビームサーチによって複数のバグのあるソースコードを生成できる点も本研究の特徴である．

6 妥当性に対する脅威

6.1 内部妥当性

本研究では，九州大学の基幹教育の講義からソースコードとコンパイルログを集めたデータセットを使用した．データ数が少ないため，同一者が複数回一つの課題に対してコンパイルを行なっている場合，その学生が学習セットに占める割合が大きくなる．したがって，データに偏りがある可能性が存在する．また，本研究ではトークン数が大きいソースコードや具体化できないソースコードを除外しているため，これらを含めると結果が変わることが考えられる．さらに，半角から全角への変換のように，一つのバグ埋め込みで複数のエラーメッセージが出力される可能性がある．このようなエラーメッセージ間の依存関係は本研究では考慮していない．

6.2 外部妥当性

本研究で用いたデータセットは，すべて九州大学のプログラミング科目での課題に対する学生の解答をまとめたものである．そのため，課題の内容や学生の理解度の影響が考えられ，その一般性は確かではない．

7 おわりに

本研究では，九州大学の講義においてプログラミング初学者の学生が解答したデータを用いて Learning-Mutation によってミュータントを生成し，初学者が埋め込むようなコンパイルエラーに繋がるバグを生成できるか調査した．生成されたバグの評価には，コンパイル時のエラーメッセージを利用した．その結果，生成されたバグはプログラミング初学者が起こしたバグの分布に類似しており，トークン数が少ないときはセミコロン忘れや変数・関数の未宣言が多い傾向にあった．一方，トークン数が多くなると誤った表現によるエラーが増加し，さらに，実際とは異なるバグを埋め込む可能性が高まることがわかった．また，ビーム幅を増やすことでプログラミング初学者のバグにより近づけることができ，デバッグの演習問題を十分に生成できる可能性がある．しかし，ビーム幅を増やしても生成が困難なバグは存在し，トークン数が増加すると生成はより難しくなることを示した．

今後の課題として，まず，本研究において生成が困難であったバグも生成できるようにすることが挙げられる．また，本研究ではミュータントで新規に登場する ID を含む具体化できないソースコードは破棄したが，そのような ID に対して具体化が可能になれば，よりプログラミング初学者のバグに類似したミュータントを生成することができると考えられる．特に，本研究での結果以上に変数の未宣言によるバグが増加することが予測される．

将来的には教育現場の学生の解答からミュータントを生成し，バグごとに分類して講義に合った箇所のデバッグ演習を行いたいと考えている．

謝辞 本研究の一部は JSPS 科研費 JP18H04097・JP21H04877，および，JSPS・国際 共同研究事業（JPJSJRP20191502）の助成を受けた．

参考文献

[1] Tom Britton, Lisa Jeng, Graham Carver, Paul Cheak, and Tomer Katzenellenbogen. Reversible Debugging Software: Quantify the time and cost saved using reversible debuggers. Technical report, Cambridge Judge Business School, 2013.
[2] Xinyu Fu, Chengjiu Yin, Atsushi Shimada, and Hiroaki Ogata. Error log analysis in c programming language courses. In *proceedings of the 23rd International Conference on Computers in Education, ICCE 2015*, pp. 641–650, 2015.
[3] 江木鶴子, 竹内章. *プログラミング初心者にトレースを指導するデバッグ支援システムの開発と評価*. 日本教育工学会論文誌, Vol. 32, No. 4, pp. 369–381, 2009.
[4] 後藤孔, 藤中透. *プログラミング教育におけるデバッグ支援*. システム制御情報学会論文誌, Vol. 32, No. 6, pp. 249–255, 2019.
[5] 山本頼弥. *プログラミング初学者に体系的デバッグ手順を指導する授業パッケージと学習支援システムの構築*. PhD thesis, 静岡大学, 2017.
[6] Michele Tufano, Cody Watson, Gabriele Bavota, Massimiliano Di Penta, Martin White, and Denys Poshyvanyk. Learning how to mutate source code from bug-fixes. In *proceedings of the 35th IEEE International Conference on Software Maintenance and Evolution, ICSME 2019*, pp. 301–312, 2019.
[7] Ilya Sutskever, Oriol Vinyals, and Quoc V. Le. Sequence to sequence learning with neural networks. In *proceedings of the 27th International Conference on Neural Information Processing Systems, NIPS 2014*, pp. 3104–3112, 2014.
[8] Xinyu Fu, Atsushi Shimada, Hiroaki Ogata, Yuta Taniguchi, and Daiki Suehiro. Real-time learning analytics for C programming language courses. In *proceedings of the Seventh International Learning Analytics & Knowledge Conference, LAK 2017*, pp. 280–288, 2017.

プログラミング言語の使用割合に基づくソフトウェア開発の生産性分析

Analysis of Software Development Productivity Based on Ratio of Programming Language

角田 雅照 [*]　松本 健一 [†]　大岩 佐和子 [‡]　押野 智樹 [§]

あらまし　ソフトウェア開発において，開発規模を開発工数で除いた生産性はコストに関連するため非常に重要である．ソフトウェア開発の生産性に影響する要因を明らかにするために，これまで数多くの研究が行われてきている．最も利用割合の高かった主開発言語に着目した分析は多数である一方，言語の使用割合に着目した分析はされていない．分析の正確性を高めるため，本研究では言語の使用割合を考慮して生産性の分析を行った．企業横断的に収集された450件のデータを分析した結果，金融・保険業においてC，JSP，VB，VB.NETを一定割合用いると，開発工数が16%から50%減少することなどがわかった．

1　はじめに

ソフトウェア開発において，ファンクションポイントやプログラム行数で計測される開発規模を，開発者の延べ開発時間である開発工数で除した生産性は，コストに関連するため非常に重要である．加えて，受託開発ソフトウェアを開発する企業と，ソフトウェアを発注するユーザ企業の双方にとって，生産性に影響を与える要因を知ることは有用性が高い．生産性に影響する要因を知ることができれば，その要因が変化した場合に，工数が増加するか減少するかなどを知ることができる．開発企業においては，工数の増減に基づいてソフトウェア開発計画（納期，開発者の割り当て，ソフトウェア価格の設定など）を適切に立案することができる．

そこで本研究では，ソフトウェア開発の生産性変動要因を分析する．より詳細には，開発工数（生産性）に影響する要因として，ソフトウェア開発で用いられるプログラミング言語の使用割合に着目する．開発言語が開発工数（生産性）に影響を与えることは，文献[7]など，従来研究で多く指摘されている．ただし，ソフトウェア開発では単独の開発言語を用いることもあるが，複数の言語を組み合わせて行うことが多い．例えば，ソフトウェアの機能の90%をJavaを用いて，残りの10%の機能はPHPを用いて作成するなどが行われる．このため，言語の使用割合を考慮することにより，より正確な生産性分析ができると期待される．

さらに，開発言語の使用割合の違い，例えばあるシステムでは50%の機能をPHPで実装しており，別のシステムでは10%の機能の実装にPHPを用いている場合，それらの使用割合は間接的に（金融業の行内勘定システムなどの）システムの特性を表していると

---

* Masateru Tsunoda, 奈良先端科学技術大学院大学，近畿大学

† Kenichi Matsumoto, 奈良先端科学技術大学院大学

‡ Sawako Ohiwa, 財団法人経済調査会

§ Tomoki Oshino, 財団法人経済調査会

も考えられる．システムの特性が異なると，求められる信頼性などが異なるため，生産性にも違いが生じると考えられる．システムの特性は主開発言語や（メインフレームなどの）システム構成からある程度特定できるが，一般的なソフトウェア開発データセットでは，例えば「金融業の行内勘定システムか営業システムか」などの粒度では記録されていない．言語比率により完全にシステム特性を推定できるわけではないが，主開発言語やシステム構成と比較して，より詳細にシステム特性を把握できると期待される．

なお，システムの特性はシステムが対象とする業種も間接的に表している（例えば，一般的に金融業のシステムは高い信頼性を要求するなど）とも考えられるため，分析では，特定の業種でデータを絞り込んだ（業種の影響を除外した）場合における，開発言語の使用割合の開発工数への影響についても分析する．なお，一般に開発言語の使用割合は大きく変更できないため，本研究の結果を工数の削減に直接用いることは難しい．本研究の主な目的は，工数の増減（生産性の変化）をより正確に見積もることである．

2　関連研究

ソフトウェア開発の生産性変動要因を明らかにするために，これまで数多くの研究が行われてきている[1][4][5][6]．多くの場合，企業横断的にソフトウェア開発データを収集した ISBSG データなどを用いて分析を行っている．分析では，文献[7]のように重回帰分析が用いられることもあるが，生産性と開発言語などの 2 変数間の関係のみに着目して分析されることも多い（文献[3]など）．なお，傾向スコアに基づくマッチングを用いて，交絡因子の影響を除外しつつ分析する場合もあるが[9]，本研究では適用していない．これは，マッチングでは着目する変数（開発言語など）の値が二値である必要があるが，本研究は言語の使用割合に着目して分析するためである．

開発言語のソフトウェア開発の生産性への影響については，文献[3][7][10]などで分析されており，開発言語は生産性との関連が指摘されている．文献[7]では ISBSG データを用いて分析しているが，このデータセットでは主開発言語（最も利用割合の高かった言語）は記録されている一方で，言語の使用割合については記録されていない．そのため文献[7]などでは，言語の使用割合と生産性との関係については分析されておらず，主開発言語と生産性の関係のみ分析されている．その他に，オープンソースソフトウェアの開発言語と生産性を分析した研究[2]が存在するが，この研究でも言語の使用割合は考慮されていない．

従来研究と比較した本研究の利点は，説明変数，すなわち考慮すべき要因を増やすことにより目的変数の値とその要因をより正確に推定できることである．例えば，ある人物の筋力（目的変数）を推定する場合，性別のみを説明変数とするよりも，性別と年齢を説明変数とするほうが，より正確に筋力を推定でき，かつ性別の筋力に対する影響をより正しく把握できることと類似している．ただし，説明変数と目的変数との関係が弱い変数，例えば上記の例に視力を説明変数として追加しても，目的変数の推定精度が高まる可能性は低い．そこで 4.2 節では，言語の使用割合を用いることにより，従来の説明変数，すなわち主開発言語やシステム構成を用いる場合よりも，生産性（工数）の推定精度が実際に高まることを確かめた．

なお，コンポーネントにより開発者と言語が異なるため，言語は開発者のスキルと関連している可能性もある．ただし，1 言語につき 1 開発者が担当とは限らず，さらに分析対象データは複数プロジェクトから収集されたものであるため，開発者のスキルの差異は分析に影響しないと考えられる．

3　分析に用いたデータ

分析対象としたデータは，経済調査会が 2001 から 2018 年度の「ソフトウェア開発に関する調査」で収集したプロジェクトデータ 2,225 件である．ここから，基本設計（新しいデータについては要件定義）から総合テストまでの工程全てが実施されており，かつ実績開発工数，ソフトウェア規模，開発言語使用割合が欠損していないプロジェクト 601 件を抽出した．これらから，さらに生産性の上位 2.5%と下位 2.5%を外れ値とみなして除外した後，新規開発（再開発を含む）のプロジェクト 450 件を分析対象とした．

開発工数とソフトウェア規模（FP）に加え，以下の項目を分析で用いた．

- 業種:どの業種を対象にソフトウェアを開発したか
- システム構成: クライアントサーバシステム，Web 系システム，メインフレームシステム，組み込み系システム
- 生産性変動要因: プロジェクトマネージャ（以下，PM）などが，対象プロジェクトに関して機能性などの各項目を数値の 1～5 で 5 段階評価したもの. 数値が小さいほど各項目の条件が厳しかったことを示す
- 社会的影響度: PM などが，対象プロジェクトに関してシステムの社会的影響度を 3 段階評価したもの．数値が大きいほど影響度が大きいことを示す
- 言語使用数: 対象プロジェクトにおいて使用されていた言語の数．例えば Java と PHP を用いていた場合，言語使用数は 2 となる
- 言語比率: 対象プロジェクトにおける，各開発言語の使用割合．ソフトウェアの規模に対して何割を各言語で開発したかを示す．例えばあるプロジェクトで 100FP の規模のソフトウェアを開発しており，80FP を Java，20FP を PHP で開発していた場合，Java の言語比率は 80%，PHP の言語比率は 20%となる
- 生産性：開発工数をソフトウェア規模（FP）で除した値．一般に開発工数はソフトウェアの規模に伴い増加する．そこで生産性分析は，規模以外で（生産性の分子である）開発工数，すなわち生産性を増減させる要因に着目して行った
- 変化率：分析では，言語比率などの要因が変化すると，開発工数（生産性）がどの程度変化するのかを表すことを目的に，変化率を定義した．例えば MS-ACCESS の言語比率が 100%の場合と 50%の場合の変化率は, モデルに基づいて（MS-ACCESS の言語比率に 100%を代入して）算出した前者の開発工数を分母，後者の開発工数を分子として算出する

4　生産性と言語の使用割合との関係

4.1　重回帰分析による結果

言語比率が開発工数と関連しているか，すなわち使用している言語の割合によって生産性が変化するかを分析するために，重回帰分析を行った．重回帰分析の結果，ある言語の使用割合が高まるほど開発工数が増加する，すなわちある言語の使用割合の標準化偏回帰係数（以下，偏回帰係数）が正の場合，その言語は生産性を低くしているといえる．逆に，使用割合が高まるほど開発工数が減少する，すなわちある言語の使用割合の偏回帰係数が負の場合，場合，生産性を高くしているといえる．

ここで，例えば，Java 言語比率（説明変数）と工数（目的変数）に相関があり，かつ FP（説明変数）が Java 言語比率と工数に相関があるとする．この場合 Java 言語比率と工数は一見関係がありそうに見えても，実際には関係がなく（擬似相関），実際に工数と相関があるのは FP ということもありうる. 偏回帰係数は，ある説明変数と目的変数との関連の強さを示すものであり，かつ算出時に他の変数の影響を除外して算出される．上記の例では，Java 言語比率と工数の偏相関係数算出時には，FP の影響が除外される．

なお，後述するように変数選択時には多重共線性（説明変数間の関係が強いこと）が発生しないように考慮されており，仮に FP と Java 言語比率との関連が強い場合，両者のうちのどちらかはモデルの説明変数から除外される．

重回帰分析の目的変数は開発工数とし，説明変数として，実績 FP，業種，システム構成，各プログラミング言語の言語比率，各生産性変動要因，言語使用数を用いた．開発工数と実績 FP は対数変換した．ステップワイズ変数選択法を用いてモデルを構築し，偏回帰係数の F 値の p 値が 0.05 よりも小さい場合にモデルに追加され，0.10 よりも大きい場合にモデルから削除されるようにした．さらに，多重共線性が高くなる場合，具体的にはトレランスが 0.1 を下回る場合，説明変数として追加されないようにした．

説明変数の値が記録されているプロジェクト 403 件を重回帰分析した結果，調整済 R^2 は 0.78 となった．調整済 R^2 はデータに対するモデルの当てはまりの良さを示し，0 から 1 の値を取り，1 に近いほど良く当てはまっている．このことから適切なモデルが構築されているといえる．偏回帰係数を表 1 に示す．変数選択の結果，システム構成は説明変数に採用されなかった．ただし，システム構成が開発工数に影響していないとは限らない．一般にシステム構成は信頼性の要求や開発言語と関連が強いことが多いため，それらからシステム構成が一意に定まり，説明変数としては採用されなかった可能性もある．

表 1 では実績 FP の偏回帰係数が最も大きく，これは開発工数との関連が大きいことを示している．言語使用数の偏回帰係数が正の値であることから， 言語使用数が多いほど開発工数が増加する，すなわち生産性が低下することを示している．これは従来研究[8]と同様の傾向である．「PM（プロジェクトマネージャ）の経験と能力」（生産性変動要因の一つ）の偏回帰係数は正であり，これは経験と能力が高いほど生産性が低いことを示している．これについては，経験と能力が高い PM は難易度の高いプロジェクトを担当することが多いため，生産性が低下している可能性がある．言語使用数が多いと，結合テストにおいて不具合が発生する可能性が高まり，その結果工数が増加している可能性も考えられる．

業種のうち，製造業の偏回帰係数が最も小さかったことから，製造業を対象としたソフトウェアは生産性が高くなりやすいことを示している．これも従来研究[10]と同様の傾向である．信頼性と機能性については，偏回帰係数が負となっていた．これらの生産性変動要因は数値が大きいほど条

件が緩くなることから，数値が大きい，すなわち条件が緩くなると開発工数が小さくなり，生産性が高くなることを示している．

MS-ACCESS 言語比率の偏回帰係数は負の値，C++の言語比率の偏回帰係数が正の値となっていた．このことから，前者の言語比率が高い場合は生産性が高くなり，後者の言語比率が高い場合は生産性が低くなることを示している．

図 1，図 2 に MS-ACCESS と C++の言語比率を示す．図より，言語比率が 0%以外の

表 1　言語比率を用いた場合の標準化偏回帰係数

	実績 FP	製造業	電気・ガス・熱供給・水道業	金融・保険業	サービス業	信頼性
係数	0.78	-0.06	0.12	0.11	0.08	-0.11
p 値	0.00	0.01	0.00	0.00	0.00	0.00

	機能性	プロジェクト管理経験・能力	言語使用数	MS-ACCES 言語比率	C++言語比率
係数	-0.08	0.06	0.07	-0.05	0.05
p 値	0.00	0.02	0.00	0.03	0.04

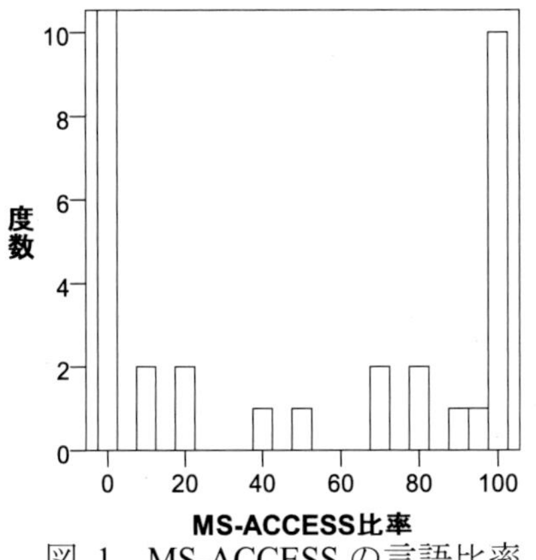

図 1　MS-ACCESS の言語比率

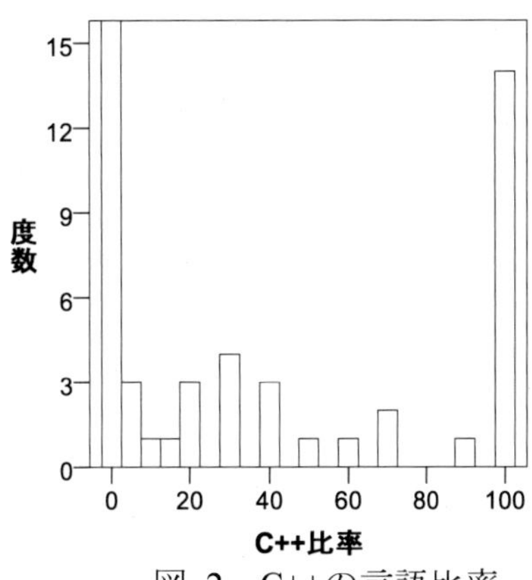

図 2　C++の言語比率

プロジェクト，すなわちそれぞれの言語を使っているプロジェクトでは，多くの場合は言語比率が 100%となっていることがわかる．そこで，それらの言語を用いている場合と用いていない場合で，どの程度開発工数が異なるのかを，変化率（3 章参照）を用いて確かめた．具体的には，作成されたモデルにおいて，両方の言語比率に 0%を代入した場合（その他の開発言語を用いた場合）を基準とし，どちらか一方に 100%を代入して開発工数を算出した．

変化率は，各言語比率を 0%とした場合を分母，MS-ACCESS，C++それぞれの言語比率を 100%にした場合を分子として求めた．変化率を表 2 に示す． MS-ACCESS の変化率が 0.67 であることから，MS-ACCESS の言語比率が 100%の場合，開発工数が 0.67 倍に減少すると推定される．逆に C++の言語比率が 100%の場合は，開発工数が 1.44 倍に増加する．

95%信頼区間（以下，信頼区間とする）を用いて，MS-ACCESS と C++の言語比率それぞれの開発工数への影響を，最小に見積もった場合（下限）と最大に見積もった場合（上限）を考慮した．表 2 に示すように下限の場合，MS-ACCESS，C++とも変化率は 1 に近くなる．逆に上限の場合，前者の変化率は 0.47，後者は 2.04 となる．すなわち，C++の言語比率が 100%の場合，1.02 倍しか開発工数が増加しない可能性もあれば，2.04 倍増加する可能性もある．このため，表 2 の数値を絶対視すべきでないといえる．

図 3 に言語使用数の分布を示す．図より，分析対象プロジェクトの半数程度（約 200

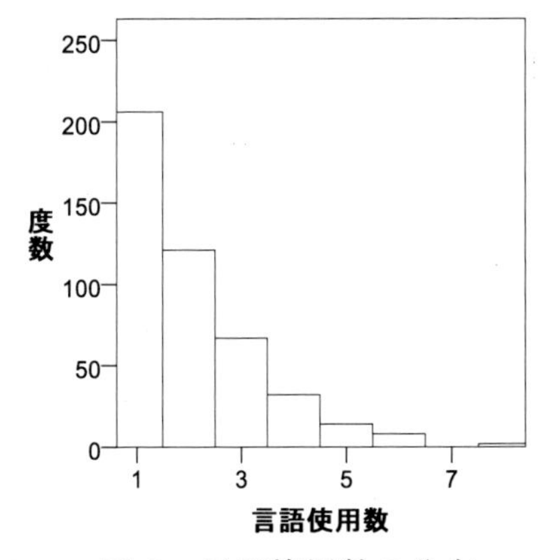

図 3　言語使用数の分布

表 2　変化率と信頼区間（各言語比率 100%）

言語	下限	標準	上限
MS-ACCESS	0.95	0.67	0.47
C++	1.02	1.44	2.04

表 3　変化率（開発言語数= 1 を基準）

言語使用数 ＝2	言語使用数 ＝3
1.08	1.16

表 4　主開発言語と言語比率による見積精度

	絶対誤差平均	絶対誤差中央値	BRE 平均	BRE 中央値
言語比率	50.03	14.45	0.83	0.54
主開発言語	61.23	26.24	0.88	0.92

プロジェクト）では，2つ以上の言語を用いているといえる．さらに約100プロジェクトが2つの言語を用いており，残りのプロジェクトでは3つ以上の言語を使用している．そこで，言語使用数が1のプロジェクトを基準とし，使用数が2と3のプロジェクトではどの程度開発工数が異なるのかを確かめた．ここでは前者を変化率の分母，後者を分子とした．結果を表3に示す．表2で示した開発言語の変化率よりは，言語使用数の変化率は小さいといえる．

4.2 従来研究との精度比較

言語比率を説明変数として用いることにより，従来の主開発言語やシステム構成を説明変数とするアプローチよりも生産性の推定精度が高まるかどうかを分析した．具体的には，開発工数を目的変数として，前節のモデル（業種，システム構成，言語比率，言語使用数などを説明変数として含む）と，言語比率，言語使用数の代わりに主開発言語を含むモデルの，開発工数の誤差を確かめた．開発工数の誤差が小さいモデルが，生産性の誤差も小さいといえる（生産性は開発工数をソフトウェア規模で除すことにより求められ，かつ分母は所与の説明変数であるため）．リーブワンアウト法を用いて工数の推定値を算出した．誤差の評価指標として，推定値と実績値の絶対誤差と相対誤差（Balanced Relative Error; *BRE*）を算出し，これらの平均値と中央値を用いた．

結果を表4に示す．すべての指標で，言語比率を用いたモデルの精度が高まっており，特に*BRE*中央値が大きく改善していた．このことから，言語比率を用いたほうが，生産性をより正確に分析できるといえる．また，主開発言語とシステム構成を用いたモデルよりも精度が高くなっていることから，前者よりも言語比率のほうが，より適切にシステムの特性を把握できており，そのために精度が高まったと考えられる．この結果は，エキスパートによる類推法により工数を見積もる場合でも，主開発言語などに基づくよりも言語比率などに基づくほうが，見積もり精度が高まることを示唆している．

5 業種別に見た生産性と言語の使用割合との関係

業種と開発言語には関連が見られる（例えば金融・保険業ではCOBOLの使用率が高いなど）ことが多く，これまでの分析では業種によって生産性が異なっている[10]（言語比率ではなく業種が影響している可能性がある）．そこで本章では，業種の影響を除外して言語比率の生産性への影響を分析するために，データを業種で層別（特定の業種のデータのみを用いること）して分析した．4.1節の重回帰分析で採用された説明変数より，製造業，電気・ガス・熱供給・水道業，金融・保険業，サービス業が開発工数（生産性）との関連が強いといえる．以降ではプロジェクト数の比較的多かった製造業と金融・保険業でデータを層別する．プロジェクト数はそれぞれ95件と62件である．

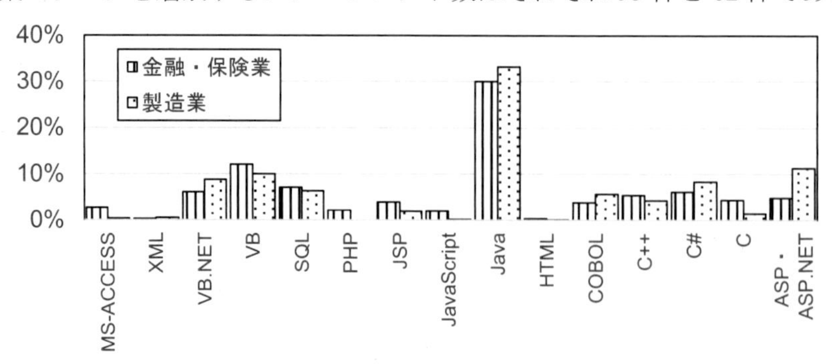

図4　業種別言語比率の平均値

図 4 に業種別の言語比率の平均値を示す．例えば 10 件中 8 件のプロジェクトにおいて MS-ACCESS の言語比率が 0%, 残り 2 つのプロジェクトで 100%ならば, 平均値を 20%としている．平均値の計算方法に注意する必要があるが，この図から，例えば C は金融・保険業で利用される割合が高く，ASP・ASP.NET は製造業で利用される割合が高いことがわかる．開発言語ごとの比率の分布，例えば製造業において ASP・ASP.NER の言語比率が 100%のプロジェクトがどの程度存在するかについては, 以降の節で必要に応じてヒストグラムにより示す．

なお，（金融業の行内勘定システムなどの）システム種別が生産性に影響する可能性もあるが，そもそもデータセットには詳細なシステム種別は記録されていない．本研究では，1 章でも述べたようにシステム種別の代替として言語比率を用いている．また，業種とシステム種別に関連がある可能性もあるため，業種での層別が必要となる．なお，メインフレームなどのシステム構成については, 4.1 節の変数選択の結果に含まれておらず，重要性が相対的に低いと考えられる．

5.1　製造業における言語比率の影響

本節では，製造業のデータのみを用いて重回帰分析し，言語比率が開発工数に与える影響を分析した．重回帰分析で用いた説明変数は 4.1 節と同じものである．重回帰分析した結果，調整済 R^2 は 0.79 となった．

標準化偏回帰係数を表 5 に示す. 変数選択の結果, 開発言語に関する説明変数として，言語使用数といくつかの言語比率が採用された．ただし，Javascript, XML, MS-ACCESS については，言語比率が 0 よりも大きいプロジェクトがごく少数であったため，製造業においてこれらの言語比率が生産性と関連があるかは確かではない．

言語使用数の偏回帰係数が正の値，ASP・ASP.NET 言語比率の偏回帰係数が負の値となっていたことから，言語使用数が多い場合は生産性が低くなり，ASP・ASP.NET 言語比率が高い場合は生産性が高くなるといえる．言語使用数については，4.1 節の分析結果と同様の傾向である．なお，ASP・ASP.NET の言語比率が 100%の場合に生産性が高くなる理由として，ASP・ASP.NET が対象とするシステムに対する要求が影響していることも考えられる．システムの社会的影響度と ASP・ASP.NET 言語比率の相関係数は弱い負の相関（-0.21）であり，言語比率が高いと社会的影響度が小さい傾向が少し見られる．

図 5 に ASP・ASP.NET の言語比率を，図 6 に言語使用数を示す．図 5 より，ASP・ASP.NET を使っているプロジェクトでは，ほとんどの場合で言語比率が 100%となっていることがわかる．また図 6 より，言語使用数が 2 以上のプロジェクトが一定数存在することがわかる．そこで ASP・ASP.NET の言語比率が 0%のプロジェクトと比較して，言語比率が 100%の場合にはどの程度開発工数が変化するのかを確かめた．また，言語使用数が 1 のプロジェクトと比較して，使用数が 2 のプロジェクトでは開発工数がどの程度増加するのかを確かめた．

ASP・ASP.NET の言語比率が 0%から 100%に変化した場合の変化率と，言語使用数 1 から 2 に変化した場合の変化率を表 6 に示す. 表に示すように, 前者では開発工数が 0.65

表 5　製造業における，言語比率を用いた場合の標準化偏回帰係数

	実績 FP	先行・標準モデル流用・採用	開発言語使用数	ASP・ASP.NET 言語比率
係数	0.83	-0.11	0.13	-0.11
p 値	0.00	0.03	0.01	0.02

	JavaScript 言語比率	XML 言語比率	MS-ACCESS 言語比率
係数	0.17	-0.11	-0.07
p 値	0.01	0.10	0.14

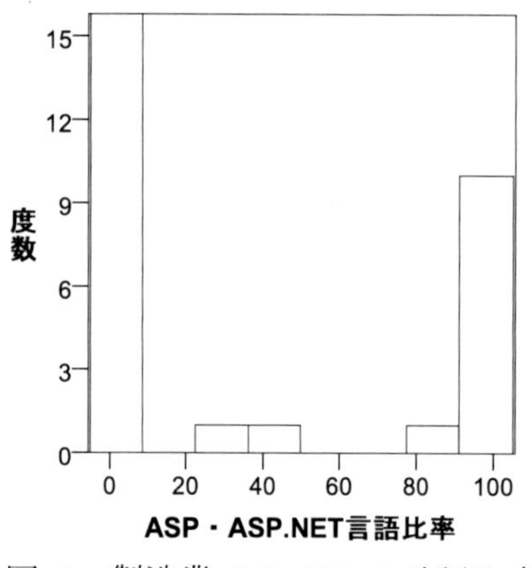

図 5　製造業での ASP の言語比率

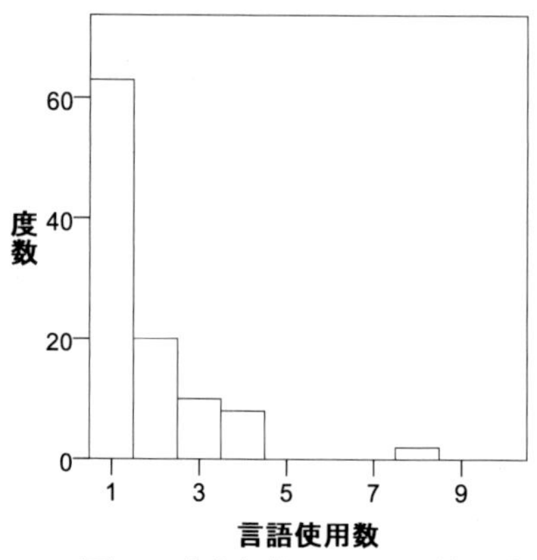

図 6　製造業での言語使用数

表 6　製造業において言語比率などが異なる場合の変化率

ASP・ASP.NET の言語比率 0→100	使用言語数 1→2
0.65	1.14

倍に減少し，生産性が高まるといえ，後者では開発工数が 1.14 倍増加し，生産性が低下するといえる．後者の変化率がやや大きいが，信頼区間を考慮すると大きな差ではないといえる．

5.2　金融・保険業における言語比率の影響

金融・保険業のデータのみを用いて重回帰分析し，言語比率が開発工数に与える影響を分析した．重回帰分析で用いた説明変数は前節と同じものである．重回帰分析した結果，調整済 R^2 は 0.89 と比較的大きな値となった．

標準化偏回帰係数を表 7 に示す．アナリストの経験と能力の偏回帰係数は正であり，経験と能力が高いほど生産性が低いことを示している．この原因は，4.1 節の PM の経験と能力と同様である可能性がある．変数選択により，言語使用数は採用されなかったが言語比率が複数採用された．前者については後者が前者の代わりとなり，採用されなかった可能性がある．なお，XML については，言語比率が 0 よりも大きいプロジェクトはわずかであったため，金融・保険業において XML の言語比率と生産性に関連があるかは不確かである．

XML の言語比率を除き，各言語比率の偏回帰係数が負の値となっていたことから，金融・保険業においては，これらの言語比率が高い場合は生産性が高くなるといえる．図 7 から図 10 に各言語比率の分布を示す．これらの図より，VB.NET を除き各言語比率は必ずしも高くなく，主開発言語として使われていないプロジェクトが多い．ただし 4.1 節と 5.1 節の分析では，言語使用数が多いほど生産性が低い傾向が見られていることから，

表 7　金融・保険業における，言語比率を用いた場合の標準化偏回帰係数

	実績 FP	信頼性	SE・PG 経験・能力	アナリスト経験・能力	VB 言語比率
係数	0.80	-0.22	-0.17	0.13	-0.12
p 値	0.00	0.00	0.00	0.01	0.01

	VB.NET 言語比率	JSP 言語比率	C 言語比率	XML 言語比率
係数	-0.12	-0.12	-0.09	0.14
p 値	0.01	0.01	0.05	0.00

主開発言語以外にも開発言語を用いると生産性が低下するが，これらの言語を用いていると生産性の低下が相対的に抑えられるとも考えられる．

上述の各言語比率の分布を考慮し，VB.NET 以外については，各言語比率が 0%の場合と 30%の場合で，開発工数がどの程度異なるのかを確かめた．VB.NET については言語比率が 0%と 100%の場合で，開発工数の変化を確かめた．それぞれの変化率を表 8 に示す．VB.NET 以外では，JSP の生産性が最も高かった．変化率は VB.NET が特に大きかった．VB や VB.NET の言語比率が高まると開発工数が減少する理由の一つは，これらの言語は金融業の非基幹業務システムで用いられている（これらの言語比率が非基幹業務システムという特性を表している）ためである可能性がある．さらに詳細に分析を行うには，プロジェクトへのインタビューなどが必要であり，今後の課題の一つである．

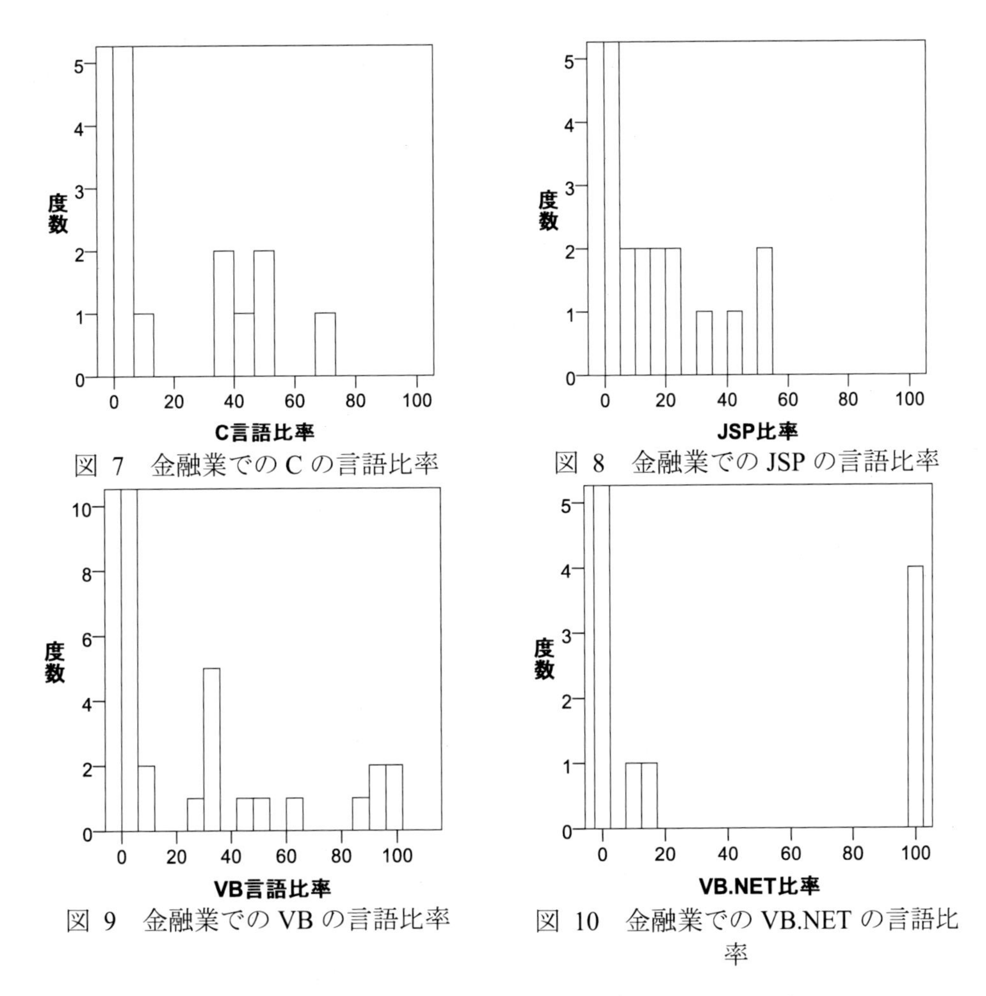

図 7　金融業での C の言語比率

図 8　金融業での JSP の言語比率

図 9　金融業での VB の言語比率

図 10　金融業での VB.NET の言語比率

表 8　金融・保険業において言語比率が異なる場合の変化率

C 言語比率 0→30	JSP 言語比率 0→30	VB 言語比率 0→30	VB.NET 言語比率 0→100
0.73	0.63	0.84	0.50

6　まとめ

本研究では，開発言語の使用割合に着目し，ソフトウェアの開発工数（生産性）に影響する要因を分析した．従来研究では開発言語の使用割合が考慮されていなかったが，これを考慮することにより，より正確に各要因が生産性に与える影響を分析することができる．分析結果の利用を容易にするために，各要因が変化した場合に生産性がどの程度変化するかを，変化率により示した．分析の結果，以下の傾向が見られた．

- MS-ACCESS の比率が 100%の場合，開発工数が 33%減少する．C++の比率が 100%の場合，開発工数が 44%増加する．使用言語数が 2 になった場合，開発工数が 8%増加する．
- 製造業において ASP・ASP.NET の比率が 100%の場合，開発工数が 35%減少する．使用言語数が 1 から 2 に変化した場合，開発工数が 14%増加する．
- 金融・保険業において C，JSP，VB，VB.NET を一定割合用いると，開発工数が 16%から 50%減少する．

なお，4.1 節で述べたように，分析結果の解釈については信頼区間を考慮すべきである．例えば MS-ACCESS の比率が 100%の場合，開発工数が 5%しか減少しない可能性もあれば，53%減少する可能性もある．よって，上記で記載されている数値は絶対視すべきでなく，あくまで参考値とすべきであるといえる．

謝辞　本研究の一部は，日本学術振興会科学研究費補助金（基盤 C：課題番号 21K11840，基盤 S：課題番号 20H05706）による助成を受けた．

参考文献

[1] J. Blackburn, G. Scudder, and L. Wassenhove: Improving Speed and Productivity of Software Development: A Global Survey of Software Developers, IEEE Transactions on Software Engineering, vol.22, no.12 (1996), pp.875-885.

[2] D. Delorey, C. Knutson and S. Chun: Do Programming Languages Affect Productivity? A Case Study Using Data from Open Source Projects," Proc. International Workshop on Emerging Trends in FLOSS Research and Development (FLOSS) (2007) pp.8-8.

[3] M. He, M. Li, Q. Wang, Y. Yang, and K. Ye: An investigation of software development productivity in China, Proc. International Conference on Software Process (ICSP) (2008), pp.381-394.

[4] R. Lagerström, L. Würtemberg, H. Holm, and O. Luczak: Identifying factors affecting software development cost and productivity, Software Quality Journal, vol.20 (2012), pp.395-417.

[5] K. Maxwell, L. Wassenhove, and S. Dutta: Software Development Productivity of European Space, Military, and Industrial Applications, IEEE Transactions on Software Engineering, vol.22, no.10 (1996), pp.706-718.

[6] R. Premraj, M. Shepperd, B. Kitchenham, and P. Forselius: An Empirical Analysis of Software Productivity over Time, Proc. International Software Metrics Symposium (METRICS) (2005) pp.37.

[7] D. Rodríguez, M. Sicilia, E. García, and R. Harrison: Empirical findings on team size and productivity in software development, Journal of Systems and Software, vol.85, no.3 (2012), pp.562-570.

[8] 大岩 佐和子，押野 智樹: 開発言語が生産性に与える影響の分析，経済調査研究レビュー，vol.18 (2016)，pp.92-103.

[9] 角田 雅照，天嵜 聡介: ソフトウェア開発プロジェクトの生産性分析に対する傾向スコアの適用，情報処理学会論文誌, vol.58，no.4 (2017)，pp.855-860.

[10] M. Tsunoda, A. Monden, H. Yadohisa, N. Kikuchi, and K. Matsumoto: Software Development Productivity of Japanese Enterprise Applications, Information Technology and Management, vol.10, no.4 (2009), pp.193-205.

近似によるリアクティブシステムの仕様検証効率化

Efficient verification of reactive system specifications by approximation

伊藤 宗平*　辻 優磨†

あらまし　システムの仕様に抜けや矛盾点がないことを確認することは，システムを正しく開発するために不可欠である．環境とのインタラクションを行うリアクティブシステムの開発においては，線形時相論理 (LTL) によって書かれた仕様が望ましい性質を持つかどうかを自動的に判定する手法が開発されてきた．LTL 仕様は等価な Büchi オートマトンに変換され，そのオートマトンを分析することで仕様の検証を行うが，LTL 式と等価な Büchi オートマトンのサイズは式の長さに対し指数サイズになることが知られており，規模の大きな仕様を検証する際の障壁となっている．そのため，より効率的な仕様検証を可能とするために LTL フラグメント flat LTL が提案されており，式の長さに対して線形サイズの Büchi オートマトンに変換できることが示されている．本研究では，通常の LTL で書かれた仕様を flat LTL の式に近似することで，検証の効率化を図る．

1　はじめに

リアクティブシステムは環境と相互作用を行い，環境からの入力に対し適切に応答し続ける計算システムである．そのようなシステムの例にはオペレーティングシステム，エレベータシステム，自動車のクルーズコントロールシステムなどがある．リアクティブシステムの中でもセーフティクリティカルシステムと呼ばれる，高い安全性が要求されるシステムにおいては，形式手法により安全性を厳密に保証することが望ましい．その一つに，リアクティブシステムの仕様検証というアプローチがある．リアクティブシステムの仕様検証では，仕様を時相論理などの厳密な論理言語で記述し，仕様に矛盾がないか，あるいは**実現可能か** [1] [2] といった性質が成り立つかどうかを数学的に証明する．

リアクティブシステムの形式的仕様記述には線形時相論理 (LTL) が用いられることが多い．LTL 仕様の検証の際，仕様（論理式）をそれと等価な Büchi オートマトンに変換し，その空判定を行ったり，さらに別のオートマトンに変換して分析したりする必要がある．ここで問題となるのが変換されたオートマトンの大きさであり，通常の LTL 式に対してはそれと等価な Büchi オートマトンは式の長さの指数サイズとなることが示されている [3].

LTL による仕様の検証は上述の通り計算コストが高いため，それを効率化するために様々な LTL のフラグメント（サブ言語）が提案されてきた [4] [5]．特に，Kanso らの提案した flat LTL (FLTL) は LTL を文法的に制限し，式の長さに対して線形サイズの Büchi オートマトンを構築できることが示されている [5]．オートマトンが小さければそれだけ LTL の仕様検証の後のプロセスも効率的に行うことができるため，このアプローチは有望である．しかし，リアクティブシステムの仕様がすべて構文的に制限された FLTL で記述されているとは限らず，本来の仕様が FLTL で記述されたリアクティブシステム仕様のみにしか適用できないという問題がある．

本研究では，通常の LTL 式で記述された仕様を機械的に FLTL 仕様に「近似する」手法を確立することを目的とする．ここで，「近似する」とは，LTL 式の中には等価な FLTL 式が存在しないものもあるため，意味的に「近い」式に変換することを指す．LTL 式には様々なものがあるため，そのすべてに対して近似式を与えることは

*Sohei Ito, 長崎大学

†Yuma Tsuji, 富士通 Japan ソリューションズ九州株式会社

現実的ではない. そこで, 本研究では Dwyer の仕様パターン [6] と呼ばれる, 有限状態システムの仕様に典型的に表れるパターンの LTL 式を FLTL 式で近似し, 任意の仕様中に現れる該当パターンを近似式に自動変換する手法を提案する. 本研究では、**過小近似**と呼ばれる, 元の LTL 式より成り立ちにくい式に近似する. これにより, 近似した式において検証が成功するならば、元の式でも検証が成功する、ということが保証される. しかし、近似式において検証が失敗しても元の式でも検証が失敗するわけではない. そのため, 近似式において検証が失敗した場合には, より成り立ちやすい近似式を用いて再度検証を行う必要がある.

時相論理による仕様を近似して効率化をはかるというアイデアは本研究が初めてではない. Ito らは線形時相論理による遺伝子ネットワークの振る舞いモデル化と解析手法において, ネットワークモチーフと呼ばれる, 生物学的に意味のある特徴的なパターンに対する振る舞いを近似的に時相論理式によりモデル化する手法を提案した [7] [8]. 彼らの手法は, LTL 仕様をより簡素な（式の長さと命題数の少ない）仕様で近似するというものであった. 一方, 我々の手法では LTL 仕様を構文的に制限された文法で作られる式で近似するというものである. それにより, 仕様をオートマトンに変換するアルゴリズムそのものを効率化することが可能である.

本論文の構成は以下のとおりである. 2 節では LTL, FLTL および仕様の近似とは何かについて導入する. 3 節では, Dwyer の仕様近似パターンの FLTL 式による近似式を与える. 4 節では, 提案手法によりどの程度 Büchi オートマトンの大きさが縮小したかを評価する. 5 節ではまとめと今後の課題を述べる.

2 準備

2.1 線形時相論理 (LTL)

LTL はモデル検査, ソフトウェアテストなど様々な分野で広く使われているシステムの特性をモデル化するための最も重要な形式論理である. 以下では, 原子命題の集合 $AP = \{p, q, \ldots\}$ を固定する. 集合 AP は特別な記号 $\top$ を含む.

LTL の構文は以下の文法で定義される.

$$\varphi, \psi ::= p \mid \neg\varphi \mid \varphi \wedge \psi \mid \mathbf{X}\varphi \mid \varphi\mathbf{U}\psi$$

また, 演算子 $\bot, \vee, \rightarrow, \mathbf{F}, \mathbf{G}, \mathbf{R}, \mathbf{W}$ を次のような略記として定義する. $\bot = \neg\top, \varphi \vee \psi \equiv \neg(\neg\varphi \wedge \neg\psi), \varphi \rightarrow \psi \equiv \neg\varphi \vee \psi, \mathbf{F}\varphi \equiv \top\mathbf{U}\varphi, \mathbf{G}\varphi \equiv \neg\mathbf{F}\neg\varphi, \varphi\mathbf{R}\psi \equiv \neg(\neg\varphi\mathbf{U}\neg\psi), \varphi\mathbf{W}\psi \equiv (\varphi\mathbf{U}\psi) \vee \mathbf{G}\varphi$.

LTL 式は無限列 $\sigma \in (2^{AP})^\omega$ 上で解釈される. LTL 式 φ が列 σ で満たされることを $\sigma \models \varphi$ と書く. 関係 $\models$ は以下のように帰納的に定義される. ここで, $\sigma = s_0 s_1 \ldots$ のとき, $\sigma[i] = s_i$, $\sigma^i = s_i s_{i+1} \ldots$ を表すとする.

$$\begin{array}{lll}
\sigma \models \top & & \\
\sigma \models p & \text{iff} & p \in \sigma[0] \\
\sigma \models \neg\varphi & \text{iff} & \sigma \not\models \varphi \\
\sigma \models \varphi \wedge \psi & \text{iff} & \sigma \models \varphi \text{ and } \sigma \models \psi \\
\sigma \models \mathbf{X}\varphi & \text{iff} & \sigma^1 \models \varphi \\
\sigma \models \varphi\mathbf{U}\psi & \text{iff} & \exists j \geq 0 (\sigma^j \models \psi \text{ and } \forall k (0 \leq k < j \Rightarrow \sigma^k \models \varphi))
\end{array}$$

LTL はリアクティブシステムの仕様を記述するのに良く用いられる. 例として, エレベータシステムの動作仕様の一部を LTL 式で表した例を以下に挙げる.

$$\mathbf{G}((B_{open} \rightarrow \mathbf{F}\,Open) \wedge (B_{close} \rightarrow \neg Open))$$

B_{open} および B_{close} は外部イベントに対応する命題変数であり, それぞれ「開ボタンが押される」「閉ボタンが押される」ことを表す. また, $Open$ は応答イベントに対応する命題変数であり, 「ドアを開く」ことを表す. この式は, 「動作中, 常に開ボタンが押されたらいつかドアを開き, 閉ボタンが押されている間ドアは開かない」ことを意味する.

2.2 Büchi オートマトン

Büchi オートマトンは無限長の語を受理する有限オートマトンの1つである．Büchi オートマトンは5つ組 $\mathcal{A} = (\Sigma, Q, q_0, \delta, F)$ で与えられる．ここで，Σ は有限のアルファベット，Q は有限の状態集合，$q_0 \in Q$ は初期状態，$\delta \subseteq Q \times \Sigma \times Q$ は遷移関係，$F \subseteq Q$ は受理状態の集合である．

ω 語 $\sigma = \sigma[0]\sigma[1]\cdots \in \Sigma^\omega$ 上の $\mathcal{A}$ の行程とは，状態の無限列 $\rho = \rho[0]\rho[1]\rho[2]\ldots$ で，$\rho[0] = q_0$ かつ，全ての $i \geq 0$ に対して $(\rho[i], \sigma[i], \rho[i+1]) \in \delta$ となるものである．行程 ρ は $\mathrm{Inf}(\rho) \cap F \neq \emptyset$ の時受理される．ここで $\mathrm{Inf}(\rho)$ は ρ 中に無限にしばしば出現する状態の集合である．

語 σ に対し $\mathcal{A}$ の受理行程が存在する場合，$\mathcal{A}$ は σ を受理する．$\mathcal{A}$ が受理する ω 言語 $L(\mathcal{A})$ を以下のように定義する．

$$L(\mathcal{A}) = \{\sigma \in \Sigma^\omega \mid \mathcal{A}\ \text{は}\sigma\text{を受理する}\}$$

LTL と Büchi オートマトンの間には以下の重要な関係がある [3]．

定理 1. LTL 式 φ に対し，$L(\mathcal{A}_\varphi) = \{\sigma \mid \sigma \models \varphi\}$ となる状態数 $O(2^{|\varphi|})$ の Büchi オートマトンが存在する．

ここで，$|\varphi|$ は式の長さ，すなわち φ に出現する演算子と命題の数を表す．

2.3 仕様の検証

リアクティブシステムの仕様を検証するとは，仕様の充足可能性や実現可能性を判定することである．LTL 式 φ が**充足可能である**とは，$\sigma \models \varphi$ となるような振る舞い σ が存在することをいう．実現可能性は充足可能性よりも強い条件で，仕様中の命題を入力命題（環境が制御する）$\mathcal{I}$ と出力命題（システムが制御する）$\mathcal{O}$ に分けた時，ある関数 $r : (2^{\mathcal{I}})^+ \to 2^{\mathcal{O}}$ が存在し，任意の入力列 $\alpha \in (2^{\mathcal{I}})^\omega$ に対し

$$(\alpha[0] \cup r(\alpha[0]))(\alpha[1] \cup r(\alpha[0]\alpha[1]))\ldots \models \varphi$$

が成り立つことをいう．直観的には，任意の入力列に対し，その時点までの入力列の情報をもとに仕様を満たすように応答列を定めることが可能である，という性質である．

LTL 式 φ の充足可能性を判定する場合，φ を Büchi オートマトン $\mathcal{A}_\varphi$ に変換しその空判定を行えばよい．LTL 式 φ の実現可能性を判定する場合，φ を Büchi オートマトンに変換した後，それを決定性 Rabin オートマトン (受理条件を無限に通るべき状態集合と無限に通ってはいけない状態集合の組で定義したオートマトン) に変換し，このオートマトンの遷移を入力命題と出力命題に分割することで環境とシステムの2プレイヤゲームに変換してシステムの勝利戦略を計算する [9]．

どちらの問題も $\mathcal{A}_\varphi$ の大きさが計算時間に大きくかかわり，最悪の場合式の長さに対し指数サイズとなるため，規模の大きな仕様に対してこの判定を行うことは困難である．

3 FLTL による仕様の近似

3.1 FLTL

前節で述べた通り，LTL 式を等価な Büchi オートマトンに変換すると最悪の場合では式の長さに対し指数サイズのオートマトンが得られる．これを解消するため，Kanso らは LTL を Büchi オートマトンに変換する手続きを分析し，指数関数的増大を避けることの可能な LTL フラグメントである flat LTL(FLTL) を提案した [5]．

FLTL の構文は以下の構文規則の φ で与えられる．

$$\varphi := \Theta \mid \mathbf{G}\Theta \mid \Theta\mathbf{U}\varphi \mid \varphi\mathbf{R}\Theta \mid \mathbf{X}\varphi \mid \neg\Delta \mid \varphi \wedge \varphi \mid \varphi \vee \varphi$$

$$\Theta := \top \mid p \mid \neg\Theta \mid \Theta \wedge \Theta \qquad \Delta := \Delta\mathbf{U}\Theta \mid \Theta\mathbf{R}\Delta \mid \mathbf{X}\varphi \mid \neg\Delta$$

Θ はブール式を表しており，Δ は時間演算子を含む式の否定を作るための構文規則である．この規則からわかる通り，Until 演算子の左側や Globally 演算子の内側はブール式でなくてはならない．したがって，リアクティブシステムの仕様でよくみら

れる $\mathbf{G}(p \rightarrow \mathbf{F}q)$ といった性質は FLTL では記述できない.

FLTL 式に対しては以下の定理が成り立つ.

定理 2. FLTL 式 φ に対し, $L(\mathcal{A}_\varphi) = \{\sigma \mid \sigma \models \varphi\}$ となる状態数 $O(|\varphi|)$ の Büchi オートマトンが存在する.

Kanso らはこの定理の証明の際に与えた Büchi オートマトン変換アルゴリズムを時相論理および ω オートマトンの操作ツールである GOAL [10] のプラグインとして実装した.

3.2 過小近似

FLTL 式はそれと等価な線形サイズの Büchi オートマトンに変換できるという良い性質があるが, 表現力に制限があり, リアクティブシステムのすべての仕様が記述できるとは限らない. そこで, 本研究では LTL 式を FLTL 式で近似することで, 近似式により仕様検証を行う. そのためには, 近似式で検証に成功すれば元の式の検証の成功が保証されることが必要である. そのための条件を以下に定義する.

定義 3. LTL 式 φ' が LTL 式 φ の**過小近似**であるとは, $L(A_{\varphi'}) \subseteq L(A_\varphi)$ であることをいう.

この時, 以下の定理が自明に成り立つ.

定理 4. φ' が φ の過小近似であるとき, φ' が充足可能であれば φ も充足可能である.

この定理により, リアクティブシステムの仕様の充足可能性の検証は, その仕様の近似式が充足可能かどうかを判定することに置き換えることができる. φ' が FLTL 式であれば, 定理 2 より, 元の式よりずっと効率的に充足可能性判定を行うことができる. また、一般にリアクティブシステムの仕様は $\varphi_1 \wedge ... \wedge \varphi_n$ の形で与えられるため、ある節 φ_i を過小近似式 φ_i' に置き換えた式は、元の式全体の過小近似となることが保証される ($L(A_{\varphi_1 \wedge \varphi_2}) = L(A_{\varphi_1}) \cap L(A_{\varphi_2})$ より).

3.3 Dwyer の仕様記述パターン

命題と演算子の組合わせ方は膨大であるため、任意の LTL 式に対する FLTL 式による近似を与えることは現実的ではない. そこで本研究では Dwyer の仕様記述パターンとよばれる, 有限状態システムの検証で良く用いられる仕様のパターンに対する FLTL 近似式を与える. これにより, 多くのリアクティブシステム仕様を FLTL 式に近似できることが期待される.

Dwyer の仕様パターンはシステム動作の種類の観点から階層的に分類されている. 本研究では Occurrence 内の Absence パターンについて近似を行う [1]. Occurrence は, システム実行中の特定のイベント/状態の発生に関する仕様のカテゴリである. Absence は, 特定のイベントあるいは状態が発生しないことを記述するパターンのことである. 各パターンには計算列上でどの範囲でパターンが成立すべきかを定めた**スコープ**が与えられている. Absence パターンとその LTL 記述を表 1 に示す（FLTL による近似式も示されているがこれについては 3.4 節で詳しく述べる）. ここでは p が発生してはならないイベントに対応する命題となっている.

3.4 LTL から FLTL への近似変換

表 1 のそれぞれの LTL 式の意味を考え, 過小近似の条件（定義 3）を満たすような FLTL 式を与える. 過小近似は, 元の仕様では許容されていた振る舞いの一部のみ受理するような近似である. したがって, 元の仕様の意味を考え, その一部のみを受理するような式を与える. この条件の確認には GOAL で実装されているオートマトンの受理言語の比較プラグインを用いる.

Globally: $\mathbf{G}(\neg p)$ この式は, ずっと p が成り立たないことを意味する. この式は FLTL 式でもあるため, 近似は不要である.

[1] https://matthewbdwyer.github.io/psp/patterns/ltl.html

表 1 Absence パターン

スコープ	LTL による記述	FLTL による近似式
Globally	$\mathbf{G}(\neg p)$	$\mathbf{G}(\neg p)$
Before r	$\mathbf{F}r \to (\neg p\mathbf{U}r)$	$\neg p\mathbf{U}r$
After q	$\mathbf{G}(q \to \mathbf{G}(\neg p))$	$\mathbf{G}(\neg q) \vee (q \wedge \mathbf{G}(\neg p))$
Between q and r	$\mathbf{G}((q \wedge \neg r \wedge \mathbf{F}r) \to (\neg p\mathbf{U}r))$	$(\neg q\mathbf{U}(q \wedge \neg r))$ $\wedge(\neg p\mathbf{U}(r \wedge \mathbf{G}(\neg q)))$
After q until r	$\mathbf{G}(q \wedge \neg r \to (\neg p\mathbf{W}r))$	同上

Before r: $\mathbf{F}r \to (\neg p\mathbf{U}r)$ この式は, いつか r が成り立つならば, r が成り立つまで p は決して成り立たないことを意味する. つまり, r がいつか出現するならばその直前の時点まで p は出現してはならない. これを, r は必ず出現する場合のみに限定した仕様とすると, 近似式 $\neg p\mathbf{U}r$ が得られる.

After q: $\mathbf{G}(q \to \mathbf{G}(\neg p))$ この式は, q 出現後 p は出現してはならないということを述べている. FLTL では $\mathbf{G}$ の内側はブール式のみが可能であることを考えると, この式が規定する振る舞いのうち, q は常に成り立たない, または**初期状態でのみ** After q の状況が成り立つ場合のみに限定することが考えられる. これを FLTL 式で表すと, $\mathbf{G}(\neg q) \vee (q \wedge \mathbf{G}(\neg p))$ となる.

Between q and r: $\mathbf{G}((q \wedge \neg r \wedge \mathbf{F}r) \to (\neg p\mathbf{U}r))$ このパターンは「どの q が成り立つ時点においても現時点と将来初めて r が成り立つ時点の間は p が成り立たない」ということを述べているが, 前述の通り FLTL では「どの q が成り立つ時点においても」という性質は記述できない. そのため, 「最初に q が出現した時点から最初に r が出現した時点の間まで p が成り立たない」という, 一度限りの Between 性質の言明に限定する. ただし, r の出現後の制約が何もない場合, 元の仕様が許容しない振る舞いを許容してしまう可能性があるため, r の出現後は q が決して出現しないという条件を加える必要がある（そうでない場合, 2 回目以降の q の出現から r の出現までの間の absence を記述するすべがないため）. 以上により, このパターンは FLTL 式 $(\neg q\mathbf{U}(q \wedge \neg r)) \wedge (\neg p\mathbf{U}(r \wedge \mathbf{G}(\neg q)))$ へと近似する. なお, この式では最初に q が出現するまでも $\neg p$ でなければならないため, この制約を緩和することも可能であるが, 論理式が複雑化するためこのままとした.

After q until r: $\mathbf{G}(q \wedge \neg r \to (\neg p\mathbf{W}r))$ この式は q と r の間ずっと p は成り立たないか, q が成り立ちその後 r が出現しない場合は, 決して p は成り立たないことを意味する. この式は Between q and r パターンの意味を含んでいるため, 同じ近似式が使用できる.

まとめると, Absence パターンに対する FLTL 近似式は表 1 のようになる.

4 実験と評価

まず, Absence パターンの各式に対する Büchi オートマトンの大きさを比較する. LTL 式の変換には GOAL の Tableau(MP) プラグインを使用し, FLTL 式の変換には Kanso らの実装した FLTL 変換プラグインを使用した. 変換されたオートマトンの状態数を表 2 に示す. 程度の差はあるが, いずれも近似した式による Büchi オートマトンのほうが状態数は削減されていることが確認された.

さらに, LTL 仕様の中から表 1 の LTL 記述に該当するパターンを対応する FLTL 式に自動的に変換するツールを lex/yacc により実装し, 簡易的なスロットマシンの LTL 仕様を FLTL 式に近似し, 互いの Büchi オートマトンの状態数を比較する. スロットマシンの仕様は $(lvr \to (reel\mathbf{U}r)) \wedge (\mathbf{F}l \to (\neg(c \wedge r)\mathbf{U}l)) \wedge (\mathbf{F}c \to (\neg r\mathbf{U}c)) \wedge F(r \wedge \neg l))$ である. この仕様は, レバーを引くと (lvr), 右のボタンを押すまで (r)

表 2 変換された Büchi オートマトンの状態数の比較

スコープ	LTL による記述	FLTL による近似式
Globally	1	1
Before r	23	2
After q	6	4
Between q and r	39	12
After q until r	14	12

リールは回り ($reel$), 左のボタン (l), 真ん中のボタン (c) がこの順番に押され, 最終的にいつか右のボタンが押されリールが止まるということを表している. この式を近似した結果は $(lvr \rightarrow (l\mathbf{U}r)) \wedge (\neg(c \wedge r)\mathbf{U}l) \wedge (\neg r\mathbf{U}c) \wedge \mathbf{F}(r \wedge \neg l)$ となり, FLTL の構文に従うため FLTL 変換アルゴリズムが適用できる. それぞれを Büchi オートマトンに変換したときの状態数は, 元の式で 4657, 近似後の式で 50 と大幅に縮小することに成功している.

5 まとめ

本研究ではリアクティブシステム仕様の検証を効率化するため, LTL による仕様をより効率的な Büchi オートマトン変換アルゴリズムの適用可能なフラグメントである FLTL に近似する手法を提案し, Dwyer の仕様パターンのうち Absence パターンに対する FLTL 近似式を具体的に与え, 試験的に実験・評価した. その結果, Büchi オートマトンの状態数を大きく削減できることが確認できた.

今後の課題としては, より多くの仕様パターンに対応すること, 更なる実験による評価, 仕様パターン内では原子命題として扱っていた部分を任意の式に拡張すること, 仕様の充足可能性判定だけでなく, 実現可能性判定にも適用可能な近似の条件の発見などが挙げられる. また, 近似式は一意に定まるものではないため, 同じパターンに対してもいくつかの近似式を用意することも望まれる.

謝辞 本研究は JSPS 科研費 JP21K11756 の助成を受けたものです. また, FLTL の変換プラグインを提供してくださった Kanso 氏に感謝いたします.

参考文献

[1] A. Pnueli and R. Rosner: On the synthesis of a reactive module, *POPL'89*, pp. 170–190, 1989.
[2] M. Abadi, L. Lamport and P. Wolper: Realizable and Unrealizable Specifications of Reactive Systems, *ICALP'89*, pp.1–17, 1989.
[3] M. Vardi and P. Wolper: Reasoning about infinite computations, *Information and Computation*, Vol.115, No.1, pp.1–37, 1994.
[4] M. Shimakawa, Y. Iwasaki, S. Hagihara and N. Yonezaki: Discussion of LTL Subsets for Efficient Verification, *WCTP2016*, pp.14–27, 2016.
[5] B. Kanso and A. Kansou: From a Subset of LTL Formula to Büchi Automata, *ICSEA 2019*, pp. 61–67.
[6] M. Dwyer, G. Avrunin and J. Corbett: Patterns in property specifications for finite-state verification, *ICSE'99*, pp. 411-420, 1999.
[7] S. Ito, et al.: Qualitative analysis of gene regulatory networks using network motifs, *BIOINFORMATICS 2013*, pp.15–24, 2013.
[8] S. Ito, et al.: Qualitative analysis of gene regulatory networks by temporal logic, *Theor. Comp. Sci.*, Vol. 594, No. 23, pp.151–179, 2015.
[9] 冨田 尭: リアクティブシステム実現可能性必要条件の判定手続き, 日本ソフトウェア科学会第 37 回大会講演論文集, 2020.
[10] M. H. Tsai, et al.: GOAL: A Graphical Tool for Manipulating Büchi Automata and Temporal Formulae, *TACAS2007*, pp. 466–471, 2007.

RPAにおける不具合発生要因の分類

Defects Classification in Robotic Process Automation

新田 壮史 [*]　中川 博之 [†]　土屋 達弘 [‡]

あらまし RPA（Robotic Process Automation）とは，主にデスクトップ作業の自動化を目的とした技術である．人間の動作を模倣するBotと呼ばれるプロセスを作成し，外部アプリケーションのGUIを対象に操作する．これにより，主に繰り返し作業の業務を自動化することが可能となる．しかし，実際のRPAの運用では，Botに様々な不具合が発生する場合が少なくない．これらの不具合は従来のプログラムと異なる特性を持つと考えられる．そこで本研究では，RPAにより作成されたBotの不具合に関するコードレビューを分類する．分類基準は不具合の内容と検出手段の2つである．本分類結果により，RPAのBotではプロセスの待機時間の設定が重要であること，アクセス制限などの制約が不十分であること，コードが規則的でありキーワード，類似文検索で検出可能な不具合要因が多いことが分かった．

1　はじめに

RPAとはRobotic Process Automationの略語であり，業務の自動化技術またはそのツールの総称である．現在，事務作業の大半はコンピュータ上で行われる．その作業の中には，メールから情報を抽出する，システムや表計算ソフトへ情報を入力するなどの，単純ながら時間を必要とする作業も多い．このような単純作業を，ユーザがGUIを用いる動作を再現し自動化することを目的とした技術がRPAである．本研究では，RPAにより作成されたプロセスをBotと呼称する．

RPAの利点はいくつか存在する．まず，Botは外部のソフトウェアをGUIを用いて操作することが可能であるため，APIを備えていないソフトウェアの利用が可能である点である．次に，ノーコード開発によりBotが作成可能である点などが挙げられる．このような利点により，外部のソフトウェアの操作に特化したプロセスを，容易に作成することが可能となる．しかし，RPAでは，従来のプログラミング言語による開発とは異なる性質を持つ不具合やその要因が存在すると考えられる．

本研究ではRPAにより作成されたBotに対するレビュー結果を元に，RPAで発生する不具合を分類する．分類の観点を2つ設けて対象データを検証し，それぞれ分類項目を作成した．1つ目の観点は不具合の種類であり，可読性が低い，不可欠な処理が欠損しているなどの分類項目を作成した．2つ目の観点は検出の手段であり，キーワードや類似文の検索が必要である場合，構文解析などが必要となる場合，引数や定数の値を考慮する必要がある場合，実行環境を考慮する必要がある場合の4項目を作成した．これらの分類項目に該当するレビューを集計し，項目の内容と件数について考察する．

本論文の構成は以下の通りである．2節では研究背景として関連研究と本研究の目的について述べる．3節ではRPAに及び本研究で扱ったRPAツールについて概要を解説する．4節ではRPAの不具合の分類を行う．対象データと分類基準を解説し，分類結果とその考察を述べる．最後に5節で本論文をまとめる．

[*]Soshi Nitta, 大阪大学
[†]Hiroyuki Nakagawa, 大阪大学
[‡]Tatsuhiro Tsuchiya, 大阪大学

2 研究背景

2.1 関連研究

Tornbohm ら [1] や van der Aalst ら [2] によると，RPA は人間を模倣し他のコンピュータシステムのユーザインターフェース上で動作するツールとして定義されている．この RPA の技術について Willcocks ら [3] や Ivančić ら [4] は，ルールベースの繰り返し行われる作業について，人間の代替となる可能性を示している．しかし，Kirchmer ら [5] は RPA の実装への課題として，Bot はコードに記述されたルールに従うため，ルールが適切に定義されないと，望ましくない結果につながる可能性があることを示している．そこで RPA ツールを用いた際の安定性や耐障害性を向上させる研究も行われている．Egger ら [6] は，ログ情報を用いて Bot の修正を支援する手法を提案している．これは Bot のログ単体では十分な洞察が得られないため，Bot とプロセスのログを統合しプロセスマイニングを行っている．Schuler ら [7] は例外処理，ワークキュー，およびデータ管理戦略に重点を置いて，堅牢な Bot を開発する手法を示している．また，分類についての関連研究として，Hammoudi ら [8] の Web アプリケーションに対するテストが失敗した要因の分類法を作成する研究などがある．

2.2 研究目的

本研究の目的は RPA の信頼性向上である．RPA は比較的新しい技術であり，いまだ動作の安定性の面では十分とはいえない．そこで本研究では RPA 利用時に発生しうる不具合を分類し，その特性について考察する．これにより Bot 作成時のバグ混入率の低下やデバッグ時の検出率の向上を支援する．

3 RPA の概要

RPA は業務自動化技術の一種である．Bot と呼ばれるプロセスを作成し，コピー&ペーストや情報入力などの単純作業を自動化する．従来の自動化技術との差異としては，まず，ノーコード開発が可能である点が挙げられる．ノーコード開発とは，GUI を用いることにより，コーディングを必要とせずにプログラムを作成する技術である．RPA は，何種かの専用のアプリケーションに搭載された GUI を用いて Bot を作成する．次に，既存の外部のソフトウェアが操作できる点が挙げられる．RPA の Bot は人間の動作を模倣し，他のツールのユーザインターフェース上で動作する．よって，操作の対象となるソフトウェアに API が存在しない場合でも利用可能である．最後に，Bot の開発のゴールは人間の動作の模倣であるため，ユーザ側での導入が比較的容易である点が挙げられる．これは 1 つ目の差異として挙げたノーコード開発が可能である点にも関連する．ただし，RPA は未だ新しい分野であり，開発や運用に際して障害が発生する可能性がある．また，RPA の Bot の開発は各種の RPA ツールのルールに基づき行われる．これは従来の高級言語のように共通化された文法規則やコンパイル手法を持たないといえる．

本研究にて扱った RPA ツール [1] の Bot 開発手順を以下に示す．まず，コマンド一覧から実行するコマンドを選択する．コマンドにより実行可能な処理は 550 種以上とされている [9]．その内容には，条件とループ，ファイル，データベース，システムの管理，ユーザ定義変数とシステム変数の操作，エラーログなどが含まれる．次に，選択したコマンドに応じた各パラメータを入力または選択することでコマンドが生成される．この作業を繰り返すことで，Bot とその動作を示す図 1 のような疑似コードが生成される．この疑似コードは変数`$Path$`の示すファイルが存在しない場合の分岐処理を示したものである．ファイルが存在しない場合は，変数`$LogPath$`の示

[1] 本研究では，Automation Anywhere (`https://www.automationanywhere.com`) を RPA ツールとして用いた．

```
135  If File Does Not Exist ("$Path$")  Then
136   Log to File: File Does not Exist in "$LogPath$"
137   Variable Operation: 1 To $Flag$
138  End If
```

図 1　疑似コードの例

No	Bot名	行番号	コードレビューコメント
1	MyBot1	18	Delayの値が小さい
2	MyBot1	43-46	IF文の階層が深い
3	MyBot2	75	条件式が不正

⋮

図 2　コードレビューの例

すファイルへログを出力し，変数$Flag$に 1 を代入する．

4　RPA の不具合の分類

ここでは RPA により作成された Bot に対する不具合を分類する．分類基準の作成及び分類は，1 名による目視の検証で行った．まず，対象データと分類基準についての解説を行う．次に，分類結果について述べ，その結果を考察する．

4.1　対象データ

分類の対象となるデータは，86 個の Bot に対して実施された 500 件のレビューである．Bot は実際に企業の RPA 開発，運用を担当する部署で作成されたものである．これは，主に表計算ソフトと html ブラウザを用いたデータの取得，入力を行うタスクを実行する．例えば，ある URL からシステムへログインしファイルを取得する，その後にデータを集計し表計算ソフトへ入力する，といったタスクとなる．次に，レビューは Bot 開発に用いた RPA ツールの開発元により実施されたものである．レビューでは，不具合要因となり得る箇所や，修正すると安定性が向上する箇所，メンテナンス性が向上する箇所などが指摘されている．なお，本論文では，一括してこれらを不具合要因と呼称している．レビューには図 2 のように，対象となる Bot 名や不具合要因となる箇所の疑似コードにおける行番号及びコードレビューコメントが記載されている．コードレビューコメントにより示されるコードの不具合要因は，1 行のレビュー中に 1 種のみであり，複数言及される場合はない．コードレビューコメントの具体例は，ファイルパスを変数へ格納することを推奨する内容，日付のフォーマット変換に専用の Bot を用いることを推奨する内容，不必要なエラーハンドリングを示す内容，削除済のファイルへアクセスする状態が発生することを示す内容などである．

4.2　分類基準

分類基準は 2 つ定めた．1 つ目は不具合要因の種類である．コードレビューコメントの内容から，どのような要因で指摘をされているかの観点で検証し，コードレビューコメントの内容が類似しているレビューをまとめて 1 つの分類項目とした．項目名はコードレビューコメントの内容の要約である．2 つ目は検出の手段である．レビューコメントと指摘をされている疑似コードを元に，コードレビューコメントの内容に相当する不具合要因を疑似コードから検出する手段の必要条件を検証した．

これらにより，次のような分類項目を決定した．

不具合要因の種類は，以下の9点，サブクラスを含めると10点の項目を作成した．

1. 可読性の低さ：Botのコードの理解に困難が生じる箇所．
2. 重複する処理：類似する処理が複数箇所あり，冗長となっている箇所．
3. 複数のコマンドの不適切な配置：関連する複数のコマンドが，適切な順で処理されない，または間隔があいている箇所．
4. 不適切なコマンド引数：コマンドの引数が不足している，または不適切な値である箇所．
   - サブクラス-不適切なDelayの値：処理の待機時間に問題がある箇所．
5. 処理の不足：必須となる処理が不足している箇所．
6. 不要な処理：不要な処理を行っている箇所．
7. 利用の推奨されない変数：利用の推奨されない変数を扱っている箇所．
8. 代替案のある不安定な処理：特定の処理を別の処理に置き換える箇所．
9. その他：全体に共通しない特定のBotに依存する箇所．

不適切なコマンド引数については，特徴的であったDelayに関するサブクラスを作成した．

検出の手段は，以下の4点の項目を作成した．

1. 類似：キーワードや類似文の検索が必要である．
2. 構造：プログラムの構造を解析する必要がある．
3. 値：引数や定数の値を考慮する必要がある．
4. 実行環境：実行環境を考慮する必要がある．

なお，項目3の実行のために項目2が必要となるなど，一部項目が包括や重複する場合が存在するが，より十分条件に近い項目へ分類し，複数の項目への重複は発生しないとする．

4.3 分類結果

分類結果を表1に示す．種類についての分類で最多の項目は，代替案のある不安定な処理を行っている箇所であった．その多くは，一連の処理が安定性の高い既存のコマンドに置き換えられることを指摘している．次に多い項目は，利用の推奨されない変数を扱っている箇所となった．主に，クリップボードの内容を保持する変数など読み取り専用の変数へ代入している箇所への指摘となる．次に多い項目は，不適切なコマンド引数であった．これは，コマンドの配置は問題ないが，引数の値により不具合が発生しうる箇所である．例えば，キー入力の間隔やファイル読み込みなどの待機時間の設定，ウィンドウを特定するための条件の不足等の指摘である．

次に検出手段については，キーワードや類似文の検索により検出可能な場合の240

表1　分類結果

	1. 類似	2. 構造	3. 値	4. 実行環境	合計
1. 可読性の低さ	3	7	0	1	11
2. 重複する処理	15	4	0	1	20
3. 複数のコマンドの不適切な処理	3	2	0	8	13
4. 不適切なコマンド引数	17	2	59	3	81
(4-Sub. 不適切なDelayの値)	(0)	(0)	(32)	(0)	(32)
6. 処理の不足	6	31	8	21	66
7. 不要な処理	0	13	0	28	41
8. 利用の推奨されない変数	87	3	0	0	90
9. 代替案のある不安定な処理	109	20	0	12	141
10. その他	0	0	4	33	37
合計	240	82	71	107	500

件が最多であり，次に実行環境を考慮する必要がある場合の 107 件，次にプログラムの構造を解析する必要がある場合の 82 件，最少が引数や定数の値を考慮する必要がある場合の 71 件であった．

4.4 考察

分類結果について考察する．まず，種類の分類で特徴的であった項目について考察する．代替案のある不安定な処理の項目が最多であったことは，RPA がデスクトップ作業に特化した開発環境であることが理由と考えられる．特定の目的に特化することで，多くの処理が 1 つのコマンドで完結するようになっている．例えば，日付やファイルパスの文字列操作や特定の表計算ソフトを操作するコマンドなどがある．このような，目的に合致したコマンドがあらかじめ用意されているため，自力で条件分岐やキー入力を定義した箇所を置き換える指摘が多かったと考える．

次に多い項目は，変数の利用に関する指摘である．この内容は大きく 2 つに分類され，1 つはファイルパスなどの多用する定数について，変数を用いて管理することを推奨する指摘である．これは一般的なプログラムと共通する問題である．もう一つは利用が推奨されない変数に関する内容である．具体的には，クリップボードの内容を記録する変数に代入をしないよう指示する指摘が主となる．この不具合要因はアクセス制限などの機能が不足していることが原因と考えられる．C++や Java をはじめとする高級言語では，変数や関数に対してのアクセスを管理することが可能である．しかし，本研究にて扱った RPA ツールでは開発者の定義した変数と特定の機能を持つ既存の変数の両方についてアクセス制限を行う手法は存在しない．これは RPA を用いた Bot 開発の専門性を緩和し，ユーザ主体での開発を容易とするものである．しかし，同時に不具合が発生する原因ともなっている．

次に多い項目は不適切なコマンド引数であり，特に特徴的であったものは不適切な Delay の値である．RPA の Bot の中にはこの待機命令（以下 Delay）が多く存在した．これは RPA が外部のアプリケーションと同期して実行されるプログラムであることに起因すると考えられる．RPA は Bot 自体がデータ処理などの作業を行うものではなく，外部のアプリケーションを介して処理を行う．よって，Bot から外部へ指示し，外部の処理が完了した後に，次の指示をする必要がある．この順序が守られない場合に不具合が発生する．よって，Delay に関して指摘するレビューが比較的多く存在したと考えられる．また，このように外部との同期が重要であるにもかかわらず，本研究にて扱った Bot には，外部のアプリケーションからのフィードバックを受け取るコマンドが少なかった．これは同期の確保の面では大きな障害となる．これは RPA が外部との接続に専用の API ではなく，人が操作することを想定した GUI を用いることで，汎用性を持たせたことによる弊害と考えられる．

次に検出手段の分類について考察する．最多であった項目は，キーワードや類似文の検索により検出可能な場合であった．これは RPA により生成される Bot の疑似コードが，一般的なプログラミング言語と比較し規則的であることが原因であると考えられる．RPA の疑似コードが規則的であるとする理由は，RPA は GUI を用いてコマンドを選択し Bot を作成するからである．一般に，テキストによりコードを作成した場合，記述者によって文法の許す範囲で表記の差異が発生する．しかし GUI を用いた場合，表記は作成に用いたツールによって統一される．また，通常，RPA ツールでは新たなコマンドの定義などは行わず，既定されたコマンドのみを用いる．よって，各コマンドの処理の粒度は大きく，コマンドの種類は少なくなっている．この要因により，RPA により生成される Bot の疑似コードは規則的といえる．

次に引数や定数の値を考慮する必要がある場合，Bot のコードのみでは検出が困難と考察する．その要因は Bot 内の定数の多くが外部に依存することである．特定の外部アプリケーションを起動する処理では，待機時間を長く設定する必要がある場合が存在する．しかし，待機時間の設定値の正否は Bot のコードのみでは判断できず，外部アプリケーションの種類や実行する環境に依存する．このように，RPA

のデバッグでは外部の情報の付加が必要となる場合が存在する．

最後に，実行環境を考慮することは，Bot が外部のアプリケーションの状態に依存し動作することにより困難であると考察した．一般に，他のプログラムの状態に依存するプログラム，例えばサーバクライアントなどは同期に異常が発生した場合の対処が重要となる．これには通信相手の応答を待機する，タイムアウトが発生するとデータを再送信するなどの機能が存在する．しかし，RPA で扱う外部アプリケーションは，本来人間が扱うことを想定したものであり，同期確保の機能は存在しない．よって，Bot から外部のアプリケーションを見た場合，ブラックボックスとなるといえる．よって，Bot は外部の状態を推定する必要があり，正確な情報を得ることはできない．この要因により，実行環境の再現は困難であると考えられる．

5 おわりに

本研究では，RPA の Bot に対するレビューを，不具合要因の種類と検出手段の観点で分類した．不具合要因の種類の分類からは次の知見を得た．まず，外部アプリケーションとの同期に不具合が発生しやすく，安定性の向上には処理の待機時間の設定が重要なことである．次に，RPA の開発環境ではアクセス制限などの制約が不十分なことである．一方，検出手段の分類からは次の知見を得た．まず，Bot の作成に GUI を用いるため，生成される疑似コードが規則的な構造になることである．次に，引数や定数の値を考慮する必要がある場合，疑似コードのみでは検出が困難なことである．Bot の実行環境の再現が困難なことも RPA の特徴である．

本研究の課題は，一般化が不十分なことである．本研究では 1 種の RPA ツールのみを対象として検証している．また，Bot は全て 1 つの開発グループ内で作成されたものである．異なる RPA ツール，または開発グループにより作成された Bot への一般化は不十分といえる．また，分類結果を元に，不具合要因を検出する手法の開発を進めるべきである．

謝辞 本研究の一部は，JSPS 科研費 17KT0043, 20H04167 の助成を受けた．また，本研究の一部は，サントリーシステムテクノロジー株式会社との共同研究により実施されたものである．本研究に際して各種データと分析に関する知見を提供くださった，同社の長谷川壽延様，松田考広様に感謝する．

参考文献

[1] Tornbohm, C., Dunie, R.: Gartner market guide for robotic process automation software. Report G00319864, Gartner, 2017.

[2] van der Aalst, W.M.P., Bichler, M. Heinzl, A.: Robotic Process Automation. Business and Information System Engineering, vol. 60, pp.269–272, 2018.

[3] Willcocks, L.P., Lacity, M., Craig, A.: Robotic process automation at Xchanging, 2015.

[4] Ivančić, L., Vugec, D.S., Vuksic, V.B.: Robotic process automation: systematic literature review. in Di Ciccio, C., et al. (eds.) BPM 2019. LNBIP, vol. 361, pp.280–295, Springer, Cham, 2019.

[5] Kirchmer, M., Franz, P.: Value-driven robotic process automation (RPA). in: Shishkov, B. (ed.), BMSD 2019, LNBIP, vol. 356, pp. 31–46, 2019.

[6] Egger, A., ter Hofstede, A.H.M., Kratsch, W., Leemans, S.J.J, Röglinger, M., Wynn, M.T., Bot Log Mining: Using Logs from Robotic Process Automation for Process Mining. in 39th International Conference on Conceptual Modeling, ER 2020, 2020.

[7] Schuler, J., Gehring, F.: Implementing Robust and Low-Maintenance Robotic Process Automation (RPA) Solutions in Large Organisations. 2018.

[8] Hammoudi, M., Rothermel, G., Tonella, P.: Why do Record/Replay Tests of Web Applications Break?, 2016 IEEE International Conference on Software Testing, Verification and Validation (ICST), pp. 180-190, 2016.

[9] Automation Anywhere, inc., Automation Anywhere Enterprise 1 LTS Bot Creator/Bot Runner - ユーザーガイド, https://download-automationanywhere-com.s3.amazonaws.com/support/AAE_11_LTS_Client_User_Guide_JP_disclaimer.pdf, 2018

異粒度指向反例解析に向けて

Towards Multi-Granularity-Oriented Counterexample Analysis

小形 真平* 大池 勇太郎† 中川 博之‡ 青木 善貴§
小林 一樹¶ 岡野 浩三‖

あらまし モデル検査により正しい振舞いモデルを構築するには，通常，検査結果に基づくモデルの洗練が必要となる．モデルの洗練には，検査結果として得られる反例が有用である．反例とは，モデルが満たすべき性質を表した検査式に基づきモデルを検査した結果，検査式に違反する振舞いの一例を示すものである．ただし，この反例はあくまでも一例であるため，反例単体からモデルの誤りを正確に同定することは難しく，また，多数の反例を詳細に解析する開発者の作業負担が高いという問題がある．そこで本研究では，開発者が手動で与えるモデルと複雑な検査式により得られた全ての反例それぞれに対し，反例に応じた異粒度な部分式等を得て反例を検査する反例解析支援手法を提案する．提案手法は主に，異粒度な部分式等を得られるよう検査式を部分式や原子論理式などに自動分解する“検査式分解”と，分解で得られた部分式で反例を検査できるよう「テキストの反例」を自動で「モデル検査に適用可能なモデル」に変換する“反例モデル生成”を構成技術とする．そして，部分式による反例モデルのモデル検査，ならびに原子論理式などと反例との照合による変数変化の整理を行なう“反例検査”を実現する．

1 はじめに

モデル検査 [4] は，形式検証手法の一種であり，システムの振舞いモデルが仕様を満たすか否かを網羅的に検証できる．モデル検査では，モデルを有限状態の状態遷移モデルとして表し，モデルが満たすべき性質を表した仕様を検査式と呼ぶ．従来からモデル検査器 [1] [2] [3] が公開されており，それらに振舞いモデルと検査式を入力すると，モデルが検査式に違反するか否かを検査できる．モデルが検査式に違反する場合，その振舞いの一例として反例が出力される．反例はモデルを洗練する上で有用な情報となるが，反例はあくまでも一例であるため，反例単体からモデルの誤りを正確に同定することは難しい．多数の反例を詳細に解析する場合でも，開発者の作業負担が高いという問題がある．なお，数十個の変数と数百の状態遷移が関わる反例が得られる場合，検査式に係わる変数の変化を調査してモデルの誤りを特定することは，システムを熟知した開発者であっても困難である [7]．

反例解析を容易化するための支援として，複数の反例から検査式に違反する状態遷移を自動特定する手法 [11] が提案されている．この手法では，全ての検査式を手法利用者が用意する必要があり，また反例における状態遷移がどのような性質を満たすのかを柔軟に検査する手段は提供されていない．他方で，反例に含まれる状態を検査式に加えることで反例を解析支援する手法 [8] もまた提案されている．この手法では，反例中の状態が必ずしも開発者が注目したい状態とは限らない．そこで本研究では，前述の既存手法を補完する位置づけともなる，次の 2 つの特徴を持つ反例解析手法の確立を目的とする．(1) 開発者が与えた検査式を分解することで開発

*Shinpei Ogata, 信州大学
†Yutaro Ohike, 信州大学
‡Hiroyuki Nakagawa, 大阪大学
§Yoshitaka Aoki, 日本ユニシス株式会社
¶Kazuki Kobayashi, 信州大学
‖Kozo Okano, 信州大学

表1 LTL の時相論理演算子

時相論理演算子	意味
G p	常に p を満たし続ける
F p	いつか p を満たす
p U q	q を満たすまで p を満たし続ける
X p	次の状態で p を満たす

者が注目する変数や状態を考慮した複数の部分式等を容易に獲得できる.(2) 検査式を分解した部分式等で反例を柔軟に検査できる.

本稿では，これまでの手法 [9] を発展させ，開発者が手動で与えるモデルと複雑な検査式により得られた全ての反例それぞれに対し，反例に応じた異粒度な部分式等を得て反例を検査する反例解析支援手法を提案する．異粒度な部分式等とは，複雑な1つの検査式について，その構文規則に従い分解する過程で得られる部分式や原子論理式，変数名を指す．それらの部分式等は分解の程度により粒度が異なるために異粒度な部分式等と呼ぶ．提案手法は主に，異粒度な部分式等を得られるよう検査式を部分式や原子論理式，変数名に自動分解する "検査式分解" と，分解で得られた部分式で反例を検査できるよう「テキストの反例」を自動で「モデル検査に適用可能なモデル」に変換する "反例モデル生成" を構成技術とする．そして，部分式による反例モデルのモデル検査，ならびに原子論理式・変数名と反例との照合による変数変化の整理を行なう "反例検査" を実現する．

提案手法の貢献としては，モデル検査で得られた全ての反例それぞれに対して反例に応じた異粒度な部分式等を得てその反例を検査する手法を確立したことがある．これは，簡便な方法で多数の部分式等や検査結果を得られることは開発者の負担軽減となるのみならず，モデル検査に機械学習などのデータ駆動解析アプローチを導入する上で重要な布石になると考えられる．

2 理論的背景

2.1 モデル検査

モデル検査 [4] では，振舞いモデルを有限状態の状態遷移モデルとして表し，そのモデルが満たすべき仕様を時相論理による検査式として表し，これらを入力にとる．そして，モデルの取りうる状態を網羅的に探索し，モデルが検査式に違反するか否かを検証する．その結果，モデルが検査式に違反する場合，その振舞いの一例を反例と呼ばれる状態遷移系列として出力する．主なモデル検査器として，NuSMV [1] や SPIN [2]，UPPAAL [3] がある．

検査式は線形時相論理 (LTL, Linear Temporal Logic) や計算木論理 (CTL, Computational Tree Logic) などの時相論理により記述する [1] [2] [3]．表1は，例として LTL の時相論理演算子を示している [5]．検査式は表1の時相論理演算子や，論理演算子，関係演算子等により定義する．本稿では，LTL の構文を例にして検査式分解等の提案手法について触れる．

2.2 反例解析

モデル検査において，振舞いモデルの誤りを発見して洗練するためには，反例を解析して検査式に違反する原因を探る必要がある．検査式に違反する原因を特定するためには，様々に検査した結果から疑わしい振舞いを絞り込む必要があり，開発者は多数の反例において状態遷移に応じた変数値の変化などを確認することになる．

反例に基づいてモデルの誤りを探るアプローチの一つとして，検査式が表す仕様

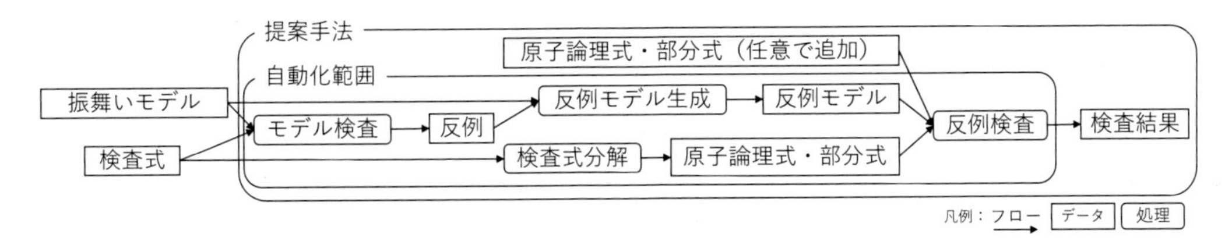

図 1　提案手法の全体像

を満たす状態遷移系列と満たさない状態遷移系列（反例）とで共通部分が存在する場合，差が現れた部分を不具合の表出箇所として疑うアプローチがある [11]．また，反例中の状態が不具合を引き起こす原因に強く係わるとして，反例中の状態を検査式に加えて検査するアプローチもある [8]．いずれも，反例特有の状態遷移系列や変数値の変化を起点として，開発者が検査式に違反する振舞い（更新処理や条件分岐等）をモデルから探ることを想定している．したがって，“反例特有の状態遷移系列や変数値の変化” を十全に調査できたかが，その後の作業を正確化・容易化する鍵となる．

本研究では，開発者が与える検査式を分解することで開発者の注目する変数を含むよう異粒度な部分式等を容易に獲得できる方法と，反例がどのような性質を満たすのかを様々な部分式等で柔軟に検査できる方法の組み合わせによって，反例解析を支援する立場をとる．

3　提案手法：反例モデル生成と検査式分解

図 1に提案手法の全体像を示す．提案手法では振舞いモデルと検査式を入力にとり，次の手順を経て，最終的に反例の検査結果を出力する．

1. モデル検査：与えられた振舞いモデルと検査式をモデル検査器で検査する．
2. 反例モデル生成：モデル検査により反例を検査できるよう反例をモデルに自動変換する．(詳細は 3.1節を参照)
3. 検査式分解：反例が得られた検査式を部分式や原子論理式に自動分解する．(詳細は 3.2節を参照)
4. 反例検査：検査式分解で得られた部分式等で反例を自動検査し，反例の検査結果を自動で表形式に整理する．(詳細は 3.3節を参照)

3.1　反例モデル生成

通常，反例はそのままではモデル検査に入力できる形式になっていない [1] [2] [3]．そこで，モデル検査により様々な検査式で分析できるように，反例をモデルに自動変換する．

図 2に反例モデル生成の概念図を示す．反例における状態系列をリスト $S = (s_1, s_2, ..., s_n)(n \in \mathbb{N})$ で表す．ここで，$s_i(i = 1, 2, ..., n)$ は状態を表し，i は状態番号を表すとする．また，S は $s_2 = s_n$ などのループ構造を含みうる．なお本稿では，$\mathbb{N}$ は 1 以上の自然数の集合を表すものとする．各状態 s_i は，全ての変数それぞれの値を持つ．つまり，変数集合を $A = \{a_1, a_2, ..., a_m\}(m \in \mathbb{N})$ と表すとき，状態 s_i では変数 $a_j(j = 1, 2, ..., m)$ の変数値 v_{ij} が得られるものとする．例えば，図 2左の反例では，s_1(State: 1.1) のとき $i = 1$ となり，変数 a_1 の変数値 $v_{11} = 1$ となる．この反例の”Loop starts here”はループの存在を示す．このループでは，s_n と s_2 が同じ変数値を持ち，s_n の次の遷移先が s_3 となる．このようなテキストの反例を，状態番号の更新を遷移の契機とする状態遷移モデル（図 2右）に変換する．この状態遷移モデルは，変数集合 A に状態番号 i を表す変数 a_{id} を加えた変数集合 $A' = \{a_{\mathrm{id}}, a_1, a_2, ..., a_m\}$ を持つ．そして，各状態（角丸四角）にそれらの値（角四角内の

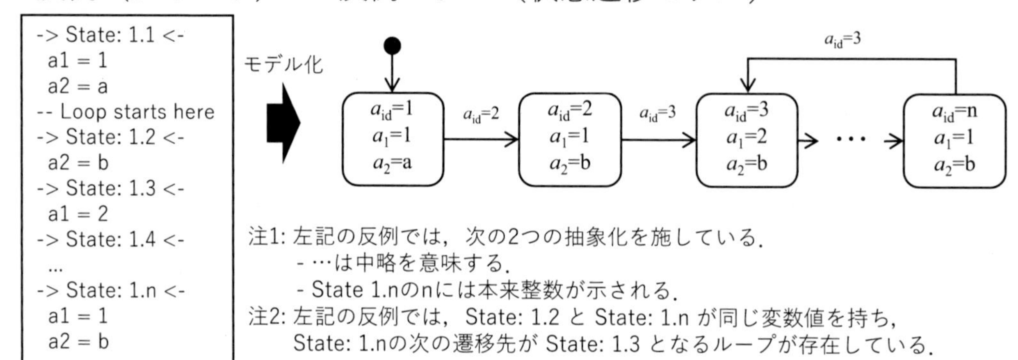

図 2　反例モデルの生成

テキスト）が割り当てられる．なお，a_{id} の初期値は，図2では1となる．また，各変数 $a_j(j=1,2,...,m)$ の値域は元の振舞いモデルと同一とし，初期値は反例における v_{ij} とする．このとき，v_{ij} の i は a_{id} の初期値と同値とする．A' における各変数は，a_{id} の値変化を契機とし，反例の振舞いを再現するよう値を更新していく．たとえば，$a_{\mathrm{id}}=1$ の状態で $a_{\mathrm{id}}=2$ になったとき，各変数 $a_j(j=1,2,...,m)$ を $a_j=v_{2j}$ として更新する．なお，$a_{\mathrm{id}}=2$ の更新処理は，$a_{\mathrm{id}}=1$ の状態中で行う．

3.2　検査式分解

検査式分解の目的は，複数の式の組み合わせからなる検査式に対して，検査式を分解した部分式等による反例検査で，反例の理解を深めるところにある．たとえば，FG$(p\&q)$ $(p,q$ は原子論理式$)$ があったとき，p と q の両方が，ある時点から常に同時に成り立たなければ False になるが，p と q のどちらか要因となって False となっているかはわからない．このとき，FGp と FGq に分解した部分式による検査を追加することで，要因を特定できる可能性がある．

1. 字句・構文解析により，検査式を時相論理演算子，変数名，変数値，演算子に分解した構文木を得る．
2. 構文木から原子論理式を抽出する．a を変数名，v を変数値，$o_{er}(\in O_{er}=\{=,\neq,>,<,>=,<=\})$ を等価・関係演算子とすると，原子論理式は $a\,o_{er}\,v$ と表現されるものである．変数 a が Boolean 型の場合は，a も原子論理式に含まれる．
3. 構文木から原子論理式，時相論理演算子，連結演算子を得て結合して部分式を得る．本研究では，連結演算子集合を $O_c=\{\mathrm{U},|,\&,\Rightarrow\}$ とし，原子論理式を $o_c(o_c\in O_c)$ で接続した式を条件式と呼ぶ．U は時相論理演算子であるが，二項演算子であり，分解の対象とする目的から，連携演算子として扱う．条件式または原子論理式を p とし，U を除いた LTL の時相論理演算子の集合を $O_t=\{\mathrm{G},\mathrm{F},\mathrm{X}\}$ とするとき，部分式は $o_{t1}\ldots o_{tl}\,p\,(o_{tk}\in O_t, 1\leq k\leq l)$ と表せる検査式である．

LTL の時相論理演算子を $o_t\in O_t$，原子論理式を p とするとき，単一の時相論理演算子と原子論理式を用いた検査式は $o_t\,p$ と表すことができる．本稿では p に o_t が対応すると呼び，検査式中で対応している原子論理式とそれに対応している時相論理演算子を元に，部分式の生成を行う．部分式は以下の手順で生成する．

まず，検査式に含まれる原子論理式と，その原子論理式に対応する時相論理演算子から部分式の分解形を生成する．この分解形は，検査式の括弧を展開し，連結演算子で式を分解することで得る．検査式 $o_{t1}\,o_{t2}(c_1\&o_{t2}\,c_2)$ を例とし，$c_n(n\in\mathbb{N})$ を原子論理式とするとき，分解形は $o_{t1}\,o_{t2}\,c_1$ と $o_{t1}\,o_{t2}\,o_{t2}\,c_2$ の2つとなる．なお，提案手法

	部分式		原子論理式		変数名	
State_Num	**F(a_1=1)**	**F(a_2=c)**	**a_1=1**	**a_2=c**	**a_1**	**a_2**
1	TRUE	FALSE	1	a	1	a
2	TRUE	FALSE	1	b	1	b
3	TRUE	FALSE	2	b	2	b
…	…	…	…	…	…	…
n	TRUE	FALSE	1	b	1	b

注：この表は図2と同様な抽象化がなされている．破線はループ位置を示す．

図 3　反例検査の結果

では全ての連結演算子で分解することが既定であるが，分解の粒度を制御できるように開発者が分解に用いる連結演算子を指定することもできる．たとえば，検査式 $o_{t1}((c_1\&c_2)|c_3)$ に対し，連結演算子 & を分解しない場合，分解形として $o_{t1}(c_1\&c_2)$ と $o_{t1}\,c_3$ の 2 つを得る．次に分解形に対し，時相論理演算子の重複を排除するよう整形して部分式を得る．たとえば，先の分解形 $o_{t1}\,o_{t2}\,o_{t2}\,c_2$ に対して o_{t2} の重複を排除し，部分式 $o_{t1}\,o_{t2}\,c_2$ を得る．

より具体的な例として，図 2の結果が $\mathrm{F}(a_1 = 1\&a_2 = c)$ の検査式に基づくものとして，その検査式の分解後は部分式として $\mathrm{F}(a_1 = 1)$ と $\mathrm{F}(a_2 = c)$ を得て，原子論理式として $a_1 = 1$ と $a_2 = c$ を得る．さらに，変数名として a_1 と a_2 を得る．このように異粒度な部分式等を得て，次節の反例検査に用いるところが，提案手法を異粒度指向反例解析に向けた手法と呼ぶ由縁である．さて，$\mathrm{F}(a_1 = 1), \mathrm{F}(a_2 = c)$ の双方が真であったとしても，$\mathrm{F}(a1 = 1\&a2 = c)$ が真とは限らないが，$a1$ と $a2$ のどちらが，または双方が予期しない変化をしているかや，その変化が生じた状態を確認するには，部分式等により反例を検査することが手段の一つとなる．言い換えると，分解前後の式等の間で健全性 [10]（抽象モデルの検証結果が具体モデルでも適用できる性質）は保証されるものではないが，分解元の検査式が複雑であるときに検査式の違反に関連する部分式を効率的に絞り込むことに貢献すると考える．そして，健全性を保証する検査式の導出方法は [6] などで報告されている．なお本例では，反例中の各状態について $\mathrm{F}a1 = 1, \mathrm{F}a2 = c$ で検査するよりも，$a1 = 1, a2 = c$ となるかを調べた結果を一覧化する方がより適切な反例解析支援になる可能性がある．このように，予期しない変化をする変数やその状態を特定するために，分解後の部分式等全てが必ずしも必要ではないが，合理的な部分式等の選択方法は今後の課題とする．

3.3　反例検査

検査式分解で得られた部分式，原子論理式，変数名を反例モデルを用いて検査した結果の出力例を図 3に示す．3.1節において，反例モデルはモデル検査可能な形式に変換されており，部分式による反例検査はモデル検査により行なう．このとき，反例モデルの a_{id} の初期値を $1..n$ の各値として反例中の各状態を初期状態とした，部分式ごと計 n 回のモデル検査を実行する．また，原子論理式や変数名による反例検査は，原子論理式や変数名を反例中の各状態における変数やその値と照合することで原子論理式の結果（真理値）や変数値を得る．

図 3の 1 列目の State_Num は反例における状態番号を示しており，図 3では反例は状態数が n 個あることを示している．図 3の 2 列目から 7 列目は $\mathrm{F}(a_1 = 1\&a_2 = c)$ の検査式分解の結果を示している．部分式の列のマスでは，反例の各状態を初期

状態としたときの当該の部分式が真となるかを示し，部分式が真となるマスに色付けを行う．原子論理式の列のマスでは，反例の各状態における当該原子論理式中の変数の値を示し，原子論理式が真となるマスに色付けを行う．変数名の列のマスでは，反例の各状態における当該変数の値を表す．原子論理式の列があれば変数名の列は不要に思えるが，変数が bool 型の場合は条件となる変数値が明示されない場合があるため両方が必要と考える．

本例では $F(a_1 = 1 \& a_2 = c)$ に対して，反例では $a_2 = c$ が一度も満たされていないことがわかる．つまり，変数 a_2 の値変化に問題があることが推測できる．このような推測方法（見方）は，モデル記述者がモデルに期待する振舞いによって変わってくる．たとえば，$a_1 = 1$ になった直後に $a_2 = c$ になるべきといった期待がありうる．このような一覧化はそのような期待に基づく吟味を効率化する支援ができると期待される．この規模による反例検査では，テキスト形式の反例を読んでも短い時間で同様な問題が見つかる可能性があるが，変数が多数登場する検査式では，このように様々な粒度での結果を自動で一覧化することに意義があると考える．

4 まとめ

本稿では，反例解析を効率化支援するために，検査式分解と反例モデル生成による反例解析支援手法を提案した．今後として，分解後の部分式等を合理的に絞り込む方法の導入，異粒度反例解析が適した事例の調査，提案手法による解析の効率性評価が挙げられる．

参考文献

[1] Paolo Arcaini, Angelo Gargantini, and Elvinia Riccobene. NuSeen: A tool framework for the NuSMV model checker. In *Proc. of the IEEE International Conference on Software Testing, Verification and Validation (ICST) 2017*, pp. 476–483. IEEE, 2017.

[2] Gerard J. Holzmann. The model checker spin. *IEEE Trans. Softw. Eng.*, Vol. 23, No. 5, pp. 279–295, 1997.

[3] Kim G. Larsen, Paul Pettersson, and Wang Yi. Uppaal in a nutshell. *Int. J. Softw. Tools Technol. Transf.*, Vol. 1, No. 1–2, pp. 134–152, 1997.

[4] Kenneth L. McMillan. *Symbolic Model Checking*, pp. 25–60. Springer US, 1993.

[5] NuSMV. NuSMV 2.6 user manual. `http://nusmv.fbk.eu/NuSMV/userman/v26/nusmv.pdf` (accessed 28 Feb. 2020).

[6] 加藤友章, 中道上, 青山幹雄. モデル検査における健全性を満たす変数抽象化方法の提案. 第 74 回全国大会講演論文集, 第 2012 巻, pp. 385–386, mar 2012.

[7] 水口大知, 渡邊宏. 組み込みソフトウェア開発におけるモデル検査の適用事例. コンピュータソフトウェア, Vol. 22, No. 1, pp. 1_77–1_90, 2005.

[8] 青木善貴, 松浦佐江子. 反例からの検査式自動生成による不具合原因特定支援 (知能ソフトウェア工学). 電子情報通信学会技術研究報告 = IEICE technical report : 信学技報, Vol. 114, No. 128, pp. 87–92, jul 2014.

[9] 大池勇太郎, 小形真平, 青木善貴, 中川博之, 小林一樹, 岡野浩三. モデル検査における複雑な検査式に対する反例解析手法の提案. ソフトウェアエンジニアリングシンポジウム 2020 論文集, Vol. 2020, pp. 23–31, 2020.

[10] 電子情報通信学会. 知識ベース 知識の森，7 群コンピュータ - ソフトウェア，1 編ソフトウェア基礎，3-1 抽象化. `https://www.ieice-hbkb.org/files/07/07gun_01hen_03.pdf#page=3` (accessed 24 Sep. 2021).

[11] 鷲見毅, 和田大輝, 晏リョウ, 武山文信. モデル検査における不具合原因特定手法. 研究報告ソフトウェア工学 (SE), Vol. 2015, No. 40, pp. 1–6, 2015.

複数のプログラミング言語の文法知識に起因する制御文の誤りの自動修正方法の提案

Automatical Error Repair in Control Statements Caused by Grammatical Knowledge of Multiple Programming Languages

蜂巣 吉成* 東 直希† 三上 比呂‡ 長野 滉大§ 吉田 敦¶ 桑原 寛明‖

Summary. We propose a method to automatically correct erroneous control statements written in another programming language. The error here is, for example, to write control statements in C, PHP, JavaScript, etc. in Python code. This is an error that is likely to occur when a programmer learns multiple programming languages. In order to support the correction of such errors, we propose a method to analyze erroneous control statements by defining a common model of control statements and converting the code through the model.

1 はじめに

機械学習では Python，Web アプリケーションでは JavaScript や PHP といったように，分野ごとに適したプログラミング言語が存在する．プログラマが複数の言語を習得することも多く，別の言語の文法と混同してプログラムを記述する誤りを生じることがある．ソースコード 1 は Python のソースコード中に，C の for 文を記述した誤りの例である．ソースコード 2 は C のソースコード中に，Python の for 文を記述した誤りの例である．ただし，Python では for の後の記述を丸括弧で囲まず，複合文の開始字句は { ではないので，Python の正しい for 文でもなく，C と Python の文法が混在している．プログラマが無意識にこのような誤りをすると間違いに気づきにくい場合があり，修正の際にも文法の確認などの手間がかかる．

ソースコード 1　Python のソースコードに C の for 文

```
1 num = int(input("number?: "))
2 for (i = 0; i < num; i++)
```

ソースコード 2　C と Python の文法が混在した for 文

```
1 int main(void) {
2    int num;
3    printf("number?:"); scanf("%d",&num);
4    for (i in range(num)) {
```

複数のプログラミング言語の文法が混同されて書かれたコード片は，文法エラーとなり，トランスコンパイラなどの言語変換技術では修正できない．このようなプログラムを適切に修正するためには次の技術的課題がある．

1. 誤ったコード片が何の言語で書かれているかを判定する方法
2. 正しい文法で書かれているとは限らないコード片に対しての解析・変換方法

*Yoshinari Hachisu, 南山大学理工学部

†Naoki Azuma, 南山大学理工学部卒

‡Hiro Mikami, 南山大学理工学部卒，現名古屋大学大学院情報学研究科

§Koudai Nagano，南山大学理工学部卒，現株式会社バッファロー

¶Atsushi Yoshida, 南山大学理工学部

‖Hiroaki Kuwabara, 南山大学理工学部

課題 1 は誤ったコード片がどのプログラミング言語の文法にしたがっているかの判定が難しいことである．ソースコード 2 では，for 文の一部が Python の文法にしたがっているが，これを機械的に判定する方法は自明でない．課題 2 は本来記述すべきではない言語の文法にしたがったコード片 (例えば，ソースコード 1) の場合と複数の言語の文法が混在してどの言語の文法にもしたがわないコード片 (例えば，ソースコード 2) の場合がある．本研究では前者を「異言語誤り」，後者を「言語混在誤り」と呼び，単に「誤り」という場合は両者のことをいう．異言語誤りのコード片は記述された言語がわかれば構文解析可能であるが，課題 1 であげたように言語判定が難しい．言語混在誤りのコード片は構文規則に基づいた構文解析ができない．

本研究では，分岐や反復の制御文を書いた 1 行のテキストから成るコード片を対象として，コード片で誤って使われている記述言語を判定し，目的言語の正しいコード片に修正する方法を提案する．対象とするコード片は制御文の予約語と制御に関わる条件式，複合文の開始字句等で構成されたものとし，制御文内で実行される文は扱わない．例えば，ソースコード 1 では 2 行目，ソースコード 2 では 4 行目のテキスト 1 行が対象のコード片となる．対象言語は広く使われている C，PHP，JavaScript，Python，Ruby とする．

まず，複数のプログラミング言語の分岐と反復の文法を調査し，制御文と式の関連を明らかにして，複数の言語に対する分岐と反復の共通モデルを定義する．誤りのないコード片や異言語誤りのコード片は記述言語がわかれば共通モデルへ変換可能である．次に，言語混在誤りのコード片について，制御文と式との関係を表す字句の間違い，複合文の開始を表す字句の間違いなどの典型的な誤りを整理した．さらに，技術的課題の解決のために，これらのコード片について，式を単位として部分的に解析を行う，式レベルの構文解析方法を提案する．式や式を区切る字句などからコード片の記述言語を判定し，共通モデルに必要な式の情報を抽出して，共通モデルに変換する．共通モデルから目的言語へのコード変換はテンプレートを用いて定義した．

提案方法に基づいて，自動修正ツールを実現し，Visual Studio Code のプラグインを試作した．Visual Studio Code でコード編集中に改行した際に，記述された 1 行が分岐や反復のときに，そのコード片を解析し，誤りのコード片だった場合はメッセージを表示し，目的言語の正しいコード片に修正する．図 1 にソースコード 2 の言語混在誤りのコード片を修正した例を示す．4 行目のコード片を対象として，記述言語を Python と判定し，C のコード片「`for (i=0;i<num;i++) {` 」に修正する．プログラマは編集中にすぐに間違いに気づくことができ，目的言語での正しい記述を理解できるので，円滑にプログラム編集を進められる．式を区切る字句や複合文の開始を表す字句の誤りなどの典型的な言語混在誤りについて，誤り箇所の組合せに基づき 825 通りのテストケースを作成し，ツールの動作を確認した．

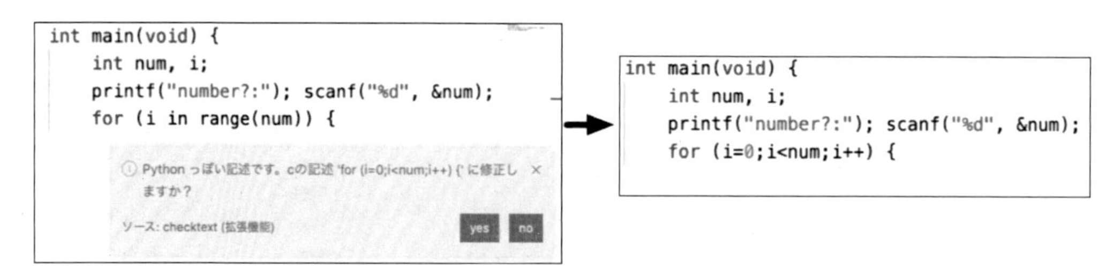

図 1　ソースコード 2 を自動修正した例

2 関連研究

間辺ら [1] は，ドリトル，Progress，C を用いた 8 時間程度のプログラミングの授業を受講済みの高校生を対象に,「過去に C で作成したプログラムを Python に書き換える」という授業を行い，与えられた課題をうまく進められない生徒の多くは，次のような記述ミスをしていたことを報告している．

- 「変数の宣言は必要がない」という教師の指示にも関わらず「int i」と記述した．
- 反復で「for i in range(10)」と表現すべきところを,「for(i = 0; i <= 9; i++)」と C の記述をした．
- 記述不要な「;」を print 文などの後ろに記述した．

授業を受けた生徒の感想のなかには，C を学んだからこそ「混乱した」という感想をもった生徒もいた．このような誤りは学習者に限ったものではなく，複数の言語を習得した一般のプログラマも同様の誤りをすると考えている．

言語変換に関する先行研究として，トランスコンパイラ，UNICOEN [2]，TransCoder [3] が挙げられる．

トランスコンパイラは，あるプログラミング言語で書かれたプログラムのソースコードから，別のプログラミング言語の同等のソースコードへ変換するツールである．C のソースコードを JavaScript のソースコードに変換する Emscripten [4] や，ブラウザ互換をとるために，新しい仕様の JavaScript のソースコードを，古い仕様の JavaScript のソースコードに変換する Babel [5] などが挙げられる．

UNICOEN は複数のプログラミング言語に対応した，ソースコード処理フレームワークである．C，Java，C#，Visual Basic，JavaScript，Python，Ruby の 7 種類の言語について，それぞれの文法の和集合を取る．統合コードモデルを設計しており，各言語のソースコードと統合コードオブジェクトとの相互変換が可能である．UNICOEN のフレームワークを用いることで，統合モデルを介した言語変換ツールの実装ができる．

TransCoder は，Java，C++，Python を対象とした言語変換が可能な機械翻訳器である．従来のトランスコンパイラと比べ，読みやすく，自然なソースコードへの変換ができるほか，各言語の複雑な記述パターンを読み取り，他言語に変換できる．

トランスコンパイラや UNICOEN は正しく記述されたソースファイルを他言語に変換するために使われるツールなので，1 つの言語で記述されたソースファイルを他言語のソースファイルに変換することはできるが，複数の言語が混在したソースファイルや誤りが含まれたソールファイルに対する変換には対応していない．TransCoder は，機械学習を用いており，変換の精度は，学習データなどに依存する．

3 各プログラミング言語の調査

今回対象とする C，PHP，JavaScript，Python，Ruby における文法を各言語のリファレンスマニュアルなどを基に調査した．

3.1 分岐

分岐には IF 文と SWITCH 文が存在する [1]．

各言語における，IF 文の文法を表 1 に示す [2]．IF 文は，ELSEIF 節で多分岐が実現できるが，ELSEIF 節の予約語は各言語で異なる．PHP は「elseif」，Ruby は「elsif」，Python は「elif」である．C，JavaScript には ELSEIF 節が存在せず，else 節と if 文の組合わせで記述する．PHP は else 節と if 文の組合わせ,「elseif」のどち

---

[1] 文ではなく式として扱う言語もあるが，本稿では文として記述する．ELSE などは節と記述する．キーワードを大文字で記述したものは特定の言語の構文要素ではなく，複数の言語で共通して現れる概念を表すものとする．

[2] 表では記述していないが，Python のブロック (*stmt+*) はインデントが必要である．

表 1　IF 文

言語	文法
C JavaScript	**if** (*expr*) *stmt* [**else** *stmt*]
Ruby	**if** *expr* [**then**] *stmt+* [**elsif** *expr* [**then**] *stmt+*]* [**else** *stmt+*] **end**
Python	**if** *expr* **:** *stmt+* [**elif** *expr* **:** *stmt+*]* [**else** **:** *stmt+*]
PHP	**if** (*expr*) *stmt* [**elseif** (*expr*) *stmt*]* [**else** *stmt*]

表 2　前判定反復

言語	文法
C PHP JavaScript	**while** (*expr*) *stmt*
Ruby	**while** *expr* [**do**] *stmt+* **end**
Python	**while** *expr* **:** *stmt+*

- 太字は予約語，斜体は非終端記号
- [ ] はグループ
  後に * や + がない場合は省略可能
- * は 0 回以上の繰返し
  + は 1 回以上の繰返し
- *expr* は式，*stmt* は文

らでも記述できる．条件が偽の場合の処理は ELSE 節で記述する．複合文の開始は，C，PHP，JavaScript は「{」，Python では「:」，Ruby では「then」である．

SWITCH 文は，式の評価結果を様々な値と比較したいときに用いられる．C, PHP, JavaScript について同じ文法の switch 文があり，Ruby では case 文が存在する．Python には同等の文法は存在しない．SWITCH 文は IF 文で代用もでき，一般的に使用頻度が低いので，本研究では扱わない．

3.2　反復

反復は大きく次の 4 つに分けられる．

1. 条件を調べてから繰返しの処理を行う (前判定反復)
2. 繰返しの処理を行った後で条件を調べる (後判定反復)
3. 決められた回数繰り返す (回数反復)
4. 配列，リストの要素を順次処理する (配列反復)

各言語における前判定反復，回数反復，配列反復の文法を表 2，表 3，表 4 に示す．各言語で式を区切る字句が「;」「in」「of」「as」と異なる．C，PHP，JavaScript では for から *stmt* の間を丸括弧で囲む必要があるが，Python，Ruby では丸括弧で囲むと構文エラーとなる (ソースコード 2)．JavaScript では 回数反復，配列反復において，let を用いて反復の本体のみで有効なブロックスコープの変数を宣言できる．C では配列反復は添字の回数反復による配列参照となり，配列反復としての文法はない．

決められた回数繰り返す反復に関しては，各言語においてよく使われる記述パターンがあり，本研究ではこれらをイディオムとして扱う (表 5)．C，PHP，JavaScript では，初期値の代入，終了値の設定，値をカウントする変数の増減を for 文の 3 つの式を用いて表す．Python では range 関数を用い，引数が 1 つの場合，初期値は 0，終了値は引数の値となり，0 から終了値未満まで反復する．引数が 2 つの場合，初期値は第一引数の値，終了値は第二引数の値となり，初期値から終了値未満まで反復する．Ruby では演算子「..」「...」を用いた範囲式が使われる．「..」を用いた場合，終了値以下まで反復し，「...」を用いた場合，終了値未満まで反復する．

後判定反復は，C，PHP，JavaScript は do-while 文，Ruby は loop do や begin - end while で記述する．Python では同等の文法が存在しない．後判定反復は前判定反復で代用でき，一般的に使用頻度が低いので，本研究では扱わない．

3.3　変数と式

変数は言語によって接頭辞「$」の有無の違いがある．式は各言語で単項演算子による前置記法や後置記法，二項演算子による中置記法などで同じように記述されるが，演算子に違いがある．例えば，論理演算子は C，JavaScript では「||」「&&」「!」，

表 3　回数反復

言語	文法
C, PHP, JavaScript	**for** ([*expr*]; [*expr*]; [*expr*]) *stmt*
Ruby	**for** *var* **in** *expr* [**do**] *stmt*+ **end**
Python	**for** *var* **in** *expr* **:** *stmt*+

var は変数を表す．JavaScript では最初の *expr* で **let** による変数宣言ができる．

表 4　配列反復

言語	文法
PHP	**foreach** (*expr* **as** *var*) *stmt*
JavaScript	**for** ([**let**] *var* **of** *expr*) *stmt* **for** ([**let**] *var* **in** *expr*) *stmt*

Ruby, Python の配列反復は回数反復と文法は同じ．

表 5　決められた回数繰り返すイディオム

言語	文法
C PHP JavaScript	**for** (*var* = *initial* ; *var* < *end* ; *var*++) **for** (*var* = *initial* ; *var* <= *end* ; *var*++) **for** (*var* = *initial* ; *var* < *end* ; *var* = *var* + **1**) **for** (*var* = *initial* ; *var* <= *end* ; *var* = *var* + **1**)
Python	**for** *var* **in range**(*end*)**:** **for** *var* **in range**(*initial*,*end*)**:**
Ruby	**for** *var* **in** *initial*..*end* **do** **for** *var* **in** *initial*...*end* **do**

PHP では「||」「&&」「!」「or」「and」「xor」，Python では「or」「and」「not」，Ruby では「||」「&&」「!」「or」「and」「not」が用いられる．等価演算子は C, Python では「==」「!=」が用いられるが，これらに加え，Ruby では「===」，PHP, JavaScript では「===」「!==」 が用いられる．べき乗の演算子は，C のみ存在しない．C における sizeof 演算子，JavaScript における typeof 演算子，Python における lambda 演算子といった言語固有の演算子も存在する．

4　制御文の誤りコード片の自動修正方法の提案

4.1　概要

本研究では複数の言語における分岐と反復を共通モデルとして定義する (4.2 節)．共通モデルは表 1〜5 で示した文法やイディオムにおいて，*stmt* が出現するまでの予約語や制御式などに関する部分をモデル化している．共通モデルを用いることで，変換における言語間の組合せの数を減らすことができ，対応言語を増やすことも容易になる．典型的な言語混在誤りのコード片を整理し (4.3 節)，コード片を式を単位として部分的に解析していき，記述された言語を判定する情報と共通モデルへの変換に必要な要素を抽出して共通モデルに変換する方法を提案する (4.4 節)．テンプレートを用いて共通モデルから目的言語のコード片に変換する (4.5 節)．

4.2　共通モデル

3 節の調査を基に定義した共通モデルを図 2 に表す．本研究で対象とする制御文と式の関連をクラス図で示している．

4.2.1　分岐の共通モデル

IF，ELSEIF クラスは条件式 (cond) を表す EXPR クラスと関連を持つ．言語による ELSEIF 節の予約語の違いは ELSEIF クラスとして統一的に扱う．

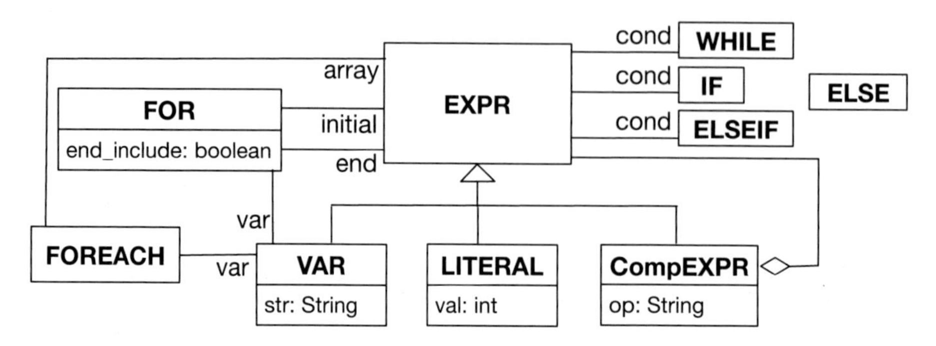

図 2　共通モデルのクラス図

4.2.2　反復の共通モデル

前判定反復はどの言語も while 文で記述するので，条件式 (cond) を表す EXPR クラスと関連を持つ WHILE クラスを定義した．

回数反復は頻出する 1 ずつ増やす繰返しを対象とする．for 文で記述する言語が多いので，FOR クラスとして定義した．回数反復はカウンタ変数 (var)，初期値 (initial)，終了値 (end) から構成されるので，FOR クラスは変数を表す VAR クラスと 2 つの EXPR クラスと関連と持ち，終了値を含めるか否かを示す end_include を属性に持つ．Python と Ruby は表 5 のイディオムを FOR クラスで扱う．図 3 左に回数反復の例を示す．下のコード片に対応した FOR クラスのオブジェクト図を上に示している．なお，コード片の一部は文法の誤りを含んでいる．

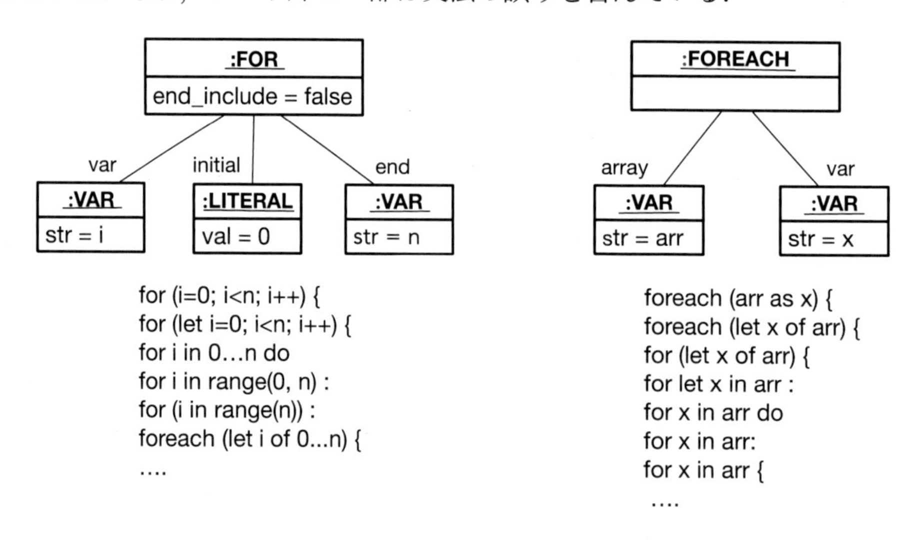

図 3　回数反復の例 (左) と配列反復の例 (右)

配列反復は JavaScript，Python，Ruby では for 文で記述するが，PHP では foreach 文で記述する．FOR クラスと区別をするために配列反復を FOREACH クラスとして定義した．FOREACH クラスは配列 (array) を表す EXPR クラス，配列の各要素が代入される変数 (var) である VAR クラスと関連を持つ．図 3 右に配列反復の例を示す．下のコード片に対応した FOREACH クラスのオブジェクト図を上に示している．なお，コード片の一部は文法の誤りを含んでいる．C は配列反復の文法が存在しないので，C のコード片から FOREACH クラスへの変換は行われない．

4.3 典型的な言語混在誤り

共通モデルの各制御文のクラス (IF, ELSEIF, WHILE, FOR, FOREACH) は式を表す EXPR クラスと関連がある．式は使用される演算子の違いを除けばどの言語でも記述方法は同じであり，制御文と式との関連を表す記述方法が各言語で異なる．例えば，C の回数反復では for の予約語の後で 3 つの式を「;」で区切り，丸括弧で囲む．Ruby の回数反復では for の予約語の後に「in」と「..」や「... 」で 3 つの式を区切る．本研究では「;」「in」「..」などの制御文と式との関連を記述するために使われる字句を式区切り字句と呼ぶ．複合文の開始字句も言語によって異なる．C, JavaScript，PHP では「{」，Python では「:」，Ruby は if 文では「then」，while 文や for 文では「do」である．

プログラマは式は演算子以外に誤りがなく記述できるが，制御文の予約語，式区切り字句，複合文開始字句，変数前の let を間違えると考えた．この典型的な言語混在誤りの定義を表 6 に示す．○の箇所が想定される誤り箇所である．例えば，ソースコード 2 の 4 行目の for 文を Python の記述とみなすと関連する式を囲む括弧と複合文開始字句が誤りであり，C の記述とみなすと式区切り字句が誤りである．

表 6 本研究で扱う典型的な言語混在誤り

項目	IF	ELSEIF	ELSE	WHILE	FOR, FOREACH
予約語の誤り	-	○	-	-	○
関連する式を囲む括弧の誤り	○	○	-	○	○
式区切り字句の誤り	-	-	-	-	○
複合文開始字句の誤り	○	○	○	○	○
let の誤り	-	-	-	-	○

4.4 誤りのコード片の解析方法

4.4.1 式レベルの構文解析

異言語誤りや典型的な言語混在誤りのコード片に対して，式レベルでの構文解析方法を提案する．式レベルの解析とは，式区切り字句を基に式の範囲を明らかにすることである．共通モデルの要素として抽出したいものはすべて式であり，式の範囲がわかれば抽出が可能となる．本研究では，対象言語の式区切り字句と複合文開始字句をすべて特殊な字句として定義することで [3]，記述言語がわからなくても式の範囲を特定して式の解析を行う．例えば，ソースコード 2 の 4 行目は，(,), in を式の区切りとし，i, range(num) を式として解析する (図 4).

4.4.2 記述言語の判定方法

技術的課題 1 について，式レベルの構文解析において現れる予約語，式区切り字句や複合文開始字句などから各言語の確からしさを点数化する (表 7)．異言語誤り，言語混在誤りともに，点数の合計が最も高い言語を記述言語として判定する．点数はヒューリスティックに設定しているが，各言語の ELSEIF 節 (表 8 左) や FOR 文，FOREACH 文の特徴が強い項目の点数を高くしている．if や for の予約語は言語の特徴がないのでどの言語も 0 点，foreach は PHP を 1 点としている．回数反復では表 5 で示したイディオムに近い記述ほど確からしいと考え，特に range, .. や ... の出現を重視して表 8 右の点数を設定した．for または foreach で始まるコード片が表 8 右 のイディオムに該当する場合は FOR クラス，それ以外の場合は FOREACH クラスとして扱う．

ソースコード 2 の 4 行目の解析例を図 4 に示す．各言語の点数の初期値は 0 点で

[3] 例えば，C で in, of, as, range, do, then といった変数名は使えないという弊害があるが，別の変数名を使えば良いので影響は少ないと考えた．なお，これらを変数名にしたコード片を提案ツールに入力しても解析ができないので，言語判定や変換は行われない．

表 7　丸括弧の有無，複合文開始字句と言語の点数

式を囲む丸括弧	言語	点数
( ) がある	C, PHP, JS	1
( ) がない	Python, Ruby	1

複合文開始字句	言語	点数
{	C, PHP, JS	1
:	Python	1
do, then	Ruby	1
なにもない	C, PHP, JS, Ruby	1

表 8　ELSEIF 節，言語混在誤りを含んだ回数反復のイディオムと言語の点数

ELSEIF	言語	点数
else if	C, PHP, JS	3
elseif	PHP	3
elsif	Ruby	3
elif	Python	3

イディオムに相当する記述	言語	点数
var=*expr* ; *var*<*expr* ; *var*++	C, PHP, JS	3
var=*expr* ; *var*<*expr* ; *var*=*var*+1	C, PHP, JS	3
var=*expr* ; *var*<=*expr* ; *var*++	C, PHP, JS	3
var=*expr* ; *var*<=*expr* ; *var*=*var*+1	C, PHP, JS	3
var **in**|**of**|**as range** (*expr*)	Python	3
var **in**|**of**|**as range** (*expr*, *expr*)	Python	3
var **in**|**of**|**as** *expr* .. *expr*	Ruby	3
var **in**|**of**|**as** *expr* ... *expr*	Ruby	3

「|」は「または」を表し,「**in**|**of**|**as**」は **in**, **of**, **as** のいずれかの字句を表す．
最初の *var* の前に **let** が出現してもよい．この場合，JS の点数が+1 となる．

表 9　ELSEIF 節の言語の点数と判定された言語の例

コード片	C	PHP	JS	Python	Ruby	判定言語
elseif (a < 0) {	2	5	2	0	0	PHP
elif a < 0 then	0	0	0	4	2	Python
elsif (a < 0):	1	1	1	1	3	Ruby
else if a < 0	4	4	4	1	2	C, PHP, JS

ある．for に関連する式を囲む丸括弧があるので C，PHP，JavaScript を +1 点，複合文開始字句が「{」なので C，PHP，JavaScript を +1 点,「i in range(num)」が Python の回数反復のイディオムに相当するので，Python を +3 点とする．合計すると C，PHP，JavaScript が 2 点，Python が 3 点となるのでこの記述を Python と判定し，回数反復の Python のイディオムに該当するので FOR クラスとして扱う．
　表 9 に誤りを含む ELSEIF 節の各言語の点数と判定された言語の例を示す．

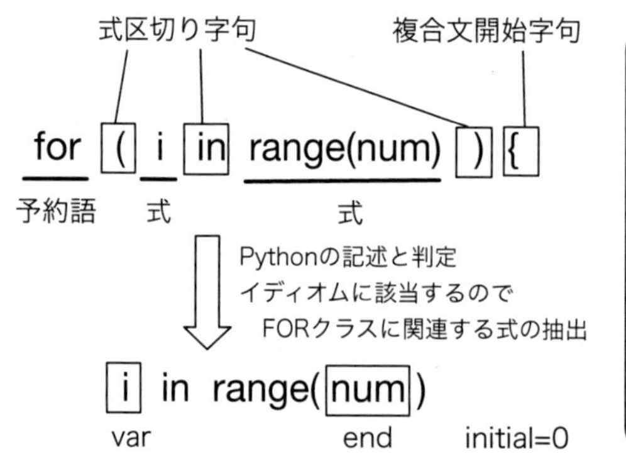

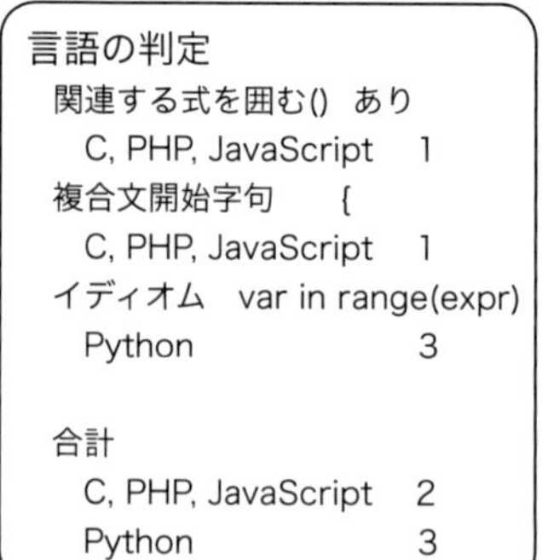

図 4　ソースコード 2 の for 文の解析例

4.4.3　共通モデルへの変換方法

　異言語誤りのコード片は，判定された言語では文法的に正しい記述なので共通モデルへの変換は容易である．言語混在誤りのコード片も，4.4.1 節で述べた式レベル

の構文解析により，制御文のクラスと関連する式を抽出できるので，共通モデルに変換できる (図 4).

4.5 共通モデルから目的言語へのコード変換

共通モデルから目的言語のコードへの変換は，目的言語毎に変換用のテンプレートを用意し，テンプレートに共通モデルの要素を適用することで行う．C と Ruby のテンプレートを表 10 に示す．斜体の箇所に共通モデルの要素の情報が適用される．FOR1 は終了値を含まない FOR クラスからの書き換えのテンプレート，FOR2 は終了値を含む FOR クラスからのテンプレートである．C では配列反復の文法がないので，配列の添字の繰返しの本体で配列の要素を変数に代入する for 文をテンプレートにしている．for 文の条件式の配列の大きさは利用者自身が記述する．

表 10　C と Ruby のテンプレート

クラス	C のテンプレート	Ruby のテンプレート
IF	**if** (*cond*) {	**if** *cond* **then**
ELSEIF	**else if** (*cond*) {	**elsif** *cond* **then**
ELSE	**else** {	**else**
FOR1	**for** (*var* = *initial*; *var* < *end*; *var* ++) {	**for** *var* **in** *initial*...*end* **do**
FOR2	**for** (*var* = *initial*; *var* <= *end*; *var* ++) {	**for** *var* **in** *initial*..*end* **do**
FOREACH	**for** (i=0; i< /*array_size*/; i++) { *var* = *array* [i];	**for** *var* **in** *array* **do**

5 自動修正ツールの設計・実現

ソースコード書き換え支援環境 TEBA [6] を用いて，言語判定と共通モデルを介した変換を行うツールを設計・実現した．TEBA の役割は，(a) 誤りのコード片に対して字句・構文解析を行うこと，(b) 各言語のコード片と共通モデル間の変換，である．(a) について，TEBA は終端要素の変数やリテラルから非終端要素へボトムアップに解析ができるので，文法的に正しくない制御文に対しても，その内部の式を解析でき，4.4.1 節で述べた式レベルの構文解析が実現可能である．(b) は TEBA の書き換えルールを用いて実現する．書き換えルールには書き換え前の字句列と書き換え後の字句列が記述される．共通モデルを表す字句系列を定義し，誤りのコード片の字句系列を共通モデルの字句系列に書き換えるルールを記述した．共通モデルから目的言語のコード片の変換も TEBA の書き換えルールで記述した．

誤りのコード片と目的言語を入力すると，コード片の記述言語と目的言語に変換したコード片を出力する自動修正ツールを Perl を用いて試作した．ツールは 3.3 節で述べた変数名の「$」の有無や論理演算子や等価演算子に関する警告も出力する．ツールの規模は Perl で約 500 行，TEBA の書き換えルールが約 720 行である．

4.3 節，表 6 で整理した典型的な言語混在誤りのすべての組合わせについて，IF, ELSEIF と ELSE 55 通り，WHILE 10 通り，FOR と FOREACH 760 通りの合計 825 通りのテストケースを作成し，ツールの動作を確認した．例えば ELSEIF について，予約語 4 通り (elseif, elif, elsif, else if)，丸括弧の有無 2 通り，複合文開始字句 5 通り ({, :, then, do, なし) を組み合せて，40 通りのテストケースを作成した．条件式を a<0，予約語を elif，丸括弧なし，複合文開始字句を then として組み合わせると，「elif a < 0 then」のテストケースが作成できる．表 9 に示したコード片はテストケースの一部である．FOR や FOREACH も同様である．FOR について，繰返しの範囲を range(num)，予約語を for，丸括弧あり，式区切り字句を in，複合文開始字句を {, let なし として組み合わせると「for (i in range(num)) {」のテストケースが作成でき，繰返しの範囲を 0...n，予約語を foreach，丸括弧あり，式区

切り字句を of，複合文開始字句を {，let あり として組み合わせると「foreach (let i of 0...n)) {」のテストケースが作成できる．FOREACH について予約語を for，丸括弧なし，式区切り字句を in，複合文開始字句を {，let なし として組み合わせると「for x in arr {」のテストケースが作成できる．

FOR の言語混在誤りである「foreach (let i of 0...n) {」のようなコード片は，言語判定は PHP，JavaScript, Ruby となり一意に定まらないが，表 8 の Ruby のイディオムに該当するので，共通モデルの FOR クラスに必要な回数の初期値 0 と終了値 n の式と終了値未満の情報は抽出でき，変換可能である．FOREACH の言語混在誤りである「for x in arr {」のコード片も言語判定は JavaScript，Python，Ruby で一意に定まらないが，共通モデルの FOREACH クラスに変換可能である．825 通りのテストケースにおいて，言語判定が一意に定まらないものはあるが，共通モデルには期待通りに変換できることを確認した．

6 考察

本研究では変数の型を解析していないので，型違いの誤りは修正できない．例えば PHP で配列 arr の要素を変数 x で配列反復しようとして「foreach (x as arr)」と記述した場合に修正できない．型情報を用いた解析は今後の課題である．型情報を用いることができれば,「arr in x」「arr of x」の誤りも修正可能になる．

対象言語を追加するには，その言語の予約語，式区切り字句，複合文開始字句を特殊な字句に追加し，誤りのコード片を共通モデルに変換する書き換えルールを追加し，目的言語のテンプレートを作成することで可能である．ただし，動的型付け言語と静的型付け言語の変換では整合性が取れない場合がある．例えば，静的型付け言語である Java の拡張 for 文を追加する場合を考える．Java の配列には同じデータ型の値しか格納できず，Java の拡張 for 文は「 **for** (型名 *var* : *expr*) 」の形で表す．一方，PHP，JavaScript，Python，Ruby などの動的型付け言語は，配列に異なるデータ型の値を格納でき，変数の型を記述する必要もない．PHP，JavaScript，Python，Ruby のコード片から Java のコード片に変換するには，自動で型名を記述することが困難である．

7 おわりに

本研究では分岐と反復の制御文を対象に共通モデルを定義し，複数のプログラミング言語の文法知識に起因する誤りを，式レベルの構文解析を用いて自動修正する方法を提案し，自動修正ツールを試作した．対象言語を増やすことや型情報の取り扱い，実際のプログラミングにおける実用性の評価などが今後の課題である．

謝辞 本研究の一部は 2021 年度南山大学パッヘ奨励金 I-A-2 の助成を受けた．

参考文献

[1] 間辺 広樹，長島 和平，並木 美太郎，長 慎也，兼宗 進：C の学習経験を持つ高校生への Python の授業導入事例，情報教育シンポジウム 2019 論文集，pp.256-262 (2019).

[2] 坂本 一憲，大橋 昭，太田 大地，鷲崎 弘宣，深澤 良彰：UNICOEN：複数プログラミング言語対応のソースコード処理フレームワーク，情報処理学会論文誌，Vol.54，No.2，pp.945-960 (2013).

[3] Lachaux, M., Roziere, B., Chanussot, L. and Lample, G.:Unsupervised Translation of Programming Languages, arXiv:2006.03511v3 (2020).

[4] Emscripten, available from <https://emscripten.org/> (accessed 2021-09-24).

[5] Babel - The compiler for next generation JavaScript, available from <https://babeljs.io/> (accessed 2021-09-24).

[6] 吉田敦，蜂巣吉成，沢田篤史，張漢明，野呂昌満：属性付き字句系列に基づくソースコード書き換え支援環境，情報処理学会論文誌，Vol.53，No.7，pp.1832-1849 (2012).

実行経路を考慮した自動テストケース生成が自動プログラム修正に与える影響の分析

Analyzing the Impact of Automatic Test Case Generation Considering Execution Paths on Automated Program Repair

松田 雄河 * 山手 響介 † 近藤 将成 ‡ 柏 祐太郎 §
亀井 靖高 ¶ 鵜林 尚靖 ‖

あらまし テストスイートベースの自動プログラム修正に，自動テストケース生成によって生成されたテストスイートが有用であれば，パッチ生成のコスト削減につながる．自動テストケース生成には，入力としてクラスを与え，与えられたクラスに対するテストスイートを生成する手法がある．本研究の目的は，自動プログラム修正に自動テストケース生成を利用する際に，入力としてどのクラスを与えるべきかを明らかにすることである．そのため，本研究では，失敗テストスイートと実際に修正されたクラスの関係を調査した．また調査によって得られた考察に基づき自動生成したテストスイートが，自動プログラム修正の結果に与える影響に関して調査を行った．調査の結果，失敗テストスイートのテスト対象クラスと，開発者による修正クラスが一致していない場合，その原因は，失敗テストケースの実行経路に，修正クラスが含まれることであると確認された．また，失敗テストケースの実行経路に含まれるクラスを考慮し自動生成したテストスイートを自動プログラム修正に用いることで，パッチの生成数は減少するが，デバッグの手がかりとならないパッチの生成数は減少し，生成されるパッチの精度が向上した．

1 はじめに

ソフトウェア開発において，デバッグ作業はソフトウェアの信頼性の向上のために欠かせない工程のひとつである．ソフトウェア開発にかかるコストの約半分はプログラミングに費やされ，プログラミングにかかるコストの約半分をデバッグが占めると報告されている [1]．そのため，デバッグの支援はソフトウェアの信頼性の向上や，開発の効率化につながる．デバッグ支援に関する研究のひとつとして，近年，自動プログラム修正に関する研究が盛んに行われている [2] [3] [4]．

様々な自動プログラム修正手法が提案されており，なかでも広く研究されている技術がテストスイートベースの自動プログラム修正技術である [5] [6] [7]．テストスイートとは，ソフトウェアテストにおける単一のテストを定義するテストケースを，テストの目的や対象ごとにまとめたものである．テストスイートベースの自動プログラム修正では，修正対象のバグを含むプログラムと，そのプログラムを対象とするテストスイートを入力として受け取る．そして，それらをもとに修正パッチを生成し，受け取ったテストスイートの実行がすべて成功するような修正を行うパッチを出力する．この修正手法の性能，つまり，正しい修正パッチが生成されるか否かは，テストケースの品質（どれだけプログラムを網羅しバグを検出できるか）に依存するといわれている [5]．

しかし，テスト対象のプログラムの動作を網羅するテストケースを人の手によっ

*Yuga Matsuda, 九州大学
†Kyosuke Yamate, 九州大学
‡Masanari Kondo, 九州大学
§Yutaro Kashiwa, 九州大学
¶Yasutaka Kamei, 九州大学
‖Naoyasu Ubayashi, 九州大学

て作成するのは困難で時間がかかり，コストが高いといわれている [8] [9]．そのため，テストケース生成にかかるコストの削減を目的に，自動テストケース生成に関する研究が盛んに行われている [10] [11] [12]．

自動生成したテストスイートが自動プログラム修正の入力として有用であれば，パッチ生成のコスト削減につながる．しかし，入力として与えるテストスイートを追加すると，パッチを適用したプログラムで成功すべきテストとして指定されるテストスイート（以降，指定テスト）の数は増加する．自動プログラム修正では，その実行時間のうち，テスト実行によるパッチの検証の時間が多くを占める．そのため修正時間や修正手法における世代数などの制約がある場合，指定テストの増加により生成及び検証できるパッチ数が減少する．そのため，自動プログラム修正のパッチの精度向上のためには，指定テストの増加を抑える必要がある．

自動テストケース生成には，入力として受け取ったクラスを対象としてテストスイートを生成する手法がある．この場合，指定テストの増加を抑えるためには，自動生成の対象となるクラスを制限する必要がある．デバッグにおいて，テストの実行によりバグを検出した際には，どのテストスイートで実行が失敗したか，という情報が得られる．したがって，実行に失敗したテストケース（以降，失敗テストケース）を含むテストスイート（以降，失敗テストスイート）がテストの対象とするクラス（以降，テスト対象クラス）内にバグの原因箇所が存在すれば，そのクラスを対象として自動生成したテストスイートは，指定テストとして自動プログラム修正に有用だと考えられる．しかし，バグの原因箇所はテスト対象クラス外にも存在することがあり，一般に明確ではないため，自動テストケース生成の対象とするクラスを決定するのは難しい．

本稿では，自動プログラム修正において，自動生成したテストスイートを指定テストに追加して利用する際に，どのクラスを自動生成の対象とするべきか明らかにすることを目的とする．本稿の目的を達成するために，Defects4J [13] に含まれる OSS プロジェクトである Apache Commons Math プロジェクト（以降，Math）を対象として，2 つの調査課題を設定し，ケーススタディを行った．それぞれの調査課題の結果を以下にまとめる．

RQ1 失敗テストスイートのテスト対象クラスと，バグの原因クラスの不一致にはどのような原因があるか

動機 失敗テストスイートのテスト対象クラスと，実際に修正されたクラス（以降，修正クラス）が一致していない場合がある．その理由を明らかにすることで，自動生成したテストスイートを指定テストに追加して利用する際に，自動生成の対象とするクラスを決定する手がかりを得る．

結果 失敗テストケースの実行によって，テスト対象ではない修正クラスが，実行経路に含まれることが不一致の原因である．

RQ2 実行経路に基づき自動生成したテストスイートは，自動プログラム修正にどのような影響を与えるか

動機 RQ1 の結果から，失敗テストケースの実行経路に含まれるクラスの中に，修正すべきクラスが含まれる可能性が高いと考えられる．失敗テストケースの実行経路に含まれるクラスを対象としてテストスイートを自動生成し，指定テストに追加することでパッチの精度に及ぼす影響を調査する．

結果 自動生成したテストスイートの追加により，パッチの生成数は 38 個から 18 個へと減少するが，デバッグの手がかりとならないパッチの生成数も 13 個から 7 個へと減少し，また，生成されるパッチの精度は向上する．

以降，第 2 章では本研究の背景と動機について説明する．第 3 章では本調査における実験環境について説明する．第 4 章では調査課題の内容とその結果について説明する．第 5 章では妥当性への脅威について述べ，第 6 章では結論と今後の課題について述べる．

2 背景と動機

2.1 自動プログラム修正

デバッグは主にバグの原因箇所を特定するバグ限局と，実際にバグの原因箇所を編集するバグ修正の2つの工程があり，自動プログラム修正はこれらの工程を自動化する技術である．

自動プログラム修正手法のひとつであるテストスイートベースの自動プログラム修正では，修正対象となるバグを含むプログラムと，そのプログラムを対象とするテストスイートを入力として受け取り，受け取ったすべてのテストスイートの実行が成功するような修正を行うパッチを出力する．テストスイートはバグ限局及び生成パッチの検証に用いられる．バグ限局にはSpectrum-Based Fault Localization [14]（以降，SBFL）と呼ばれる手法がある．SBFLでは，テストスイートの実行情報をもとに，バグを含むプログラム中の各行に対して，その行がバグの原因箇所である可能性を示す疑惑値を計算し出力する．

2.2 関連研究

Wongら[14]は，1977年から2014年11月までのバグ限局に関する385編の論文を調査し，バグ限局の技術をSBFLを含む8つのカテゴリに分類している．調査の結果，8つのカテゴリのうち最も論文数が多かったのは，SBFLであると報告されており，SBFLに関する研究は広く行われている．

Kumaら[15]は，SBFLの精度を向上させるため，以下の3つのステップで構成される，既存のテストスイートの経路網羅を高めるテストケースを生成する手法を提案している．

ステップ1： バグを含むプログラムに対するテストケースの自動生成
ステップ2： 既存及び生成されたテストケースの実行情報の解析
ステップ3： 既存のテストスイートに追加するテストケースの選択

提案手法により生成したテストケースを既存のテストスイートに追加して，Defects4J [13]に記録されているMathに含まれる90個のバグに対してSBFLを適用した結果，既存のテストスイートのみを用いた場合よりも70.4%のバグ箇所においてSBFLの精度が向上し，バグ箇所の順位は中央値で22向上したと報告されている．

松田ら[16]は，テストスイートベースの自動プログラム修正において，用意するテストケースと自動修正可能なバグの種類の関係の調査を行っている．第一著者が作成したオリジナルプログラムをもとに自動生成したテストケースを自動プログラム修正に適用し調査を行った結果，成功及び失敗テストケースの両方の数を単調に増加させても修正パッチの生成に有効ではないこと，テストケースの増加がパッチ生成を促進するか阻害するかはバグパターンによること，などが確認されている．

2.3 現状の課題と本研究の目的

テストスイートベースの自動プログラム修正では，バグ限局及び生成パッチの検証に指定テストが用いられるため，修正結果はテストケースの品質に依存する[5]．しかし，品質の良いテストケースを人の手によって作成するためには大きなコストを要する．自動生成された指定テストが，自動プログラム修正に有用であれば，テスト生成のコスト削減につながると考えられる．

一方で，自動プログラム修正の実行時間の大半は，テスト実行によるパッチの検証に費やされる．つまり，修正時間や修正手法における世代数などの制約がある場合，指定テストの増加は生成及び検証できるパッチ数減少を意味する．

Kumaら[15]は，SBFLの精度向上に有効なテストケースの選択手法を提案しているが，提案手法に基づくテストスイートを指定テストとして自動プログラム修正に適用した事例はない．したがって，自動プログラム修正に有用なテストケースの選択手法の十分な調査は行われていない．また，松田ら[16]は，テストケースの増加がパッチ生成に及ぼす影響について言及しているが，著者らが作成した小規模なプログラムを対象とした評価のみであり，OSS プロジェクトなどで実際に発生したバグに対する適用事例はない．

既存のテストスイートの実行によってバグの存在が確認されたとき，どのテストスイートで実行が失敗したかという情報が得られる．指定テストを，増加を抑えつつ自動生成する場合，バグの原因であるクラスを対象として自動生成したテストスイートが自動プログラム修正に有効だと考えられる．このとき，実行が失敗したテストスイートのテスト対象クラスと，バグの原因であるクラスが一致すれば，テスト対象クラスを自動生成の対象とすればよい．ところが，既存のテストスイートにおいて失敗するテストスイートのテスト対象クラスと，修正クラスは一致していない場合があり，自動テストケース生成の対象とするべきクラスは明らかでない．

本研究の目的は，自動生成したテストスイートを指定テストとして自動プログラム修正に利用する際に，自動生成の対象としてどのクラスを選択するべきかを明らかにすることである．本研究の目的達成のために，失敗テストスイートのテスト対象クラスと，修正クラスが一致していない場合について，それらの関係を調査する．SBFL は，失敗テストケースが実行した行の疑惑値を高くすることで，バグの原因箇所を探す手法である．したがって，失敗テストスイートに着目することで，自動テストケース生成の手がかりが得られると考えられる．そして，得られた手がかりに基づいて，自動生成したテストスイートを指定テストに追加し，自動プログラム修正を OSS プロジェクトで実際に発生したバグに対して適用することで，パッチ生成に及ぼす影響についてケーススタディを行う．

3 ケーススタディの設定

本章では，ケーススタディで用いるデータセット及びツールについて，その選定理由とともに詳細を述べる．

3.1 Defects4J

指定テストを自動生成する場合，バグを含むプログラムを対象として自動生成したテストスイートは，バグを含むプログラムで成功するため，指定テストとして用いてもパッチの精度は向上しない．したがって，指定テストを自動生成する際は，バグのないプログラムを対象とする必要がある．しかし，バグが検出される以前のリビジョンのプログラムは，発見されていないだけで，そのバグがないとは限らない．したがって本研究では，初期段階として，この問題を排除した最適な条件下で自動生成したテストスイートの有効性調査のため，バグのない修正後のプログラムを使用する．ただし，実運用では，自動生成の対象はバグが検出された，あるいはそれ以前のリビジョンのプログラムを用いる必要がある点は注意されたい．

本研究では，実験の対象として Defects4J を使用する．Defects4J には，自動プログラム修正の入力とするバグを含むプログラムと失敗テストケース，及び自動テストケース生成の入力とする修正後のプログラムなどのバグ情報が用意されている．なお，本研究では，Defects4J に含まれる Math を使用し，RQ1 では，Math 1 から Math 106 までの 106 のバグ情報を用いる．また，RQ2 では，EvoSuite を Maven プラグインとして使用したため，Maven の設定ファイルである pom.xml が存在する Math 1 から Math 104 までの 104 のバグ情報を用いる．

3.2 kGenProg

本研究では，Java を対象とした自動プログラム修正ツールである kGenProg [17] を使用する．kGenProg による自動プログラム修正では遺伝的アルゴリズムが用いられる．kGenProg の評価実験として Math に対して適用し，同じく Java を対象とした自動プログラム修正ツールである jGenProg [18] との比較が行われている [17].

この実験によると，修正可能なバグの種類は大きく変化しなかったが，修正時間はjGenProgに比べて大幅に削減されたことが確認されている．

また一般に自動プログラム修正では，修正対象のプログラムやテストスイートへのパスといった構成情報及び，疑惑値の計算式や修正を行う最大の時間などの各種パラメータをプロジェクト固有に調整する必要がある．kGenProgではこれらを設定ファイルとして切り出し，ルートパス直下に設置することで設定を可能にすることで高可搬性の一部を確保できる．これらの理由により，本研究ではkGenProgを利用する．バグ限局の際の疑惑値の計算式については，kGenProgの評価実験で用いられたものと同じZoltar [19] を用いることとする．

3.3 EvoSuite

本研究では，Javaを対象とした自動テストケース生成ツールであるEvoSuite [20] を使用する．EvoSuiteは，Javaを対象としたオープンソースの自動テストケース生成ツールである．EvoSuiteは，Javaのクラスに対して，実行時の動作の正しさを評価するオラクルを含むテストケースを自動生成する．EvoSuiteでは，ラインカバレッジやブランチカバレッジなどの8つのカバレッジうち，テストケース生成の基準とするカバレッジを1つ又は複数指定できる．入力としてJavaのクラスファイルを受け取り，指定された特定のカバレッジ基準を可能な限り満たすようなテストスイートを出力する．

Serraら [11] は，開発者によって書かれたテストスイートと，EvoSuite，Randoop [21]，JTExpert [22] の3つの自動テストケース生成ツールによってそれぞれ生成されたテストスイートを比較した実験を行っている．自動テストケース生成ツールによって生成されたテストスイートは，カバレッジとミューテーションスコアに関しては，開発者によって書かれたテストスイートに比べて高い値に達するが，バグ検出能力に関しては同じレベルの品質に達していないことが示されている．前述した3つの自動テストケース生成ツールの中では，EvoSuiteによって生成されたテストケースは，Randoop，JTExpertによってそれぞれ生成されたテストケースに比べてカバレッジとミューテーションスコアに関して高い値に達することが示されている．そのため本実験ではEvoSuiteを使用する．

3.4 SELogger

SELogger [23] はJavaプログラムの実行トレースを記録するJavaエージェントである．Javaプログラムの実行トレース情報を記録し可視化するツールであるNOD4J [23] において，SELoggerはトレースを記録するレコーダーとして実装されている．本研究では，RQ2において失敗テストケースの実行によって実行経路に含まれるクラスを取得するためのツールとして，SELoggerを用いる．

4 調査内容と結果

4.1 RQ1：失敗テストスイートのテスト対象クラスと，バグの原因クラスの不一致にはどのような原因があるか

4.1.1 目的

OSSプロジェクトで実際に発生したバグでは，既存の失敗テストスイートのテスト対象クラスと，修正クラスが一致していない場合がある．この調査課題の目的は，既存の失敗テストスイートのテスト対象クラスと，修正クラスが一致していない原因を明らかにすることである．

4.1.2 アプローチ

本調査ではDefects4Jに用意されている106のバグ情報をもとに，既存の失敗テストスイートと，修正クラスの関係を調査する．既存の失敗テストスイートの中から，失敗テストケースを目視で調査し，修正クラスがどのように実行経路に含まれ

表 1　RQ1 失敗テストスイートと修正クラスの関係のパターン

パターン	1	2	3	4	5	合計
テストスイート数	8	7	7	3	2	27

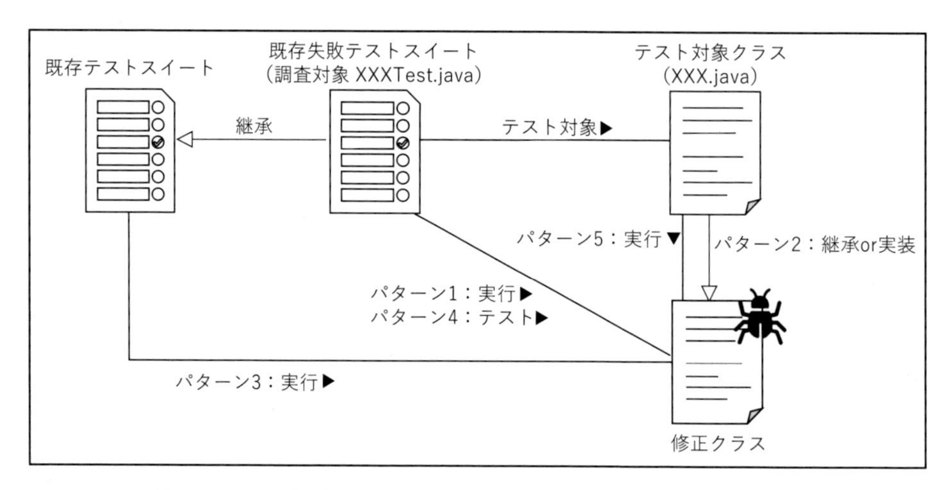

図 1　RQ1 各パターンにおけるテストスイートとクラスの関係

るかを確認する．その後，どのように実行経路に含まれるかについて，いくつかのパターンに分類し，特徴を調査する．

ただし，次の条件のいずれかを満たす既存の失敗テストスイートは，調査から除外する．

- 1 つのバグで失敗し，テスト対象クラスが原因である
- 複数のバグで失敗し，少なくとも 1 つはテスト対象クラスが原因である

以上の条件を満たす既存の失敗テストスイートは，少なくとも一度はテスト対象クラスが原因で発生したバグを検出している．そのような既存の失敗テストスイートを調査から除外する理由は，テスト対象クラスを対象に自動生成したテストスイートは，指定テストとして有用であると考えられるためである．

また本調査では，テストスイートはテストクラスに対応すると仮定し，テスト対象クラスはテストクラスの名前から判断する．例えば，XXXTest.java というテストクラスに対応するテストスイートがあったとき，そのテスト対象クラスは，テストクラスの名前から Test を除いた XXX.java であると判断する．

4.1.3　結果

106 のバグ情報に含まれる 80 件の失敗テストスイートを対象に行った調査の結果，調査対象外となった失敗テストスイートは 53 個存在し，調査対象の失敗テストスイートは 27 個存在した．調査対象となった 27 個の失敗テストスイートについて，それぞれテスト対象ではないクラスが原因で発生したバグを検出した理由を，5 つのパターンに分類した．それぞれのパターンにおける失敗テストスイート数を表 1 に，テストスイートとクラスの関係を図 1 に示す．

各パターンの詳細は次の通りである．パターン 1 は，失敗テストスイート内の失敗テストケースによってテスト対象クラスは実行されるが，その他にも，同一の失敗テストケース内で，修正クラスが実行される．パターン 2 は，失敗テストスイートのテスト対象クラスが他クラスを継承あるいは実装しており，修正クラスは，継承元あるいは実装元のクラスである．パターン 3 は，失敗テストスイートが他のテストスイートを継承しており，継承元のテストスイートで，修正クラスが実行される．パターン 4 は，失敗テストスイートのテスト対象クラスが存在せず，修正クラ

スをテストしている．パターン5は，失敗テストスイートのテスト対象クラス内で，修正クラスが実行される．

パターン1，パターン4及びパターン5では，失敗テストケースの実行により，失敗テストケースもしくはテスト対象クラスで，修正クラスが実行経路に含まれる．このように，クラスの継承や実装に関係なく，修正クラスを実行経路に含む失敗テストスイートは，48.1%（13/27）という結果であった．

また，パターン2では，テスト対象クラスの継承や実装が，修正クラスの実行に関係しており，パターン3では，テストスイートの継承が，修正クラスの実行に関係している．これらのように，継承や実装が，修正クラスの実行に関係するパターンに含まれる失敗テストスイートは，51.9%（14/27）という結果であった．

いずれのパターンにおいても，既存の失敗テストスイートに含まれる失敗テストケースの実行経路に，修正クラスが含まれる．その結果，実行経路に含まれるクラスに存在するバグの原因箇所によってテストケースが失敗する．SELoggerを用いて，実験対象の104のバグ情報に含まれる78件の失敗テストスイートについて調査を行った結果，73件において失敗テストケースの実行経路に修正クラスが含まれていた．これらのことが，失敗テストスイートのテスト対象クラスと，バグの原因クラスの不一致の原因であると考える．

この結果から，既存の失敗テストスイートを実行した際に，失敗するテストケースの実行経路に含まれるクラスを対象として自動テストケース生成を行い，生成されたテストスイートを自動プログラム修正に用いることで，バグの原因となるクラスに対する網羅性を高めることができると考えられる．網羅性を高めることができれば，SBFLにおいてバグの原因行が指定テストによって実行される回数が多くなり，バグの原因箇所に対する疑惑値はより正確な値となる．その結果，バグの原因箇所に対する何らかの修正を行うパッチが生成される可能性が高くなり，自動プログラム修正で出力されるパッチの精度の向上につながる．

失敗テストスイートのテスト対象クラスと，修正クラスが一致していない原因は，失敗テストケースの実行経路に，修正クラスが含まれていることである．

4.2 RQ2:実行経路に基づき自動生成したテストスイートは，自動プログラム修正にどのような影響を与えるか

4.2.1 目的

RQ1で，失敗テストケースの実行による実行経路を考慮した自動テストケース生成は，自動プログラム修正のパッチの精度向上につながるのではないかと考えた．

本調査では，失敗テストケースの実行によって実行経路に含まれるクラスを対象として自動生成したテストスイートを，既存の失敗テストスイートとともに自動プログラム修正に用いることで，パッチの精度にどう影響するかを明らかにすることを目的とする．

4.2.2 アプローチ

まず，Defects4Jに記録されている修正前のプログラムに対して，失敗テストケースを対象としてSELoggerを適用し，失敗テストケースの実行経路に含まれるすべてのクラスを取得する．例外処理用のクラスは，バグが原因で例外的な処理が必要であると判断された後に実行されるクラスであるため，例外処理用のクラスに対するテストスイートの生成は自動プログラム修正に有効ではないと考えられる．Mathにはバグを検出した後に実行される例外処理用のクラスが存在する．例外処理用のクラスを自動テストケース生成の対象から除くために，取得したクラスの中から，Exception又はexceptionという単語が完全修飾名に含まれているクラスを除いた．

その後，Defects4Jに記録されている修正後のプログラムに対して，取得したすべてのクラスを対象にEvoSuiteを適用し，テストスイートを自動生成する．自動生成されたすべてのテストスイートと既存の失敗テストスイートを指定テストとし，

表 2　RQ2 生成パッチの評価

	correct	near	far	bad	patch
テスト追加前	2	11	12	13	38 / 104
テスト追加後	4	5	2	7	18 / 104

修正前のバグを含むプログラムに対して kGenProg を適用し自動プログラム修正を行う（以下，本手法）．得られた結果と，既存の失敗テストスイートのみを指定テストとして kGenProg で修正を行った際の修正結果を，パッチが生成されたバグの個数及びパッチの内容を比較することで評価を行う．

なお，どちらの場合も修正時間は 3 時間，バグ限局の手法は kGenProg の評価実験 [17] で用いられている Zoltar として，10 回試行を行う．

4.2.3　結果

実験結果を表 2 に示す．表 2 の最右列は，104 のバグのうち，10 回の試行で 1 回以上パッチが結果として出力されたバグの数を示す．表 2 の第 1 行に示す項目の内容は以下の通りである．

correct： 開発者によって行われた修正を含むパッチが存在する
near： 開発者によって行われた修正を含まないが，実際に修正された行の前後 3 行以内に対して修正を行うパッチが存在する
far： 実際に修正された行の前後 3 行以内に修正を行わないが，実際に修正されたクラスに対するパッチが存在する
bad： 実際に修正されたクラスに対するパッチが存在しない

correct, near, far, bad の順でパッチの精度が高いと言える．near に含む条件を前後 3 行以内の修正とするのは，バージョン管理システムの Git の差分出力コマンドである diff で，出力行数の標準設定が前後 3 行であるためである．なお，ある 1 つのバグに対する 10 回の試行中複数の試行でパッチが生成され，それらが異なる評価を受けた場合，最も精度が高いパッチの評価を与えることとする．例えば，あるバグ A に対して 3 回パッチが生成されたとする．その評価が，far，near，far だったとすると，このバグ A に対しては near のパッチが生成されたと判断する．

既存の失敗テストスイートのみを指定テストとして kGenProg で修正を行った場合，104 のバグのうち 38 個のバグに対してパッチが生成された．これに対し，本手法によって修正を行った場合，104 のバグのうち 18 個のバグに対してパッチが生成された．自動生成したテストスイートを指定テストに追加して自動プログラム修正を行った場合にパッチの生成数が減少した原因として，kGenProg は指定されたすべてのテストスイートに対して成功するパッチを修正パッチとして出力するため，指定テストが増加したことによって修正パッチとして出力する制約が厳しくなったことが考えられる．

パッチが生成された場合について，パッチの内容を Defects4J に記録されている開発者による修正パッチと，目視で比較し評価を行った．既存の失敗テストスイートのみを指定テストとして修正を行った場合，bad に含まれるバグの数は 13 個であった．これに対し，本手法による修正を行った場合，bad に含まれるバグの数は 7 個となった．bad に含まれるバグで生成されたパッチは，開発者が行った修正とクラスでさえも一致しないので，実際にバグの原因箇所の特定や修正方法の手がかりにはならないパッチである．したがって，本手法を適用することで，適用前に比べてデバッグの手がかりとはならないパッチの生成数は減少すると考えられる．

また，correct に含まれるバグの数は，既存の失敗テストスイートのみを指定テストとした修正を行った場合，2 個であった．これに対し，本手法による修正を行った場合は 4 個と，増加する結果となった．したがって，失敗テストケースの実行経路に含まれるクラスを考慮し自動生成したテストスイートを，自動プログラム修正に用いることで，生成されるパッチの精度は向上すると考えられる．

失敗テストケースの実行経路に含まれるクラスを考慮し自動生成したテストスイートを自動プログラム修正に用いることで，パッチの生成数は減少するが，デバッグの手がかりとならないパッチの生成数も減少する．また，生成されるパッチの精度は向上する．

5 妥当性への脅威

内的妥当性． 本研究で使用した EvoSuite にはランダム化されたアルゴリズムや，日付や時間帯といった非決定的な API を使用しているため，同じ実験対象に対してツールを適用しても同等の結果を出力しない可能性がある．そのため，自動テストケース生成を複数回行うことで，結果を評価する必要がある．

また，本研究では失敗テストケースのパターン分類，パッチの評価基準の設定及び評価を第一著者が行ったため，主観的である可能性がある．そのため，評価基準の設定及びパッチの評価を複数人で実施する必要がある．

さらに，本研究では RQ2 において，失敗テストスイートの実行経路に含まれるクラスをテスト対象とする，既存の成功テストスイートを指定テストに追加せずに実験を行った．しかし，そのような既存の成功テストスイートは指定テストとして有用である可能性があり，指定テストに追加した場合の結果を評価する必要がある．

外的妥当性． 本研究では，バグ限局の手法や修正時間などを 1 種類に固定して実験を行っている．そのため，複数の種類の設定で実験を行うことが必要である．

また，本研究では自動プログラム修正ツールとして kGenProg を使用したが，実験結果は自動プログラム修正ツールの性能に依存する可能性があるため，同様の手法や設定において複数の自動プログラム修正ツールを用いた実験が必要である．

さらに，本研究では実験対象データセットとして Math のみを対象とした．Defects4J にはこの他にもバグ情報が記録されており，複数のプロジェクト，あるいは Defects4J とは異なるベンチマークを対象に調査を行う必要がある．

6 おわりに

本研究では，まず RQ1 で，OSS プロジェクトで実際に生じたバグを対象に，失敗テストスイートと修正クラスの関係を調査し，自動テストケース生成の対象とするクラスの決定について考察した．そして RQ1 における考察に基づき，RQ2 では失敗テストケースの実行経路に含まれるクラスを考慮して自動生成したテストスイートの追加が，自動プログラム修正のパッチの精度に与える影響について調査を行った．

RQ1 では，失敗テストケースもしくはそのテスト対象クラスで，修正クラスが実行経路に含まれることが，失敗テストスイートのテスト対象クラスと修正クラスが一致していない原因であると確認された．RQ2 では，失敗テストケースの実行経路に含まれるクラスを考慮し自動生成したテストケースを自動プログラム修正に用いることで，パッチの生成数は減少するが，デバッグの手がかりとならないパッチの生成数も減少し，また，生成されるパッチの精度は向上することが確認された．

今後の課題として，本研究では修正されたプログラムを用いて自動生成したテストスイートを，バグを含むプログラムに対する自動プログラム修正に使用したが，現実にこのような状況は起こり得ないため，バグを含むクラスを対象として自動生成したテストスイートを用いた調査，あるいはバグを含む前のコミットを用いた調査が必要である．また，自動テストケース生成の対象とするクラスについて，パッチの精度を低下させず，パッチの生成数を増加させるような選択手法の調査が必要である．合わせて，自動生成されたテストスイートのうち，自動プログラム修正に有効なテストスイートの選択手法の調査も必要である．

謝辞 本研究の一部は JSPS 科研費 JP18H04097・JP21H04877，及び，JSPS・スイスとの国際共同研究事業（JPJSJRP20191502）の助成を受けた．

参考文献

[1] T. Britton, L. Jeng, G. Carver, P. Cheak, and T. Katzenellenbogen. Reversible debugging software: Quantify the time and cost saved using reversible debuggers. Technical report, Cambridge Judge Business School, 2013.
[2] H. Ye, M. Martinez, and M. Monperrus. Automated patch assessment for program repair at scale. *Empirical Software Engineering*, Vol. 26, No. 20, 2021.
[3] R. S. Shariffdeen, S. H. Tan, M. Gao, and A. Roychoudhury. Automated patch transplantation. *ACM Trans. on Software Engineering and Methodology*, Vol. 30, No. 1, 2021.
[4] M. Asad, K. K. Ganguly, and K. Sakib. Impact of similarity on repairing small programs: A case study on quixbugs benchmark. In *Proc. IEEE/ACM Int'l Conf. on Software Engineering Workshops*, p. 21–22, 2020.
[5] Y. Liu, L. Zhang, and Z. Zhang. A survey of test based automatic program repair. *Journal of Software*, Vol. 13, pp. 437–452, 2018.
[6] J. Petke and A. Blot. Refining fitness functions in test-based program repair. In *Proc. IEEE/ACM Int'l Conf. on Software Engineering Workshops*, p. 13–14, 2020.
[7] K. Liu, S. Wang, A. Koyuncu, K. Kim, T. F. Bissyandé, D. Kim, P. Wu, J. Klein, X. Mao, and Y. L. Traon. On the efficiency of test suite based program repair: A systematic assessment of 16 automated repair systems for java programs. In *Proc. ACM/IEEE Int'l Conf. on Software Engineering*, p. 615–627, 2020.
[8] E. Daka and G. Fraser. A survey on unit testing practices and problems. In *Proc. IEEE Int'l Symp. on Software Reliability Engineering*, p. 201–211, 2014.
[9] G. Tassey. The economic impacts of inadequate infrastructure for software testing. *National Institute of Standards and Technology*, 2002.
[10] S. Shamshiri, R. Just, J. M. Rojas, G. Fraser, P. McMinn, and A. Arcuri. Do automatically generated unit tests find real faults? an empirical study of effectiveness and challenges. In *Proc. IEEE/ACM Int'l Conf. on Automated Software Engineering*, p. 201–211, 2015.
[11] D. Serra, G. Grano, F. Palomba, F. Ferrucci, H. C. Gall, and A. Bacchelli. On the effectiveness of manual and automatic unit test generation: Ten years later. In *Proc. Int'l Conf. on Mining Software Repositories*, p. 121–125, 2019.
[12] R. Braga, P. S. Neto, R. Rabêlo, J. Santiago, and M. Souza. A machine learning approach to generate test oracles. In *Proc. Braz. Symp. on Software Engineering*, p. 142–151, 2018.
[13] R. Just, D. Jalali, and M. D. Ernst. Defects4j: A database of existing faults to enable controlled testing studies for java programs. In *Proc. Int'l Symp. on Software Testing and Analysis*, p. 437–440, 2014.
[14] W. E. Wong, R. Gao, Y. Li, R. Abreu, and F. Wotawa. A survey on software fault localization. *IEEE Trans. on Software Engineering*, Vol. 42, No. 8, pp. 707–740, 2016.
[15] T. Kuma, Y. Higo, S. Matsumoto, and S. Kusumoto. Improving the accuracy of spectrum-based fault localization for automated program repair. In *Proc. Int'l Conf. on Program Comprehension*, p. 376–380, 2020.
[16] 松田直也, 丸山勝久. テストケースが自動バグ修正に与える影響の調査. コンピュータソフトウェア, Vol. 37, No. 4, pp. 31–37, 2020.
[17] まつ本真佑, 肥後芳樹, 有馬諒, 谷門照斗, 内藤圭吾, 松尾裕幸, 松本淳之介, 富田裕也, 華山魁生, 楠本真二. 高処理効率性と高可搬性を備えた自動プログラム修正システムの開発と評価. 情報処理学会論文誌, Vol. 61, No. 4, pp. 830–841, 2020.
[18] M. Martinez and M. Monperrus. Astor: A program repair library for java (demo). In *Proc. Int'l Symp. on Software Testing and Analysis*, p. 441–444, 2016.
[19] T. Janssen, R. Abreu, and A. J. v. Gemund. Zoltar: A toolset for automatic fault localization. In *Proc. IEEE/ACM Int'l Conf. on Automated Software Engineering*, pp. 662–664, 2009.
[20] G. Fraser and A. Arcuri. Evosuite: Automatic test suite generation for object-oriented software. In *Proc. ACM SIGSOFT Symp. and Eur. Conf. on Foundations of Software Engineering*, p. 416–419, 2011.
[21] C. Pacheco, S. K. Lahiri, M. D. Ernst, and T. Ball. Feedback-directed random test generation. In *Proc. Int'l Conf. on Software Engineering*, p. 75–84, 2007.
[22] A. Sakti, G. Pesant, and Y.-G. Guéhéneuc. Instance generator and problem representation to improve object oriented code coverage. *IEEE Trans. on Software Engineering*, Vol. 41, No. 3, pp. 294–313, 2015.
[23] K. Shimari, T. Ishio, T. Kanda, N. Ishida, and K. Inoue. Nod4j: Near-omniscient debugging tool for java using size-limited execution trace. *Science of Computer Programming*, Vol. 206, p. 102630, 2021.

視線と心拍を用いた主観的なプログラム理解難易度の推定

Estimating perceived difficulty in program comprehension using gaze and heartbeat

曾我 遼 * **横山 由貴** † **鹿糠 秀行** ‡ **久保 孝富** § **石尾 隆** ¶

あらまし プログラムの理解の難しさは開発者の知識や経験といった主観的な要素によって変わる．そのため，ソースコードメトリクスのみではプログラムの理解難易度の推定が難しい．先行研究では，関数単位の閲覧履歴と開発者から計測した心拍を組み合わせて関数単位の理解難易度の特徴量を算出し理解難易度を推定している．しかし，この手法は関数単位で閲覧履歴を計測するため，関数内の部分的な理解難易度は推定できない．本研究の目的は，関数よりも細かい単位で主観的な理解難易度を推定することである．その推定方法実現のため，開発者の心拍に加えて視線も計測し，視線から導出する行単位の閲覧履歴と心拍を組み合わせることで，関数よりも細やかな単位に対する理解難易度特徴量を算出する方法を提案する．提案手法とソースコードメトリクスを用いた推定精度を比較し，提案手法が関数より細かい単位での主観的な理解難易度の推定に優れていることを示す．

1 はじめに

プログラムの理解難易度は，プログラムのバグ解決や保守の効率に影響を与える．栗山らは開発者がプログラムを理解できているか否かによって，開発者のバグ発見効率が 10 倍以上変わることを報告している [1]．プログラムの理解難易度を推定できれば，既存のプログラムから理解が難しいソースコードを特定して改善することで，保守効率を向上できると考えられる．しかし，プログラムの理解の難しさは開発者の知識や経験といった主観的な要素によって変わるため，ソースコードメトリクスだけではプログラムの理解難易度の推定は難しい [2]．

プログラムの理解難易度をより正確に推定するため，先行研究ではプログラム理解中の開発者の生体信号を用いた主観的な理解難易度の推定が試みられてきた [2, 3]．Fritz らは，開発者の心拍と関数単位の閲覧履歴を組み合わせて関数毎の理解難易度を推定し，プログラムの特徴のみを表現したソースコードメトリクスのみを用いるよりも推定精度が高いことを示した．推定では，関数毎の理解難易度特徴量として，各関数の閲覧中の心拍数から心拍数の変化を表現する複数の指標 (心拍指標) を算出している [3]．この手法では理解難易度を推定する単位をプログラム内の関数としているため，関数よりも細かい単位に対して理解難易度を推定できない．

本研究の目的は，開発者が関数を理解する際に関数を分割した単位 (理解単位) で主観的なプログラム理解難易度を推定することである．理解単位に対する理解難易度を推定する上での先行研究の課題は二つある．第一に，閲覧履歴を収集する際にエディタの表示領域を活用しているため，関数よりも細かい単位では閲覧対象を特定できない．第二に，関数より細かい単位として行単位で閲覧履歴を取得した場合，一行の閲覧時間 (約 0.1 秒; 著者が計測) が一関数の閲覧時間 (平均 6.8 分 [3]) よりも

*Ryo Soga, 日立製作所

†Yuki Koiso Yokoyama, 日立製作所

‡Hideyuki Kanuka, 日立製作所

§Takatomi Kubo, 奈良先端科学技術大学院大学

¶Takashi Ishio, 奈良先端科学技術大学院大学

短く，心拍の計測頻度である1秒よりも短いため，一行毎に心拍数を集計できない．

我々は，プログラム内の関数単位よりも細かい開発者の理解単位毎の理解難易度を推定する手法を提案する．第一の課題を解決するため，アイトラッカーを用いて開発者の視線を計測し，行単位の閲覧履歴を導出する．第二の課題を解決するため，一行毎の心拍数を集計するのではなく，一定時間毎に行単位の閲覧履歴と心拍数を集計し，理解単位毎の理解難易度特徴量を算出する．

提案手法の有効性を検証するため，実験を通じて，理解単位毎の理解難易度特徴量を用いた方が，理解対象プログラムの特徴のみを表現したソースコードメトリクスを用いるよりも，理解単位毎の理解難易度を正確に推定できるか検証した．実験では，6名の被験者へ6種類のプログラムを提示し，行単位の閲覧履歴と心拍数を計測しながらプログラム理解タスクを実施した．各タスク実施後，プログラムから理解単位を複数選択させ，理解単位毎に主観的な理解難易度を回答させた．実験データを用いて理解単位毎の理解難易度特徴量を用いた推定モデルとソースコードメトリクスを用いた推定モデルを訓練し，推定結果と回答結果との相関係数を比較したところ，理解難易度特徴量を用いた際の相関係数の方が高かった (理解難易度特徴量を用いたモデル：0.34，ソースコードメトリクスを用いたモデル：0.29)．この結果は，理解単位毎の理解難易度特徴量が理解単位毎の主観的な理解難易度推定に有効であることを示す．

以下，2章で提案手法を説明し，3章で評価手法を述べ，4章で評価結果と5章で考察を述べる．続いて，6章で妥当性への脅威を述べ，7章で関連研究との比較を示す．最後に，8章でまとめについて述べる．

2 視線と心拍を用いた理解単位毎の理解難易度特徴量の算出

本章では，アイトラッカーと心拍センサから計測した視線と心拍を用いて，理解単位毎の理解難易度特徴量を算出する方法を説明する．

理解単位とは，開発者が関数を理解する上で1つのまとまりとしてとらえたプログラム行の範囲である．理解単位の例を図1に示す．この例は，一人の開発者に図1(i)で示したプログラムを提示して理解単位を回答させた結果であり，3つの理解単位(図1(ii)(a)-(c))と理解難易度を回答している．

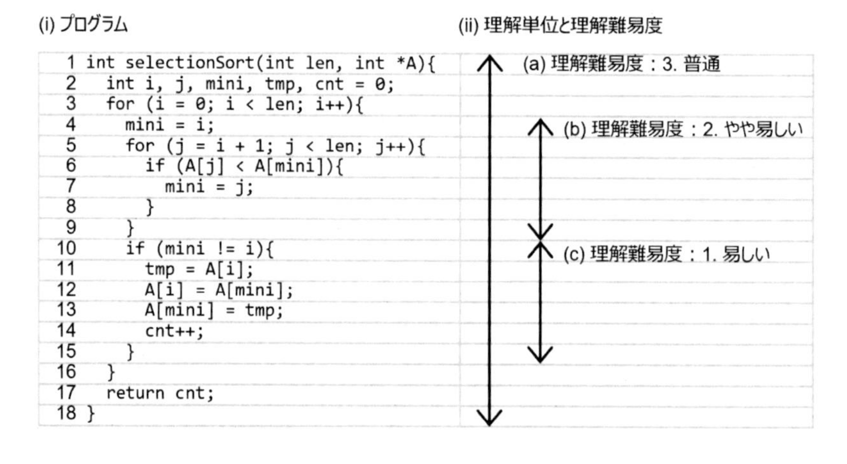

図1 プログラムに対する理解単位の例

理解難易度特徴量の算出の流れを図2に示す．アイトラッカーからは，画面上の視点位置を取得し，既存手法 [4] で公開されているソフトウェア [1]を用いて，行毎の閲覧履歴を導出する (図 2(i))．導出した閲覧履歴に対して，30 秒の時間窓を移動させ，算出時点以前 30 秒の閲覧履歴を集計して行毎閲覧時間を算出する (図 2(ii))．一方，心拍センサからは，心拍数の履歴を取得し (図 2(iii))，行毎閲覧時間の算出と同じ時間窓を用いて，複数の心拍指標を算出する (図 2(iv))．最後に，時間窓ごとに理解単位と行毎閲覧時間の類似度を加味して理解難易度特徴量を算出する (図 2(v))．以降，算出方法の詳細を説明する．

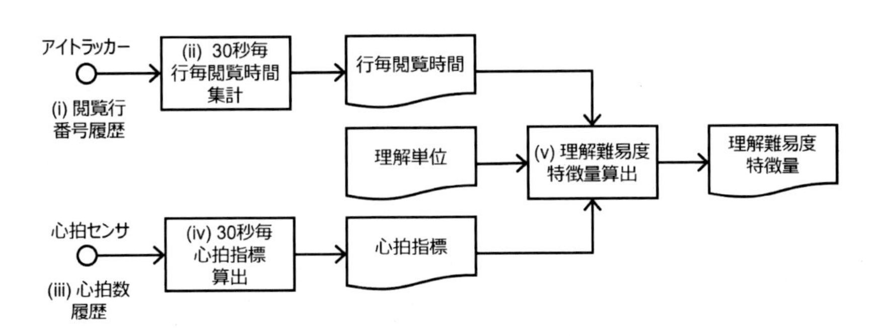

図 2　理解難易度特徴量算出プロセス

2.1　30 秒毎行毎閲覧時間集計

30 秒毎行毎閲覧時間集計では，時間窓内の行単位の閲覧履歴を集計し，終了時刻 t の時間窓内の行番号 l に対する閲覧時間を 行毎閲覧時間$_t(l)$ として算出する (図 2(ii))．

行毎閲覧時間の算出結果の例を図 3 に示す．図 3 では，行単位の閲覧履歴 (図 3(i)) に対して 30 秒の時間窓を移動させ 4 行目に対する 行毎閲覧時間$_t(4)$(図 3(ii)) を算出した．行毎閲覧時間より，4 行目を重点的に閲覧した時刻が 45 秒時点 (行毎閲覧時間$_{45}(4) = 6$) であることを把握できる．

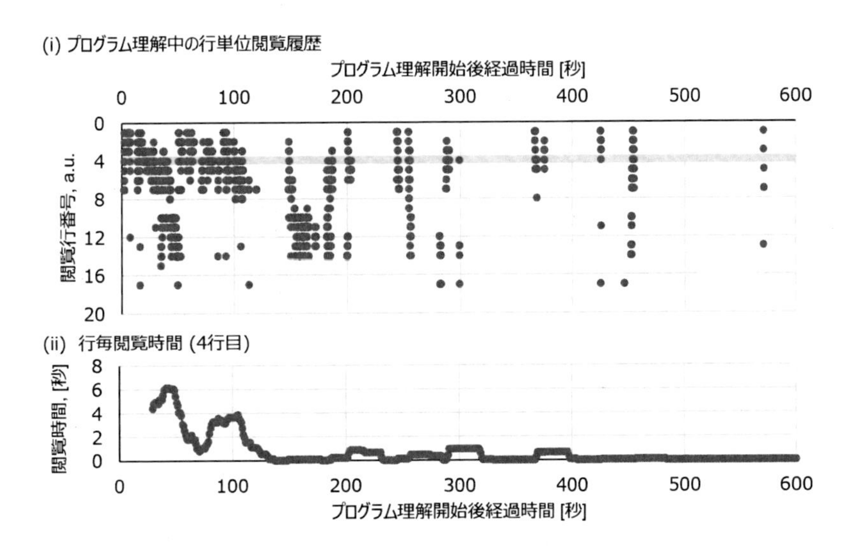

図 3　30 秒毎 行毎閲覧時間の算出

[1]https://github.com/iTrace-Dev/iTrace-Eclipse

2.2 30 秒毎心拍指標算出

30 秒毎心拍指標算出では，時間窓内の心拍数を解析し，終了時刻 t の時間窓における心拍指標を 心拍指標$_t$ として算出する (図 2(iv)).

心拍数及びその変動 (Heart Rate Variability; HRV) は，開発者の認知的な負荷によって変化する [5]．特に，HRV に関連した指標は，生理学的な実験にて認知負荷と相関すると報告されている [6]．そこで先行研究では，主観的な理解難易度の特徴量として，心拍数の基本統計量 (平均，最大値，最小値，標準偏差) に加え，HRV に基づく指標を算出している [3]．本研究でも先行研究に倣い，基本統計量 4 種類，HRV に基づく指標 19 種類の合計 23 種類を算出する [2].

心拍指標の算出結果を図 4 に示す．図 4 では，図 3 と同じ時間窓を用いて，心拍数 (図 4(i)) より文献 [6] で言及された RR 間隔の標準偏差を算出した (図 4(ii)).

RR 間隔の標準偏差は 45 秒時点で最大 (心拍指標$_{45}$ = 75.88) であり，行毎閲覧時間 (図 3(i)) と組み合わせると，4 行目を重点的に閲覧している場合に認知負荷が高いことが分かる．この結果は，図 1 にて，開発者が 4–9 行目 (図 1(ii)(b)) の方が 10–15 行目 (図 1(ii)(c)) よりも難易度が高いと回答していることと合致する．

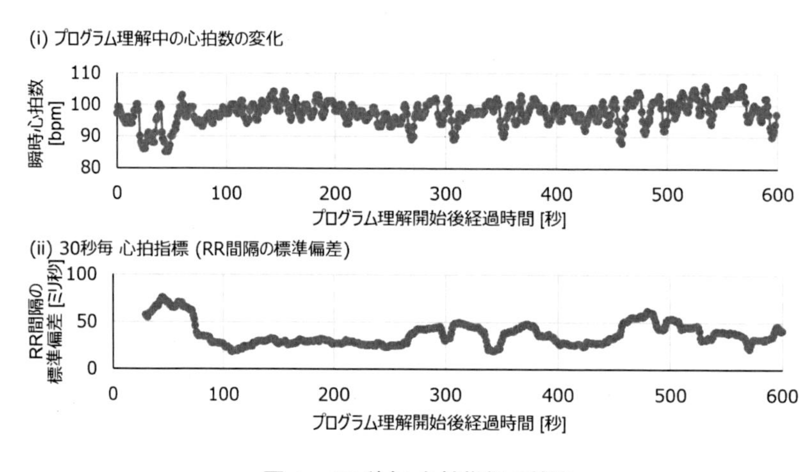

図 4　30 秒毎 心拍指標の算出

2.3 理解難易度特徴量の算出

行毎閲覧時間と心拍指標とを組み合わせて，理解単位に対する理解難易度特徴量を算出する (図 2 (v))．時間窓の移動による心拍指標の変化は，開発者の理解対象である行毎閲覧時間に依存すると考えられる．そこで，行毎閲覧時間が理解単位と類似した時間窓に対する心拍指標を，理解単位に対する理解難易度特徴量とすればよいと考えた．

理解難易度特徴量の算出式を (1)(2) に示す．

$$\text{理解難易度特徴量 (理解単位, 行毎閲覧時間, 心拍指標)} = \frac{1}{\text{時間窓数}} \sum_{t}^{\text{全時間窓}} (\text{コサイン類似度 (理解単位, 行毎閲覧時間}_t) \times \text{心拍指標}_t) \quad (1)$$

$$\text{コサイン類似度}\ (\vec{a}, \vec{b}) = \frac{\vec{a} \cdot \vec{b}}{|\vec{a}||\vec{b}|} \quad (2)$$

[2] https://pypi.org/project/hrv-analysis/

理解難易度特徴量は，理解単位と行毎閲覧時間と心拍指標を入力とする．理解単位をベクトルで表現するため，プログラムの行数を長さとするベクトルとし，理解単位内の行番号の要素を 1，その他を 0 とする．例えば，図 1(b) は，長さ 18，4-9 番目の値のみが 1 となるベクトルとなる．また，心拍指標は，2.2 で算出する 23 指標から選択された任意の 1 指標である．算出式の第 1 項は，1 つの時間窓に対する行毎閲覧時間と理解単位との類似度をコサイン類似度 (2) として算出する．コサイン類似度で重みづけした心拍指標を加算して時間窓数 (10 分間の場合，$600 - 30 + 1 = 571$ 個) で割ることで，行毎閲覧時間が理解単位と類似した時間窓の心拍指標に近い値を，理解単位に対する理解難易度特徴量として算出できる．

3 実験方法

提案手法の有効性を検証するための実験方法を説明する．実験では，理解タスクを実施し理解タスクでは理解単位と理解難易度を収集した．さらに，収集データを用いて二つの推定モデル (理解単位毎の理解難易度特徴量を用いたモデル，ソースコードメトリクスを用いたモデル) を訓練，評価した．

以下，実施したプログラム理解タスクの内容，データの収集方法，推定モデルの訓練・評価方法について説明する．

3.1 プログラム理解タスク

プログラム理解タスクでは，先行文献 [2] に倣い，被験者 6 名へ 6 種の C 言語プログラムを提示した．提案手法が幅広いケースで使用できることを検証するため，理解方法のみ固定し，理解難易度へ影響を与えると考えられる 3 条件 (被験者のスキル，プログラムの目的を事前通知するか否か，プログラムの複雑さ) を変化させた．

以下，理解方法，被験者，提示したプログラムと提示順序について説明する．

3.1.1 理解方法

プログラム理解タスクでは，被験者へプログラムを提示して 10 分間の制限時間でプログラムの実行過程を追跡 (メンタルシミュレーション [7]) させた (平均回答時間：529 秒)．開発者のプログラム理解方法には，メンタルシミュレーションの他にも，モジュール間の呼び出し関係を調べる方法 [8] や，プログラムの目標が分かっている場合に処理過程を想定して検証する方法 [9] などの複数の方法がある．本研究では，タスクとして，プログラムの理解過程を把握しやすいメンタルシミュレーションを選択し，他二種類についても対応するように提示するプログラムを設計した．メンタルシミュレーションでは，提示プログラム内の複数の箇所を指定し，指定箇所に登場する変数の値をファイルに記入させた．

3.1.2 被験者

被験者は入社 2-10 年目の技術者 6 名を集めた．性別の内訳は，男性 4 名，女性 2 名だった．スキルレベルの内訳は，C 言語の講習を受けた者 2 名，学生時代での使用経験がある者 2 名，実務での使用経験がある者 2 名だった．

3.1.3 提示したプログラムと提示順序

プログラムの目的を事前通知するか否かの 2 種類を用意し，各種類について複雑さの異なる 3 つのプログラムを選択した．各被験者に対して事前通知しないプログラムを 3 種提示したのち，事前通知するプログラムを 3 種提示した．各種別内の提示順序はランダムとした．

プログラムの目的を事前通知しないプログラムとして，先行研究 [2] で使用されたプログラムを用いた．先行研究では，3 種類の目的に沿った小規模のプログラムへ 3 段階の制御フローの難読度を適用し 9 プログラムを作成している．これらのプログラムから，目的と難易度が異なる 3 プログラムを選択して提示した．

プログラムの目的を事前通知するプログラムとして，3 種類のソートアルゴリズムを実装したプログラムを用いた．アルゴリズムとして，バブルソート，選択ソート (図 1(i))，マージソートを用いて，それぞれ易しい，普通，難しいとして扱った．

マージソートには，関数が複数あり，関数内の実行過程の追跡だけでなく，関数間の呼び出し関係を追跡させられる．

3.2 データの収集

3.2.1 生体信号の計測

生体信号として，プログラム理解中の行単位の閲覧履歴と心拍数を計測した．

行単位の閲覧履歴の計測では，被験者の前に二つの画面を設置し，一方の画面に回答用のファイルを表示した．もう一方の画面にプログラムを開いたEclipseを表示し，画面の下部にアイトラッカーとして価格が安く開発現場へ導入しやすいEye Tracker 4C(Tobii AB)を設置した．なお，閲覧行番号導出の誤りを防ぐためEclipseの既定の設定よりフォントサイズを大きく(13pt; 1行の高さ0.5cm)した．

心拍数の計測では，タスク開始前に被験者の胸部へ心拍センサ(Polar H10; Polar Electro)を装着した．各プログラムの提示開始前に心拍数を平常時に戻すため，文献[3]に倣い，水槽中を魚が泳ぐ動画を2分間閲覧させて休憩させた．

3.2.2 主観的なプログラム理解難易度アンケート

関数より細かい単位でプログラムの主観的な理解難易度を回答させるため，図1のようにプログラムから理解単位を複数，連続した行として選択させ，各理解単位の難易度を6段階で回答させた．選択肢の詳細と回答数は表1の通りである．

表1 プログラム難易度回答の選択肢と回答数

選択肢	説明	回答数
0	タスク中に理解単位を読まなかった	32
1	易しい	57
2	やや易しい	56
3	普通	60
4	やや難しい	41
5	難しい	9

3.3 推定モデルの訓練と評価

3.1の手順に沿って6名の被験者へ6種類のプログラムを提示し，3.2に則って計255か所の理解単位と主観的な理解難易度を収集した．収集したデータのうち理解単位を読まなかった難易度0のデータを除外し，人やタスクの種類を区別せず訓練用167件，評価用56件に分割し，主観的理解難易度推定モデルの訓練と評価を行った．

3.3.1 ソースコードメトリクス

回答したプログラムの理解単位の複雑度を表すソースコードメトリクスとして，理解単位のコード行数，トークン数，サイクロマティック複雑度を算出した．トークン数の算出では，型(“int”など)，括弧(“{”, “}”)，変数名や関数名といった，プログラミング言語における字句の数を数えた．また，サイクロマティック複雑度は，理解単位として選ばれたソースコードの範囲は、for文やif文などのブロック単位の区切りに対応する傾向があったため、for, ifなど条件分岐命令の個数に1を加算した値を算出した．なお，評価対象の理解単位に対する3メトリクスの中央値は，コード行数：5, トークン数：33, サイクロマティック複雑度：2だった．

3.3.2 理解難易度推定モデルの訓練と評価

訓練では，機械学習アルゴリズムとして勾配ブースティング決定木[10]を用い，平均二乗偏差(Root Mean Squared Error; RMSE)を最小化するように訓練した．評価では，RMSEおよび，推定結果の大小が回答結果の大小と一致しているか確認するため，相関係数(スピアマンの相関係数)を算出した．

4　実験結果

理解単位毎の理解難易度特徴量が理解単位毎の主観的な理解難易度推定に有効か検証した結果を示す．検証では，理解難易度特徴量 (23 種類) とソースコードメトリクス (3 種類) のどちらか一方を特徴量として主観的な理解難易度を推定する機械学習モデルを訓練し，推定性能を比較した．また，各指標の中でどの指標が主観的な理解難易度と関係するか調べるため，指標ごとに推定性能向上への寄与値を算出した．

4.1　性能の比較

表 2 に，どちらか片方を特徴量として訓練した機械学習モデルの性能の比較結果を示す．まず，提案指標とソースコードメトリクス共に，スピアマンの相関係数の p 値が有意水準である 0.05 より小さかった．この結果は，2 指標共に，主観的な理解難易度の変化の要因を表現していることを示す．第二に，RMSE は提案指標の方が小さく，スピアマンの相関係数は提案指標の方が高かった．これらの結果は，提案指標の方が，ソースコードメトリクスよりも推定性能が高く，理解単位毎の理解難易度特徴量が理解単位毎の主観的な理解難易度推定に有効であることを示す．

表 2　理解単位毎の主観的理解難易度推定性能の比較

		相関係数	
	RMSE	相関	p 値
理解難易度特徴量	**1.196**	**0.3403**	0.01028
ソースコードメトリクス	1.198	0.2860	0.03260

4.2　主観的理解難易度推定モデルにおける指標の寄与値

4.2.1　理解難易度特徴量

23 種類の心拍指標を用いて算出した理解難易度特徴量のうち，推定性能の向上に寄与した 12 指標の寄与値を図 5 に示す．基本統計量 4 種のうち 2 種，HRV の指標 19 種のうち 10 種の指標が推定性能の向上に寄与していた．

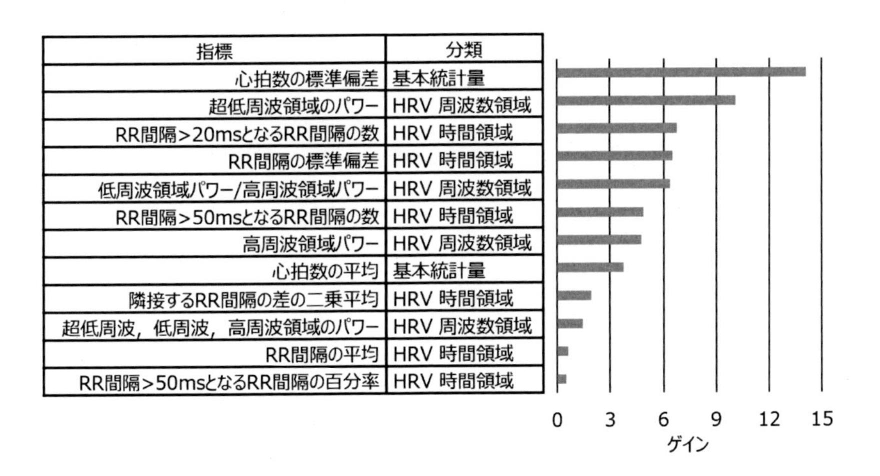

図 5　主観的理解難易度推定モデルの特徴量の寄与値（理解難易度特徴量）

4.2.2 ソースコードメトリクス

ソースコードメトリクスの3指標の寄与値を図6に示す．3指標共に推定性能の向上に寄与しており，トークン数の寄与値が一番高くサイクロマティック複雑度の寄与値が一番低かった．この結果は，トークン数の方が，サイクロマティック複雑度と比較して，主観的な理解難易度と関係することを示す．

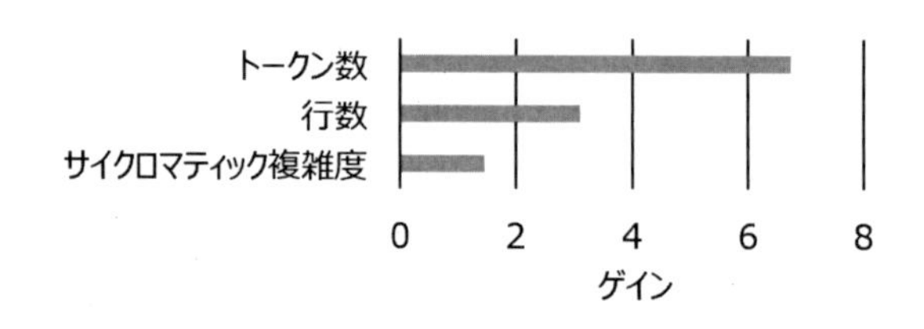

図6　主観的理解難易度推定モデルの特徴量の寄与値（ソースコードメトリクス）

5 考察

実験結果について考察する．

5.1 主観的理解難易度推定モデルの性能の比較

表2に示した性能比較結果について考察する．主観的理解難易度推定モデルの性能比較の結果，提案指標とソースコードメトリクスの両方で主観的な理解難易度を推定できたが，提案指標を用いた推定モデルの方が推定性能が良かった．この結果は，主観的な理解難易度がソースコードメトリクスに依存するものの，期待通り心拍指標を用いた提案指標の方が主観的な理解難易度の変化の要因を表現できていることを示す．

本研究の結果では，主観的理解難易度の推定モデルの相関係数が有意であり，主観的な理解難易度を推定できたものの，相関係数が0.363と低かった．相関係数を高めるためには，特徴量を増やす必要がある．今後は，提案指標のみではなく，ソースコードメトリクスと組み合わせたモデルを訓練し，推定性能を検証する．

5.2 主観的理解難易度推定モデルの特徴量の寄与値

5.2.1 理解難易度特徴量

理解難易度特徴量の寄与値を算出した結果，心拍数の基本統計量の寄与値が高く，生理学的な実験を通じて検証されたHRVの指標[6]の寄与値が相対的に低かった(図5)．本研究では，基本統計量とHRV指標の両方について，同じ時間幅(30秒)で算出した．しかし，HRV指標の算出では，3-5分など30秒より長い時間幅を用いる場合がある[11]．そのため，算出したHRV指標によって認知負荷の変化を正確にとらえられていなかった可能性がある．今後，算出する指標毎に適切な時間幅を用いることで，よりHRV指標の寄与値を向上させ推定性能を向上できるか検証する．

5.2.2 ソースコードメトリクス

ソースコードメトリクスを用いた主観的理解難易度推定モデルのメトリクスごとの寄与値の算出の結果，トークン数の方がサイクロマティック複雑度よりも主観的な理解難易度と関係することがわかった(図6)．実用上のプログラムでは，トークン数が多いことは主観的な理解難易度が高いことに直結しない．例えば，同じトークン数であっても，for文などの制御構文の数が多く理解の難しいプログラムの場合もあれば，1つの数値の加算式の項が多く理解の易しいプログラムの場合もある．しかし，今回用いたプログラムでは，一命令ごとのトークン数が少なく，トークン数の多さが理解の難しさに直結していた可能性がある．行単位での主観的な理解難易度とソースコードメトリクスとの関係を明確化するためには，理解対象プログラムとして，トークン数が多く理解が易しいものを追加する必要がある．

6 妥当性への脅威

検証では，訓練データと検証データを分割する際に，被験者やタスクを区別せずに分割した．実際に使用する際には，ユーザ毎に一部タスクのデータや一部ユーザのデータを訓練に用いる必要がある．そのため，今回の研究では，視線と心拍を用いて理解単位毎の主観的な理解難易度を推定できることを示せた一方で，開発現場などで活用するためには，データ分割方法を変えて検証する必要がある．

プログラム理解実験では，理解方法のみ固定し，理解難易度へ影響を与えると考えられる 3 条件 (被験者のスキル，プログラムの目的を事前通知するか否か，プログラムの複雑さ) を変化させた．理解難易度へ影響を与える条件は，被験者のスキル以外にも性格や制限時間の長さも影響すると考えられる．今後，他ケースでも利用できるか検証するため，影響を与える条件を検討し実験する必要がある．

7 関連研究

本研究では，視線と心拍を組み合わせて，関数より細かいプログラム理解単位毎の主観的な理解難易度を推定する方法を提案した．本手法について，生体信号を用いた主観的なプログラム理解難易度の推定や開発者支援に関する研究 [5] と比較する．

心拍センサは，簡便かつ安価に生体信号を計測できる機器として，主観的なプログラム理解難易度の推定に用いられている [3, 12]．研究レベルの推定技術としては，小さなコード片を対象に，複数のプログラム理解タスクにおいて，理解難易度を推定できることが示されている [12]．また，開発現場に適用し，改修個所のレビュー支援に有用であることも示されている [3]．我々は，行単位の閲覧履歴を取得したうえで，心拍数と組み合わせた算出式を提案している点が新規と考える．

アイトラッカーについても，小型な機器でプログラムの閲覧履歴を細かく取得できるほか，開発者の認知負荷に関連した瞳孔径 [13] を計測できるため，プログラム理解難易度の推定や開発者支援に用いられている．Saffer らは，アイトラッカーを用いて開発者のプログラム上の視点位置をトークン単位で取得する技術を研究しており，プログラム内のトレーサビリティの確保などに活用している [4]．

また，他の生体信号として，脳波を用いた研究も提案されている．脳波を使った研究では，理解難易度を推定できるだけではなく，熟練者と初心者の脳活動の違いを比較することで，ソフトウェア開発の熟練者ほど普通の文章を読むのと同じようにプログラムを読んでいるといった，考え方に踏み込んだ考察も行っている [14]．脳波センサは，高額でありノイズが乗りやすいため，開発現場での適用が難しいと考え，今回は活用を見送った．しかし，本研究で活用すれば，理解単位の把握の仕方や，閲覧区間毎の考え方の移り変わりといった，新たな知見を得られる可能性が高いため，今後，活用を検討する．

8 まとめ

本研究では，関数より細かい単位で主観的なプログラム理解難易度を推定するため，生体情報として視線と心拍を計測し組み合わせることで理解難易度を推定する方法を提案した．

提案手法の有効性を検証するため，プログラム理解実験を実施したところ，ソースコードメトリクスを用いるよりも，視線と心拍を組み合わせた理解難易度特徴量を用いたほうが，主観的な理解難易度をより正確に推定できた．

今後は，主観的な理解難易度の推定性能をさらに向上させるため，ソースコードメトリクスと理解難易度特徴量の両方を用いる方法での理解難易度の推定性能についても検証していく．また，脳波など視線と心拍以外の生体情報の活用についても検討する．

参考文献

[1] 栗山 進, 大平 雅雄, 門田 暁人, 松本 健一. プログラム理解度がコードレビュー達成度に及ぼす影響の分析. 電子情報通信学会技術研究報告. SS, ソフトウェアサイエンス, Vol. 104, No. 571, pp. 17–22, 2005.

[2] 中川 尊雄, 亀井 靖高, 上野 秀剛, 門田 暁人, 鵜林 尚靖, 松本 健一. 脳活動に基づくプログラム理解の困難さ測定. コンピュータ ソフトウェア, Vol. 33, No. 2, pp. 2_78–2_89, 2016.

[3] Sebastian C. Müller and Thomas Fritz. Using (bio)metrics to predict code quality online. In *Proceedings of the 38th International Conference on Software Engineering*, ICSE '16, pp. 452–463, New York, NY, USA, 2016.

[4] Drew T. Guarnera, Corey A. Bryant, Ashwin Mishra, Jonathan I. Maletic, and Bonita Sharif. iTrace: eye tracking infrastructure for development environments. In *Proceedings of the 2018 ACM Symposium on Eye Tracking Research & Applications*, ETRA '18, pp. 1–3, 2018.

[5] Barbara Weber, Thomas Fischer, and René Riedl. Brain and autonomic nervous system activity measurement in software engineering: A systematic literature review. *Journal of Systems and Software*, p. 110946, 2021.

[6] S. Solhjoo, M. C. Haigney, E. McBee, J. J. G. van Merrienboer, L. Schuwirth, Jr. Artino, A. R., A. Battista, T. A. Ratcliffe, H. D. Lee, and S. J. Durning. Heart rate and heart rate variability correlate with clinical reasoning performance and self-reported measures of cognitive load. *Sci Rep*, Vol. 9, No. 1, p. 14668, 2019.

[7] Nancy Pennington and Beatrice Grabowski. The Task of Programming. In *Psychology of Programming*, pp. 45–62. American Press.

[8] Vikki Fix, Susan Wiedenbeck, and Jean Scholtz. Mental representations of programs by novices and experts. In *Proceedings of the INTERACT '93 and CHI '93 Conference on Human Factors in Computing Systems*, CHI '93, pp. 74–79, 1993.

[9] 三輪和久, 杉江昇. 学習の初期段階における計算機プログラミングの動的過程. 人工知能, Vol. 7, No. 1, pp. 138–148, 1992.

[10] Tianqi Chen and Carlos Guestrin. Xgboost: A scalable tree boosting system. In *Proceedings of the 22nd ACM SIGKDD International Conference on Knowledge Discovery and Data Mining*, p. 785–794. Association for Computing Machinery.

[11] F. Shaffer and J. P. Ginsberg. An overview of heart rate variability metrics and norms. *Front Public Health*, Vol. 5, p. 258, 2017.

[12] Davide Fucci, Daniela Girardi, Nicole Novielli, Luigi Quaranta, and Filippo Lanubile. A replication study on code comprehension and expertise using lightweight biometric sensors. In *Proceedings of the 27th International Conference on Program Comprehension*, ICPC '19, p. 311–322. IEEE Press, 2019.

[13] Pauline van der Wel and Henk van Steenbergen. Pupil dilation as an index of effort in cognitive control tasks: A review. *Psychonomic Bulletin & Review*, Vol. 25, No. 6, pp. 2005–2015, 2018.

[14] Benjamin Floyd, Tyler Santander, and Westley Weimer. Decoding the representation of code in the brain: an fMRI study of code review and expertise. In *Proceedings of the 39th International Conference on Software Engineering*, ICSE '17, pp. 175–186, 2017.

ソースコードの難読化解除手法を活用したメソッド名の整合性評価

Consistency Assessment of Method Name Using Source Code Deobfuscation Technique

峯久 朋也 [*]　阿萬 裕久 [†]　川原 稔 [‡]

あらまし　メソッドの名前は，単なる識別子というだけでなく，当該メソッドの振舞いを表現する役割も担っている．つまり，メソッドの名前（特に先頭の単語）がその処理内容を適切に表現できているかどうかが重要であり，その判定にはソースコードの内容理解やレビューが必要になる．本論文ではメソッド名の先頭の単語に着目し，メソッド本体との整合性を自動評価する手法を提案している．具体的には，メソッドの名前をあえて隠すことで一種の難読化された状況を作り出し，Transformer をベースとした機械学習モデルによってメソッド本体から元のメソッド名を復元する手法に注目している．そして，元の名前に正しく復元できるかどうかでもって，メソッドの名前と本体の間の整合性を評価している．評価実験では，Doc2Vec, Word2Vec 及び畳込みニューラルネットワークを使った従来手法よりも高い精度で不適切な（整合性を欠いた）メソッド名を検出できることを示している．

1　はじめに

一般にメソッド（関数）は，ソフトウェアモジュールにおける 1 つの処理単位として設計・実装され，ソフトウェアシステムはそれらの組合せでもって大規模・複雑な動作を実現している．実装時には，メソッドに何らかの名前（以下，メソッド名と呼ぶ）が付けられる．メソッド名はプログラミング言語の構文上は単なる識別子であるため，どのような名前であってもそれが処理内容に影響を及ぼすことはない．しかしながら現実には，メソッド名は第三者がそのメソッドの内容を理解する上で重要な情報源となっていることが多い [1], [2]．これが不適切な名前，即ち処理内容を適切に反映していない名前になっているとソースコードの可読性を低下させてしまい，円滑な品質管理の妨げとなってしまう [3], [4]．

メソッドに対して適切な名前が付けられているかどうかを判定するには，メソッド名に適切な単語や用語が使われているか，さらには，その単語・用語で意図している内容が処理内容と合致しているかを判定しなければならない．それゆえ，ソースコードの内容についてコードレビューを行う必要がある．実際，コードレビューは問題のある（不適切な）名前を見つけ出す上で有効な作業である [5] が，そのためには複数の異なる人物にレビューを依頼したり，指摘内容について議論したりする必要があり，決して容易で低コストな作業ではない [6]．この問題を解決ないし緩和するには，メソッド名を自動的に評価する仕組みが必要となる．

不適切なメソッド名を自動検出するための既存手法として，Liu ら [7] は自然言語処理技術（Doc2Vec [8] 及び Word2Vec [9]）と機械学習技術（畳み込みニューラルネットワーク：CNN [10]）を組み合わせた手法を提案している．この手法については一定の有効性が確認されているが，高い判別精度を得るには至っておらず改善の余地があると筆者らは考える．そこで本論文では，その精度向上を目指し，自然言語処理技術と機械学習技術を応用したソースコードの難読化解除に着目し，これを活用したメソッド名評価手法を提案する．具体的には，メソッド名が隠されている

[*]Tomoya Minehisa, 愛媛大学大学院理工学研究科電子情報工学専攻

[†]Hirohisa Aman, 愛媛大学総合情報メディアセンター

[‡]Minoru Kawahara, 愛媛大学総合情報メディアセンター

という一種の難読化 [11] が行われた後の状態を想定し，それに対する難読化解除技術を利用する．そして，本来の名前に復元できるかどうかでもってメソッド名と本体の間の整合性を評価する手法を提案し，その有効性について検討する．

以下，2 節でメソッド名の整合性評価に関する話題と関連研究について述べる．続く 3 節では難読化解除技術に基づいてメソッド名の整合性評価を行うための手法を提案する．そして，4 節で提案手法の評価実験を行い，その結果について考察を行う．最後に 5 節で本論文のまとめと今後の課題について述べる．

2 メソッド名の整合性評価と関連研究

2.1 メソッド名の構成

メソッドには，それを識別するための名前が付けられる．メソッドの名前（メソッド名）は，それを記述するプログラミング言語の文法に従っていれば何であってもよい．しかしながら，メソッドは何らかの処理を行うためのものであるため，現実にはその内容を反映した名前であることが望ましい [2], [4].

内容をメソッド名として適切に表現するため，英単語（またはその省略形）を使うというのはどのようなプログラムにおいても一般的な命名方法であるといえる．そして，複数の英単語をつなげた 1 つの短い文のかたちにすることで，そのメソッドの処理内容や戻り値に関する情報を表現することが多い．その際，動詞やキーワードを名前の先頭単語に使うことでメソッドの主たる動作を表現したり，be 動詞や助動詞を使って疑問文のかたちにして戻り値が論理値であることを表現したりする．

メソッド名に使用する複数の単語のつなげ方には，キャメルケース（厳密には lower キャメルケース），スネークケース及びパスカルケース等がある．キャメルケースは，2 番目以降の単語の頭文字のみが大文字になっている記法であり，Java ではこの記法に従った命名が一般的である．スネークケースは，全て小文字で記述し，単語と単語の間にはアンダースコアを挿入する記法であり，C や Python でよく使われている．パスカルケースは，キャメルケースと似ているが先頭の単語も大文字から始めるという記法であり，C# といった言語で使用されることが多い．

2.2 メソッド名と内容の整合性

上述したように，メソッド名はそのメソッドの内容を適切に表現したものであることが望ましい．一方，メソッドの内容を適切に表現できていない状態のことをネーミングバグという．Høst と Østvold [12] によって指摘されているネーミングバグの一例を図 1 に示す．図 1 に示したメソッド `isCaching` は，Apache Ant (ver.1.7.0) で見つかったネーミングバグである．このメソッド名は疑問文のかたちになっており，その疑問に対する答え（true または false）を戻り値として返すことが期待される名前である．しかしながらその実体は，引数として与えられた論理値を `caching` という変数に代入するものとなっていて名前との間に整合性がない．このメソッド名はキャメルケースに従って英単語をつなげた名前であり，なおかつ，先頭の単語は動詞になっている．つまり，“名前の構成としては適切なメソッド名のように見える” が，メソッドの中身まで見るとその不適切さに気が付くことになる．

ここで，上述したメソッド名と内容の整合性に関して 2 通りの解釈が可能であることに注意されたい．1 つは，メソッドの内容は正しいが，メソッド名がそれを適切に反映できていないという考え方である．これに対してもう 1 つは，メソッド名

```
public void isCaching(boolean value){
    this.caching = value;
}
```

図 1 不適切なメソッド名の例（Ant 1.7.0）

は適切であるが，その内容が誤っているという解釈である．当該メソッドの開発者でない限り，ソースコードを見ただけではどちらの解釈が正しいのかを断言するのは難しい．それゆえ，本論文での“メソッド名が適切かどうか”という議論は，厳密には“メソッド名と内容に整合性があるか”という議論になる．

2.3 整合性の自動評価

自然言語処理技術と機械学習技術を組み合わせたメソッド名の自動評価法としてLiu ら [7] は Doc2Vec，Word2Vec 及び CNN を用いた方法を提案している．以下ではその概要について説明する [1]．

いくつかのメソッドが与えられたとき，各メソッドの名前とメソッド内容を分割し，それぞれに対して別々にベクトル化手法を適用してそれぞれを多次元ベクトルのかたちで表現する（図 2）：

(1-1) **メソッド名のベクトル化**：
メソッド名をキャメルケースやスネークケースに従ってトークンに分割し，それぞれを小文字に揃えた上で短い文のかたちに変換する．そして，これに対して Doc2Vec を使ったベクトル化を行う．

(1-2) **メソッド本体のベクトル化**：
メソッド本体については，その内容を単なるトークン列と見なすのではなく，いったん抽象構文木（AST）解析を行うことで構文情報もトークン列に反映させる．具体的には，各トークンについて AST での親ノードに注目し，その AST ノードの名称（構文情報）も新たなトークンとして元のトークン列に挿入する．なお，変数名といった識別子や文字列といったリテラルはそのまま使うのではなく，その型名や種類名に応じたトークンに置き換える．また，括弧類や区切り文字は無視される．例えば，“`return x;`”という命令の場合，`x` が boolean 型であったとすると“`returnStatement return VariableName booleanVar`”というトークン列に置き換えられ，これがベクトル化の対象となる．Liu らは，これをベクトル化するために Word2Vec と CNN を利用している．

□

上述のベクトル化を多数のメソッドに対して実施することで，メソッドの名前と内容それぞれに関する多数のベクトルをデータセット（ベクトル空間）として用意できる．次に，評価対象（整合性の有無を評価したい）メソッド m に対しても同様のベクトル化を施し，以下の手順でそのメソッドの名前について評価を行う：

(2-1) **名前の類似したメソッドの探索（名前のみに注目）**：
メソッド m の名前のベクトルと類似した他のベクトルをデータセット（名前のベクトル空間）から探索する．つまり，これらは m と似た名前のメソッドに相当する．ただし，メソッドの内容は見ていない．

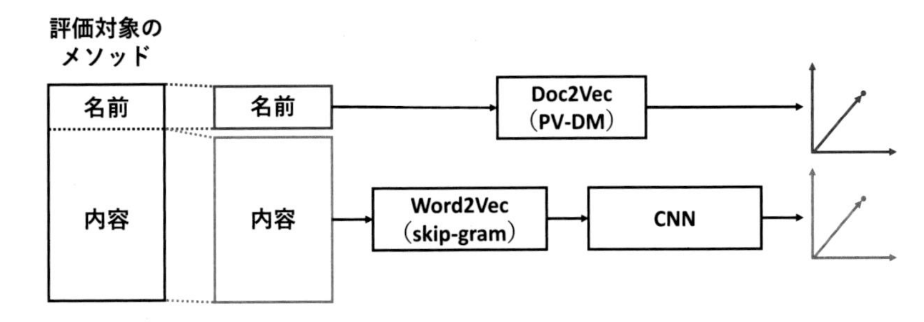

図 2　メソッドの名前と内容のベクトル化

[1] 文献 [7] では，メソッド名の整合性評価とともに適切なメソッド名の提案についても検討しているが，ここでは整合性評価の部分にのみ着目する．

(2-2) **本体の類似したメソッドの探索（本体の内容のみに注目）：**
メソッド m の本体のベクトルと類似した他のベクトルをデータセット（内容のベクトル空間）から探索する．つまり，これらは m と類似した本体を持ったメソッドに相当する．ただし，メソッドの名前は見ていない．

(2-3) **類似メソッドの照合**（図 3）：
上の 2 つの手順によって見つかった 2 種類の類似メソッド集合の中で "同じメソッド名が登場するかどうか" に注目する．ただし，ここではメソッド名として先頭の単語のみに着目する．Liu らは，メソッド m の名前が適切である（名前と内容が整合している）ならば，"類似した内容を持つ" 他のメソッドは名前も類似するはずであるという考えの下でメソッド名評価を行っている．逆に，共通の名前を持つメソッドが見つからなければ，m の内容に類似したメソッド集合の中には，m と同じか類似した名前のメソッドが見当たらなかったことになる．よって，m の名前はその内容と整合していないことが疑われる．

□

以上が Liu らによって提案されているメソッド名の評価手法である．しかしながら，この手法は計算コストが高く，処理に長い時間を要してしまうという課題もあった．そこで Minehisa ら [13] は，上述した Word2Vec と CNN の組合せとは別のベクトル化手法でこれを代替することを考え，評価実験を通じて Sent2Vec [14] が実用的かつ軽量な代替手法であることを報告している．

2.4 難読化の解除

近年，自然言語処理の分野では，Bert [15]，RoBERTa [16]，XLM [17]，XLNet [18] といった Transformer [19] をベースとしたモデルが自然言語文の理解や分類といった場面で活用されている．これらのモデルでは，文中の一部の単語をマスキングして隠しておき，その隠された部分を予測するようにモデルをトレーニングするというアプローチをとっている．これを Masked Language Modeling(MLM) という．同様のモデルをソースコードに対して適用することも可能ではあるが，ソースコードには自然言語とは異なる特徴があり，必ずしもそのまま上記のモデルを活用することが適切であるとは限らない．例えば，ソースコードには予約語や構文に関連する記号（while, if, =, ; など），変数名などの識別子並びに数値などのリテラルが含まれるが，それらが等しくソースコードの理解に役立つわけではない．一般に，識別子はそのソースコードの内容を理解する上で重要な働きを担うことから，これに注目した MLM を導入する方がより適切であるという考え方がある．この考え方に基づいて Roziére らは DOBF [20] というアプローチを提案している．

DOBF は，識別子のマスキングを一種の難読化ととらえ，プログラムの構造的側面を活用しつつ，難読化されたソースコードを元のかたちに戻そうとするものである．なお，ここではソースコード中の識別子をあえて意味のない別名に書き換えて

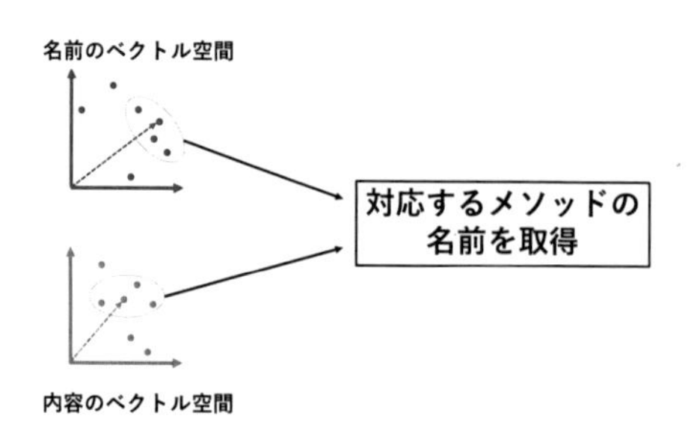

図 3　ベクトルの類似性に基づいた整合性評価

読みにくくするという意味で難読化という用語を使っている[2]．DOBF では，ソースコード内に登場する各識別子に対し，同じ識別子に同じ記号を割り当てるかたちでマスキング（難読化）を行う．その際，識別子以外のトークンについてはそのままで変更しない．そして，Transformer アーキテクチャをベースとしたモデルを用いて，難読化された識別子を元に戻すようにトレーニングを行う．そうすることで DOBF は上述した MLM によるモデルよりも高い精度で識別子を復元可能であることが報告されている．

本論文では，この手法をメソッド名の評価に活用することを提案する．具体的には，メソッド名のみをマスキング（難読化）した状態でトレーニングを行い，メソッドの内容からそれを予測するというタスクを考える．詳細は次節で説明する．

3　提案手法

本節では，DOBF の考え方を用いたメソッド名の整合性評価法を提案する．これは，評価モデルのトレーニングとそれを用いた整合性評価の 2 段階で構成される．

3.1　トレーニング

まず，Java メソッドの名前がマスキングされているという状況を作り出し，DOBF の考え方に従ってメソッドの内容からこれを推定するためのモデルを構築（トレーニング）する．具体的な手順を以下に示す（図 4）：

(1-1) **メソッド名のマスキング**：
前述したように，メソッド名の先頭単語（トークン）は当該メソッドの振舞いに対応した重要な単語であることが多い．そこで本論文では（先行研究と同様に）先頭トークンのみに着目する．メソッド名全体に広げた評価については今後の課題としたい．
メソッド名をキャメルケースやスネークケースに従ってトークンに分割し，先頭のトークン（キーワード）のみを残して残りを削除する．そして，それを “<mask>” に置き換える．

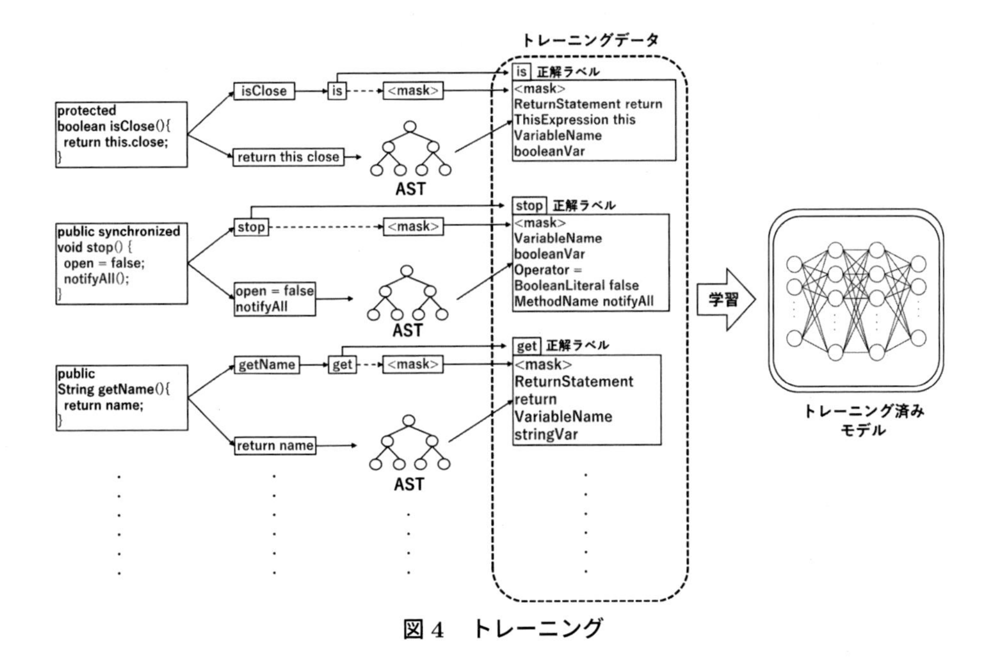

図 4　トレーニング

[2]プログラムの構造そのものを書き換えるような難読化までは踏み込んでいない．

(1-2) **メソッド本体の解析**：
メソッド本体の内容については，Liu らの手法を用いる．つまり，構造情報も加味するためにいったん AST 解析を行い，元のトークン列に AST ノード情報を加えたものをメソッドの内容として使用する．また，区切り文字や空白は削除し，変数名は“変数の型+Var”というトークンに統一する．

(1-3) **トレーニングデータの構築**：
“`<mask>`”をメソッド名の代わりにメソッド本体のトークン列の先頭に挿入し，メソッド名が難読化されたかたちのデータを用意する．これに対する教師データ（正解ラベル）として，元々のメソッド名の先頭トークンを使用する．

(1-4) **トレーニングデータを使った学習**：
以上のかたちで作成されたトークン列から元のメソッド名を復元するように Transformer を使ったモデルで学習する．

□

3.2 整合性評価

次に，学習で得られたモデルを用いて，（トレーニングデータとは別に）与えられたメソッドの名前がその内容と整合しているかどうかを判定する（図 5）：

(2-1) **メソッド名の推定**：
与えられたメソッドに対して上述のトレーニングと同様の前処理を行い，名前がマスキングされたメソッドデータを作成する．そして，そのメソッドデータをトレーニング済みのモデルに入力し，メソッド名を推定させる．

(2-2) **メソッド名の整合性評価**：
便宜上，正解ラベル（メソッド名の先頭トークン）を $name_0$，モデルによって推定された名前（先頭トークン）を $name_1$ とする．仮に，与えられたメソッドの名前がその内容に整合していないとすると，メソッドの内容から推定される名前は本来のものとは異なる可能性が高いと考えられる．そこで，次のようにして評価対象メソッドの名前の整合性を評価する．

- $name_0 = name_1$ の場合：名前と内容の間に整合性があると判断する．
- $name_0 \neq name_1$ の場合：名前と内容の間に整合性はないと判断する．

4 評価実験

4.1 目的と対象

本実験の目的は，前節で提案したメソッド名整合性評価法をさまざまなメソッドに対して適用し，その有効性を検討することである．ここでは，メソッド名が不適切

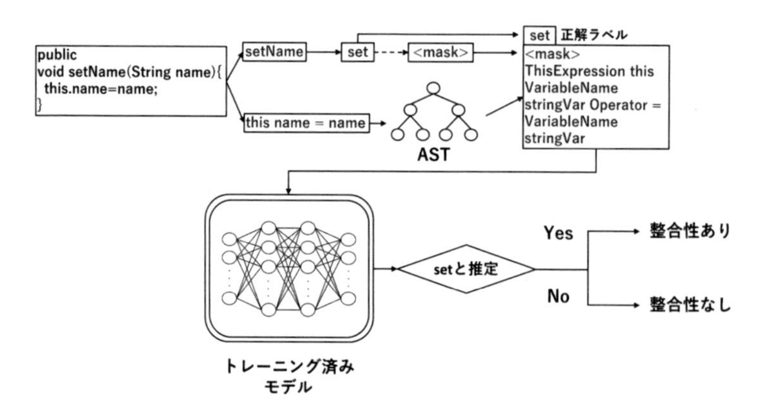

図 5 評価

な場合，即ち名前と内容の間に整合性が見られないメソッドを自動的に検出可能であるかに着目する．検出精度が先行研究と同程度かそれ以上であれば有益なメソッド名評価法として使えることとなる．

実験対象として Liu らの先行研究 [7] と同じデータセット[3]を使用する．このデータセットには，Apache，Spring，Hibernet 並びに Google といった開発コミュニティで開発・保守が行われている 430 個のオープンソースソフトウェアから収集された 2,119,218 個の Java メソッドに関するデータが収められている．これらは，トレーニングデータ（2,116,413 個）とテストデータ（2,805 個）に分割されている．テストデータでは，それぞれメソッド名が内容と整合しているかを人手で評価した結果が正解ラベルとして与えられており，整合していないメソッドは 1,403 個，整合しているメソッドは 1,402 個となっている．

4.2 手順

本実験の手順を以下に示す．なお，本実験は表 1 に示す環境下で実施した．

(1) **データの前処理**：
トレーニングデータにおけるメソッド名に対し，3.1 節で説明したように，先頭トークンを "`<mask>`" に置き換え，それ以外のトークンを削除することで名前が難読化された状態に変換する．

(2) **モデルのトレーニング**：
Transformer アーキテクチャをベースとしたモデルを用いて，難読化されたメソッド名を元に戻すようにトレーニングを行う．モデルのパラメータは先行研究 [20] に倣い，エンコーダー・デコーダーの層の数を 6 層，アテンションヘッドの数を 8，及び隠れ状態の次元数を 1024 次元にそれぞれ設定した．なお，使用する計算機のメモリの都合上，投入するトレーニングデータはデータセットの中の先頭の 10 万個に限定せざるを得なかった．

(3) **メソッド名の整合性評価**：
3.2 節で説明したように，テストデータについても手順 (1) の前処理を行い，手順 (2) で得られたモデルを使ってメソッド名の推定を行う．そして，モデルによって推定されたメソッド名と元のメソッド名が等しければ "整合性あり" と判定し，等しくなければ "整合性無し" と判定する．

4.3 結果

実験で得られた結果を表 2 に示す．同表では比較のため，Liu らによる手法 [7]（Doc2Vec，Word2Vec 及び CNN を使用：従来手法 1）と Minehisa らによる代替手法 [13]（Doc2Vec 及び Sent2Vec を使用：従来手法 2）による結果も示す[4]．評価尺度には整合性無しと判断したものを対象とした正解率，適合率，再現率及び F 値を使用している．また，各評価尺度での最良値を太字で強調してある．

結果として，提案手法は全ての評価尺度で従来手法での精度を上回ることを確認

表 1　計算機環境

項目	内容
CPU	Intel Core i5-10400 2.90GHz
GPU	GeForce GTX 1660 Ti
メモリ	64GB
OS	Linux 5.8.0-53-generic
ライブラリ	pytorch-lightning 1.3.2

[3] https://github.com/TruX-DTF/debug-method-name/tree/master/Data より入手可能

[4] ただし，従来手法の結果は文献 [13] から引用したものであり，データセット中の全てのトレーニングデータ（約 210 万個）を使用している．

表 2　実験結果

	評価尺度			
	正解率	適合率	再現率	F 値
提案手法	**0.582**	**0.551**	**0.884**	**0.679**
従来手法 1	0.547	0.529	0.851	0.653
従来手法 2	0.540	0.525	0.840	0.646

できた．提案手法は従来手法とは異なり，データセット中のトレーニングデータの一部（約 210 万個のうちの 10 万個のみ；5% 未満）しか利用できなかったため断言するのは難しいが，テストデータに対して（不適切なメソッド名の）より高い検出精度を実現できていると考えられる．

4.4　考察

本実験では，難読化解除の考え方をメソッド名の整合性評価に適用し，評価実験を行った．その結果，不適切な（内容との整合性を欠いた）メソッド名を検出するというタスクに関し，正解率，適合率，再現率及び F 値の全てにおいて従来手法を上回る結果となることを確認できた．つまり，一般にトレードオフになりやすい適合率と再現率について，いずれか一方を犠牲にして精度向上がなされたわけではなく，全面的に検出能力が向上している．近年，自然言語処理のさまざまな分野で Transformer は既存のモデルを上回る評価値を記録しているが，この種のアプローチは難読化解除の考え方を用いることでソースコードの解析に対しても有効であることを示す 1 つの結果であると考えられる．

次に，提案手法による評価結果についてより詳しく見るため，テストデータに対する評価結果を混同行列のかたちで表 3 に示す[5]．また，TP, FP, FN 及び TN に該当した代表的な名前とその件数を表 4 に示す．なお，表中の名前はいずれもモデルが推定した名前（先頭の単語）である．表 4 では “get” 及び “is” という名前が多く登場している．つまり，これらは学習モデルが適切に判別できるケース（TP 及び TN）が多い一方，誤判別したケース（FP 及び FN）も多いということである．実際，このような名前のメソッドはトレーニングデータでも最も多く登場しており，そのことがモデルに影響を与えた可能性は否定できない．そこで，TP, FP, FN 及び TN の全てにおいて出現頻度の高かった 6 つの名前（“get”, “is”, “set”, “add”, “create”, “to”）に着目し，それら 6 つとその他に分けるかたちで両者の判別精度（F 値）の比較を行った．結果を表 5 に示す．表 5 より，出現頻度の高い名前に限定すると全体よりも高い F 値でもってメソッド名の判別を行えているが，その他の名前についても精度が大きく低下しているとはいえない結果となった．つまり，提案

表 3　混同行列

		提案モデルによる判定	
		不適切な名前	適切な名前
正解ラベル	不適切な名前	(TP) 1,233	(FN) 170
	適切な名前	(FP) 993	(TN) 409

表 4　代表的な名前とその件数

分類	代表的な名前（件数）				
TP	get (352)	is (248)	create (94)	check (69)	set (36)
FP	is (225)	get (173)	create (72)	check (71)	to (38)
FN	get (64)	is (46)	set (12)	close (5)	to (5)
TN	get (225)	is (81)	set (29)	add (14)	create (11)

[5]表中の TP, FP, FN 及び TN はそれぞれ真陽性，偽陽性，偽陰性及び真陰性を意味する．

手法は必ずしも出現頻度が高い名前にのみ有効というわけではなく，その他の比較的マイナーな名前に対しても一定の有効性を有していると考えられる．後者の名前に対してもより高い判別精度を得るには，前者の名前と同様により多くのデータを用意してトレーニングすることが必要ではないかと思われる．今回は計算機メモリの制約の都合により，一部のメソッド名データしかトレーニングに利用できなかったが，データに偏りが出ないように工夫して学習させるといったことも有効ではないかと考えられる．

また別の視点から見た結果として，FP と判定されたメソッド名の中に名前が“`boolean`”で始まるものが見られた．これに対して提案モデルは“`is`”を推定しており，それゆえこのメソッド名を誤って不適切な名前と判定してしまっていた．この場合，どちらも論理値を返すという趣旨では一致しているため，提案モデルの推定はあながち間違いであるともいえない．これについては，単に一致・不一致でもって正解・不正解を判定するのではなく，その基準についてもさらに工夫をこらすことでより現実的な評価が可能になるのではないかと考えられる．例えば，単語の類似性を評価するといった工夫が考えられ，これについては今後の課題としたい．

また，今回の実験では提案手法の計算コストが問題となった．計算機メモリの都合上，データセットの数を 10 万個まで減らさざるを得なかったと述べたが，それでもモデルのトレーニングに数日間を要してしまった．この問題を克服するにはハードウェアを増強することやトレーニングデータの取捨選択，ハイパーパラメータの設定等についてさらなる検討が必要であり，今後の課題としたい．

4.5 妥当性への脅威

本実験では，オープンソースソフトウェアとして公開されている多数の Java メソッドをモデルのトレーニングに使用した．しかしながら，トレーニングデータそのものに不適切な名前を持つメソッドが含まれていた可能性は否定できない．したがって，そのような不適切なメソッドが学習に使われてしまい，結果として判定に悪影響を与えていた恐れがある．これについては，異常値検出・除去といった処理を施すことで対応することを今後検討していきたい．

今回の実験では，モデル構築時のハイパーパラメータを先行研究に倣って設定したが，これが最適なものであったかどうかは定かではない．パラメータを変更することで精度をより向上させることができた可能性もある．ただし，ハイパーパラメータの妥当な調整というのは決して容易な作業ではないため，自動機械学習といった関連する技術も参考にしつつ，これについてさらなる検討を行う必要がある．

5 まとめと今後の課題

本論文では，メソッドに与えられた名前（先頭の単語）とその本体の整合性に着目し，それを自動的に評価する手法の提案を行った．具体的には，Transformer をベースとした機械学習モデルを使ったソースコードの難読化解除技術に着目し，名前が難読化されたメソッドから元の名前を復元することを考えた．多数の Java メソッドを対象とした評価実験を行ったところ，提案手法は従来手法を上回る精度でもって不適切な（整合性を欠いた）名前のメソッドを自動検出可能であることを確認できた．今後の課題として，検出能力と処理速度のさらなる向上，並びに評価方法の洗練化が挙げられる．また，本手法ではメソッド名の先頭単語にのみ着目しており，これをメソッド名全体に拡張した手法の検討も重要な課題である．

表 5 出現頻度の高い名前のみとその他の名前に分割したときの判別精度

	F 値
出現頻度の高い名前	0.691
その他の名前	0.656

謝辞 本研究の一部は JSPS 科研費 20H04184, 21K11831, 21K11833 の助成を受けたものです.

参考文献

[1] Ben Liblit, Andrew Begel, and Eve Sweetser. Cognitive perspectives on the role of naming in computer programs. In *Proc. 18th Annual Psychology of Programming Workshop*, pp. 53–67, Sept. 2006.

[2] Robert C. Martin. *Clean Code: A Handbook of Agile Software Craftsmanship*. Prentice Hall, Boston, MA, 2008.

[3] Florian Deissenboeck and Markus Pizka. Concise and consistent naming. *Softw. Quality J.*, Vol. 14, No. 3, pp. 261–282, Sept. 2006.

[4] Dustin Boswell and Trevor Foucher. *The Art of Readable Code: Simple and Practical Techniques for Writing Better Code*. Oreilly & Associates, Sebastopol, CA, 2011.

[5] Miltiadis Allamanis, Earl T. Barr, Christian Bird, and Charles Sutton. Learning natural coding conventions. In *Proc. 22nd ACM SIGSOFT Int. Symp. Foundations of Softw. Eng.*, pp. 281–293, Nov. 2014.

[6] Peter Rigby, Brendan Cleary, Frederic Painchaud, Margaret-Anne Storey, and Daniel German. Contemporary peer review in action: Lessons from open source development. *IEEE Softw.*, Vol. 29, No. 6, pp. 56–61, November 2012.

[7] Kui Liu, Dongsun Kim, Tegawendé F. Bissyandé, Tae-young Kim, Kisub Kim, Anil Koyuncu, Suntae Kim, and Yves Le Traon. Learning to spot and refactor inconsistent method names. In *Proc. 41st Int. Conf. Softw. Eng.*, pp. 1–12, May 2019.

[8] Quoc V. Le and Tomas Mikolov. Distributed representations of sentences and documents. In *Proc. 31st Int. Conf. Machine Learning*, pp. 1188–1196, 2014.

[9] Tomas Mikolov, Kai Chen, Greg S. Corrado, and Jeffrey Dean. Efficient estimation of word representations in vector space. *arXiv*, Vol. 1301.3781, 2013.

[10] Masakazu Matsugu, Katsuhiko Mori, Yusuke Mitari, and Yuji Kaneda. Subject independent facial expression recognition with robust face detection using a convolutional neural network. *Neural Networks*, Vol. 16, No. 5, pp. 555–559, 2003.

[11] Christian Collberg, Clark Thomborson, and Douglas Low. A taxonomy of obfuscating transformations. techreport 148, Department of Computer Science, University of Auckland, January 1997.

[12] Einar W. Høst and Bjarte M. Østvold. Debugging method names. In Sophia Drossopoulou, editor, *ECOOP 2009 — Object-Oriented Programming*, Vol. 5653 of *Lecture Notes in Computer Science*, pp. 294–317, Berlin, Heidelberg, July 2009. Springer.

[13] Tomoya Minehisa, Hirohisa Aman, Tomoyuki Yokogawa, and Minoru Kawahara. A comparative study of vectorization approaches for detecting inconsistent method names. In *Computer and Information Science 2021—Summer*, Vol. 985,pp. 125–144. Springer, June 2021.

[14] Matteo Pagliardini, Prakhar Gupta, and Martin Jaggi. Unsupervised learning of sentence embeddings using compositional n-gram features. In *Proc. Conf. the North American Chapter of the Association for Computational Linguistics: Human Language Technologies*, Vol. 1, pp. 528–540, June 2018.

[15] Jacob Devlin, Ming-Wei Chang, Kenton Lee, and Kristina Toutanova. BERT: pre-training of deep bidirectional transformers for language understanding. *CoRR*, Vol. abs/1810.04805, 2018.

[16] Yinhan Liu, Myle Ott, Naman Goyal, Jingfei Du, Mandar Joshi, Danqi Chen, Omer Levy, Mike Lewis, Luke Zettlemoyer, and Veselin Stoyanov. Roberta: A robustly optimized BERT pretraining approach. *CoRR*, Vol. abs/1907.11692, 2019.

[17] Guillaume Lample and Alexis Conneau. Cross-lingual language model pretraining. *CoRR*, Vol. abs/1901.07291, 2019.

[18] Zhilin Yang, Zihang Dai, Yiming Yang, Jaime G. Carbonell, Ruslan Salakhutdinov, and Quoc V. Le. Xlnet: Generalized autoregressive pretraining for language understanding. *CoRR*, Vol. abs/1906.08237, 2019.

[19] Ashish Vaswani, Noam Shazeer, Niki Parmar, Jakob Uszkoreit, Llion Jones, Aidan N Gomez, Ł ukasz Kaiser, and Illia Polosukhin. Attention is all you need. In *Advances in Neural Information Processing Systems*, Vol. 30. Curran Associates, Inc., 2017.

[20] Baptiste Rozière, Marie-Anne Lachaux, Marc Szafraniec, and Guillaume Lample. DOBF: A deobfuscation pre-training objective for programming languages. *CoRR*, Vol. abs/2102.07492, 2021.

ユーザーレビューにおける地域・アプリケーション固有の苦情傾向に関する調査

Analysis of Regional and Application-Specific Complaint Trends in User Reviews

横森 励士 * **吉田 則裕** † **野呂 昌満** ‡ **井上 克郎** §

あらまし 本研究では英国向けの無料アプリケーション（以下，アプリ）におけるレビュー内の苦情を分類し，日本，北米向けアプリにおける苦情の分類結果と比較する．さらに，日・米・英三地域で展開しているアプリについても同様に，各評価帯での苦情の中身を分類し，アプリ固有，地域固有の苦情傾向や，共通の苦情傾向を調査した．レビューにおける苦情を保守活動や，他地域への展開にどう活用できるかを考察する．

1 はじめに

スマートフォンアプリケーション（以下，アプリ）は，一般的にアプリストアを通じて配布される．ユーザーから投稿されたレビューは星評価とコメントで構成され，商品の長所・短所，不具合，使った際の所感，使い勝手，要望が報告される．レビューは利用者の評価点と不満点を網羅した，開発の方向性の決定において重要な情報と考えられる．我々は，Khalid らの実験 [1] を参考に， [3] において，日本向け，北米向けの無料アプリでのレビューの苦情の内容を分類した．苦情の傾向として，『低評価のレビューは,「機能エラー」や,「機能要求」に関する苦情が多く，起きている問題の確認に利用できる.』や,『中・高評価には,「機能要求」に関するものが多く，提言となる情報を含む.』などの共通点と,『北米のユーザーは意見を具体的にコメントに残し，理由を明確に示している.』という二地域間の相違点が確認できた．ただし，各地域では別のアプリを選出しており，選択アプリの違いによる苦情の傾向の違いを把握しておらず，他の地域の傾向も調査していない．

本研究では，これらの課題について二つの実験を行った．最初の実験では，英国向けの無料アプリを対象として，過去の研究 [3] と同様の調査を行い，苦情内容を分類した．地域ごとの相違点や三地域で共通してみられる傾向を調査する．二つ目の実験では，日英米三地域で配布されているアプリを対象に，地域ごとに各評価帯でのレビューの苦情の中身を分類した．最初の実験の結果と比較しながら，アプリ固有，地域固有，共通の苦情傾向がわかると考えた．これらの実験を通じ，以下の

1. 『レビューにおける苦情の傾向には，地域によらない共通点が存在するか？』
2. 『中央値を用いて苦情傾向をみる場合，どのような特徴があると言えるか？』
3. 『前回の研究でわかった日米間の相違点はどのように解釈すべきか？』
4. 『アプリケーション固有や地域固有の苦情はどのような 傾向であったか？』

というリサーチクエスチョンに関して考察した結果を紹介し，知見を保守活動や，他地域に展開する際などにどう活用できるかを考察する．本論文について，以下の事柄を示したことが，今回の研究の貢献であると考えている．

- 実際のアプリの苦情の分類において現れる，一般的な性質．
- 全体傾向との比較に基づく，アプリや地域固有の苦情傾向や評価傾向の地域差．
- 保守活動や，他地域への展開に，結果をどう活用できるかの考察．

*Reishi Yokomori, 南山大学 理工学部
†Norihiro Yoshida, 名古屋大学 大学院情報学研究科
‡Masami Noro, 南山大学 理工学部
§Katsuro Inoue, 大阪大学 大学院情報科学研究科

2 スマートフォンアプリにおけるユーザーレビューの分析について

Leonard Hoon ら [2] は App Store の 17,330 のアプリから 870 万件のレビューを入手し，使われている単語をすべて抽出し，評価との関連を調査した．否定的な意味を表現するために使用される言葉のレパートリーは，肯定的な感情が表現される場合のそれよりも有意に高いことがわかった．Khalid ら [1] は，アプリの苦情レビューの中身を分類することで，ユーザーの苦情内容を分析した． [1] では，北米市場向け無料 iOS アプリを対象として，星 1〜2 の低評価ユーザーレビューを抽出し，表 1 で示す 12 種類の苦情を表現するタグを付与し，星 1〜2 の低評価レビューの中でどのような苦情が多いか，星 1 の割合が高くなる苦情の種類を調査した．最も多く発生する苦情は「機能エラー」「機能要求」「強制終了」で，星 1 がつきやすい項目は「プライバシーと倫理」「隠されたコスト」だった．

表 1　Khalid らの分析における苦情分類時のタグ一覧 【 [1] p.74，表 2 を引用・意訳】

苦情タイプ	苦情の詳細	レビュー例
強制終了	アプリが強制終了する	起動後，すぐに落ちる
互換性	特定のデバイスや OS で問題がある	ipod touch で半分見れない
機能削除	特定の機能が台無しにしている	素晴らしいが広告を外して
機能要求	良評価には機能追加の必要がある	アラートの設定機能がない
機能エラー	アプリ固有の問題に言及している	アプリを開かないと通知しない
隠されたコスト	全ての経験には追加コストが必要	コインの購入を強いてくる
インターフェース設計	デザイン，制御，映像での不満	操作方法がわかりづらい
ネットワーク問題	つながらない，応答速度が遅い	サーバーにつながらない
プライバシーと倫理	プライバシーの侵害や反倫理的な内容	あなたとの接触が目的のアプリ
アプリが応答しない	入力の応答が遅い，全体的に遅い	スクロールが遅くなった
魅力のない内容	コンテンツが魅力的ではない	退屈でつまらないゲーム
重いリソース	バッテリーまたは容量を消費する	常時 GPS を使い電池を消費する
特定できない	ただアプリが悪いと言っている	正直にいって最悪のアプリ

我々は，過去の研究 [3] で，Khalid らの手順を参考に，日本のアプリに対してレビューの分類を行った．共通点から世界的に成り立つこと，相違点から日本固有の特徴が得られると考え，他地域向けアプリの開発において有益な提言ができると考えた．実験では，中高評価でも提言として苦情が存在すると考え，低中高の各評価帯での分析を行った．結果（表 2），低評価帯で最も多い苦情は「機能エラー」に関することで， [1] と同じ傾向であった． [1] との相違点として，北米では「機能エラー」に次いで「機能要求」が多かったのに対し，日本では「魅力がない」などの直接改善にはつながらない提言が多かった．中，高評価レビューには「機能要求」が多く存在し，提言を得るために見る価値があると結論付けた． [3] ではさらに，米国のアプリでも同じ傾向がみられるかを調査した．その結果（表 2），低評価レビューは [1] とほぼ同じ傾向を示し，中高評価レビューで日本よりも「機能要求」が多く存在し，高評価レビューに提言がより多く存在していた。

3 実験 1:英国市場向けアプリにおける苦情の出現頻度の調査

実験 1 では，英国向けの無料アプリを対象として，ジャンル数や評価帯毎のアプリ数などの条件をできる限りそろえた上で，過去の研究 [3] と同様の調査を行い，苦情内容を分類した． [3] における共通点があらわれるか，日英米で比較したときの相違点は何かを調査する．英国を選択した理由は，日米以外の市場の中で最も大きいからであるが，日本，北米に次いで大きい市場でも入手できたレビューの件数はそれほど多くない．それ以下の市場では，条件をそろえた分析が困難であった．

以下の手順でユーザーレビューを分類する．過去の研究 [1] と同じ実験手順である．

表 2　レビュー各評価帯での苦情の出現頻度（中央値（平均）英国のみ）【日米は [3] より】

苦情タイプ	日本 [3] 星 1,2	日本 [3] 星 3	日本 [3] 星 4,5	米国 [3] 星 1,2	米国 [3] 星 3	米国 [3] 星 4,5	英国 星 1,2	英国 星 3	英国 星 4,5
機能エラー	31.7	22.4	15.3	29.9	30.6	22.0	38.9(36.5)	27.4(31.7)	38.2(42.0)
応答しない	11.5	1.4	0.7	4.7	2.2	1.9	6.8 (9.0)	0(3.4)	0(4.0)
魅力のない内容	7.8	0.7	0	2.4	0	0	1.7 (2.7)	0(1.0)	0(0)
インターフェース	7.2	7.0	6.1	4.1	4.9	2.3	3.3 (6.3)	5.2(11.5)	0(6.2)
強制終了	5.8	6.3	4.5	7.1	5.2	0	9.4 (10.1)	0(9.5)	0.9(7.8)
機能削除	5.3	4.4	4.8	1.9	2.4	2.7	0(1.3)	0(1.5)	0(3.9)
機能要求	4.7	24.9	37.6	11.9	29.7	50.5	7.3 (8.1)	21.1(24.9)	25.5(29.6)
プライバシーと倫理	1.3	0.6	0.4	2.8	0	0	3.9 (4.5)	0(0.6)	0(0.5)
ネットワーク問題	1.0	2.8	1.3	2.3	0	0	0.7 (2.6)	0(3.4)	0(0.8)
互換性	0.8	4.0	3.4	1.9	0	0	1.3 (2.7)	0(2.0)	0(4.5)
重いリソース	0.6	1.2	0.8	1.4	1.8	0	0.5 (2.4)	0(2.9)	0(3.6)
隠されたコスト	0	0	0	0.8	0	0	0.4 (2.7)	0(1.3)	0(0.4)
特定できない	5.6	1.8	3.4	3.4	1.1	0	9.5 (10.1)	2.4(6.4)	0(1.5)

1. 表 3 の 20 アプリについて一定期間（2019 年 7 月～9 月），レビューを取得する．
2. 各レビューから，投稿日，id，タイトル，星評価，コメントを抽出する．
3. 信頼水準 95 %，信頼区間 5 %で抽出レビュー件数を決定し，無作為に抽出する．
4. レビュー毎にどの種類の苦情か分類する．タグ付けを行った結果，表 1 に示す 12 種類のタグが付与された．複数タグが付与される場合も存在した．
5. 評価帯毎に苦情の出現頻度を求める．苦情の出現頻度は，苦情数をその評価帯で苦情を含むレビュー数で割った値（占有率）とし，中央値で評価する．

表 3 の 20 アプリに対し，レビューにおける評価帯ごとの苦情の出現率を調査したところ，表 4 の結果になった．ほぼ全ての低評価レビュー，大部分の中評価レビュー，一部の高評価レビューに苦情が含まれた．英国市場向けの場合，中評価でより多くのレビューで苦情が含まれた一方で，高評価では他地域ほど苦情が含まれていなかった．改善すべき点がある場合には高い評価をつけない傾向があるかもしれない．

表 3　英国市場向けのアプリとして選択したアプリケーション

アプリ名	星	レビュー数	アプリ名	星	レビュー数
Gmail-Email by Google	4.7	168	Messenger	4.4	522
Facebook	3.4	494	Instagram	4.8	539
Youtube	4.8	406	Vbox7.com	2.1	95
Sniper 3D: Shooting Battle	4.8	213	Candy Crush Saga	4.8	220
Booking.com Travel Deals	4.9	465	Clash Royale	4.6	213
SofiaTraffic	1.3	133	Shazam	4.9	242
BulsatcomTV	2.2	253	Sportal.bg	1.3	170
Facebook Pages Manager	2.2	105	mobile.bg	2.1	130
My Fibank	3.7	126	Bulbank Mobile	4.0	245
Queen ‘ s	2.3	90	MyTelenor Bulgaria	3.9	184

表 4　レビューにおける苦情の出現割合

	星 1，2	星 3	星 4，5	計
日本市場向け [3]	1 (3843/3843)	0.85(603/713)	0.37(834/2267)	0.77(5280/6823)
北米市場向け [3]	0.99 (3288/3289)	0.97(638/656)	0.42(766/1845)	0.81(4692/5790)
英国市場向け	0.99 (1408/1410)	0.99(256/258)	0.25(463/1834)	0.61(2127/3502)

次に，表 2 に，評価帯ごとの各苦情タイプの占有率の中央値と，() 内に平均値を示す．三地域とも低評価における占有率の基本的な傾向は同じである．低評価レビューでは,「機能エラー」「機能要求」「強制終了」といった苦情が多く，上位の順位はほぼ同じであった．2012 年にレビューを入手した [1] で 10 位の「応答しない」の順位が上がり，アプリに起因する問題として安定性が重視されていることも分かる．

高評価になるほど,「機能要求」や「機能削除」の割合が高くなる傾向はみられるが，日本や米国の場合ほど割合は上昇しなかった．高評価で占有率が一番高い苦情は，英国では「機能要求」でなく「機能エラー」で，日本や米国の場合ほど提言に熱心でないことが推測される．その反面，インターフェースに関する苦情は日本や米国と同程度以上に存在している．中央値が平均値より低く，一部のアプリにおいて「インターフェース設計」が重視されていた．

4　実験 2:三地域で同一アプリを対象とした場合の苦情の出現頻度の調査

実験 2 では，日英米三地域で共通して配布されているアプリを対象に，地域ごとに低・中・高評価におけるユーザーレビューの苦情の中身を分類した．同時期に公開されているアプリはほぼ同一の内容であると仮定し，三地域の星評価の平均が 4.0 以上の高評価アプリと，それ以下の低・中評価のアプリを 3 つずつ選出し，2020 年 6 月〜8 月の 3 か月間レビューを取得した．実験 1 と同じ手順で分類を行い，実験 1 の結果とも比較することで，全体的に共通な苦情の傾向に加えて，アプリ固有の苦情の傾向，地域固有の苦情の傾向などがわかると考えた．

4.1　苦情の分類結果（PINTEREST 星評価（日：4.6，米：4.8，英：4.7））

本稿では PINTEREST における分類結果を表 5 で紹介し，その他は結果を要約したものを紹介する．低評価帯で「機能エラー」「機能要求」が多い点，中・高評価帯で「機能要求」が多い点といった，今までと同様の共通点が確認できた.「機能要求」では「写真の並べ替え機能」や「保存機能」を求める意見が多かった．

PINTEREST 固有の事情として,「応答しない」「強制終了」「機能削除」などが多かった.「広告の削除」を求める「機能削除」が低評価で多かった.「応答しない」「強制終了」への反応は地域で異なり，米国の高評価帯ではその点の指摘より「機能要求」を求めるレビューが多く，英国も似た傾向を示した．日本では高評価であってもこの点に言及したレビューが多く，動作の安定性が最重要視されると考えた．

表 5　PINTEREST の各評価帯での苦情出現件数

	日本			米国			英国		
苦情タイプ	星 1,2	星 3	星 4,5	星 1,2	星 3	星 4,5	星 1,2	星 3	星 4,5
機能エラー	38	9	11	52	28	28	28	10	10
応答しない	63	15	29	31	10	13	31	19	12
魅力のない内容	1	0	0	8	3	1	2	1	0
インターフェース	20	5	6	21	9	5	10	4	5
強制終了	48	30	36	3	2	3	43	2	8
機能削除	23	6	9	63	22	21	23	10	23
機能要求	35	25	30	78	42	64	36	26	29
プライバシーと倫理	7	0	1	6	2	5	0	0	1
ネットワーク問題	3	0	0	3	0	0	3	0	2
互換性	17	2	10	9	11	10	14	1	0
重いリソース	0	2	0	0	1	1	1	2	0
隠されたコスト	0	0	0	0	0	0	1	0	0
特定できない	8	2	5	25	4	36	7	1	14
苦情件数	263	96	137	299	134	187	199	76	107

以下，残りの5アプリに対して，苦情の傾向を要約したものを紹介する．

4.1.1 Super Mario run の要約： 星評価（日：3.1，米：3.6，英：4.7）

3カ国ともに低評価帯で「アプリ内課金なしで先に進めない」など,「隠されたコスト」についての提言が多かった．米国では高評価帯に「機能要求」の意見が多く見られ,「十字ボタンをつけてほしい」という意見が多く見られた．日英の高評価帯では,「機能要求」,「隠されたコスト」の意見の割合が高かった．

4.1.2 Netflix の要約：星評価（日：3.0，米：4.1，英：4.1）

3カ国ともに「機能要求」「機能エラー」が上位を占め,「ジャンル検索」や「履歴」に関する機能の追加要望が多かった．米国では「プライバシーと倫理」に該当する,「CUTIES」という映画の紹介における性的な表現についての苦情が多く見られた．一方，日英では「プライバシーと倫理」についてのレビューは少なかった．

4.1.3 Amazon Prime Now の要約：星評価（日：2.5，米：3.2，英：3.0）w

3カ国ともに各評価帯で「機能要求」が上位を占め,「機能エラー」「アプリケーションが応答しない」が多かった.「利用可能エリア拡大」といった提供サービスの改善を要求するレビューが多かった.「隠されたコスト」という課金アプリ特有の苦情は日英において各評価帯で見られたが，米国では低評価帯でのみ見受けられた．

4.1.4 Twitter の要約：星評価（日：4.3，米：4.7，英：4.7）

日英共に低中評価帯では,「機能要求」や「機能エラー」が多く，高評価帯では,「機能要求」についての提言が多く見られた．日英では単に「酷い」など具体性のない提言が多かった．米国では，低中高評価帯全てで「機能要求」の意見が多く，具体的に必要な機能が書かれていた．英米での低中評価帯では，日本と比べて，黒人差別など人種差別についての「プライバシー・倫理」に関する苦情が多く存在した．

4.1.5 Mario Kart の要約：星評価（日：4.6，米：4.7，英：4.7）

3カ国ともに各評価帯で「機能エラー」や,「マップ追加」や「車カスタマイズ追加」などの「機能要求」が多かった．特に米国では高評価帯で「機能要求」が多かった．3カ国とも「ガチャの排出率が変」といった「隠されたコスト」の意見が多かった．

5 各リサーチクエスチョンについてについての考察

5.1 レビューにおける苦情の傾向には，地域によらない共通点が存在するか？

英国向けのアプリを対象とした（表2）場合も，PINTERESTの場合（表5）も，

- 低評価では,「機能エラー」に関する苦情を抱えたレビューが多く存在する．
- 高評価になるほど,「機能要求」などの提言となるレビューが増える．

という [3] でも見られた傾向を確認できた．この点は，地域によらない共通点と考えてよさそうである．低評価のレビューは実環境で問題が生じていることの観測を目的として参照し，高評価のレビューは改善の方向性決定時の参考にするといった，目的に応じて調査すべき評価帯を変えるという戦略が有効であると考える．低評価のレビューも改善の方向性を決めるための参考資料としては利用可能であるが，悪意のある低評価のコメントにまみれた中からくみ取るのは大変な作業で，開発者がモチベーションを維持するための障害になりやすいと考える．

5.2 中央値を用いて苦情傾向をみる場合，どのような特徴があると言えるか？

英国向けのアプリでの結果（表2）を見ると，中央値が0か，平均値より著しく小さい場合がみられた.「隠されたコスト」などの要素は，一部のアプリでのみ起こる事象で，関係ないアプリでは値が0となり，中央値では低い値として出た．一方で，中央値と平均値の差が小さい項目は「機能エラー」「機能要求」など全てのアプリで苦情として抽出されており，このような項目は中央値で高い値となる．一般的に統計学などで，中央値での評価は外れ値について比較的ロバストであることが知られている。この実験の場合，いくつかのアプリで偏りや工作があっても，中央値となる標本の順位が多少変わる程度で受ける影響は少ないと考える．具体的なアプ

リに対して苦情を分析する場合，全体の傾向と比較して多くみられる項目を抽出することで，個別のアプリで特に注目すべき項目が得られると考える．

5.3 前回の研究でわかった日米間の相違点はどのように解釈すべきか？

英国向けのアプリにおける苦情を分類した結果（表 2）として,「機能要求」の高評価での増加が多くなかったり，一部のアプリにおいて「インターフェース」が重視されていた，などの違いはあったが，比較的日本向けの場合（表 2）と近い穏当な分類結果が得られた．[3]（表 2）での「機能要求」に関する傾向の違いは，米国のユーザーが機能追加への提言に積極的であると解釈することが妥当であると考える．日英で「魅力がない」など漠然としたレビューが多い一方で，米国ではユーザーが持つ意見を具体的にコメントし，評価に至る理由を明確に示していた．この点は，投稿時の望ましい姿勢として，日本のユーザーに啓蒙する必要があると考えられる．

5.4 アプリケーション固有や地域固有の苦情はどのような傾向であったか？

「応答しない」「強制終了」「プライバシーと倫理」「隠されたコスト」などといったアプリ固有の苦情傾向が存在し，一般的なアプリ全体の傾向にそれらが加わる形で，苦情の分類結果に現れた．PINTEREST の場合（表 5）,「応答しない」や「強制終了」がアプリ固有の苦情として考えられる．性的要素の捉え方，人種差別の身近さなど，地域固有の政治的な事情も，その地域のレビューに反映されていた．

また，苦情の種類によって地域ごとに温度差があった．米国向けの場合は機能要求としてチャレンジすることが求められる傾向，日本向けには,「応答しない」や「強制終了」が発生しないように，安定性が求められる傾向があると考えられる．他地域にアプリを持ち込む場合は，地域の政治的な事情などだけでなく，評価傾向の地域差も考慮して，最初の段階でいきなり失敗しないような対策が必要である．

6 まとめ

本研究では，英国向けの無料アプリを対象として，各評価帯での苦情内容を分類したうえで，日英米 3 地域で共通して配布されているアプリを対象に，地域ごとに各評価帯における苦情の内容を分類した．結果からは，共通の苦情傾向，地域固有，アプリ固有の苦情傾向の存在を確認した．現在は，Khalid ら [1] の結果との比較を目的としており，Khalid らの分類に則って調査を行っている．今後の課題として，ISO ／ IEC 25010：2011 などで定義された「システム/ソフトウェアの製品品質」や「利用時の品質を評価したモデル」をベースとして，評価モデルを再構築したうえで分類を行い，ソフトウェア品質の観点からの評価を行いたい．

謝辞 本研究は，2021 年度南山大学パッヘ研究奨励金（I-A-2）の助成を受けている．本論文は，[4]，[5] の卒業論文に基づいており，著者はこれらの卒業論文の指導教員で，それぞれの実験を指導し，本論文にて評価や考察を再構成している．

参考文献

[1] Hammad Khalid, Emad Shihab, Meiyappan Nagappan, Ahmed E. Hassan："What Do Mobile App Users Complain About?", In IEEE Software, Vol.32, No.3, pp.70-77, 2015.
[2] Leonard Hoon, Rajesh Vasa, Jean-Guy Schneider, Kon Mouzakis："A Preliminary Analysis of Vocabulary in Mobile App User Reviews", Proceedings of the 24th Australian Computer-Human Interaction Conference, pp.245-248, 2012.
[3] 横森，吉田，野呂，井上："ユーザーレビューの苦情内容の傾向に関する評価帯における違いや地域差の調査", ソフトウェア工学の基礎 XXVII, pp.87 － 96, 近代科学社, 2020.
[4] 松永:"スマートフォンアプリケーションのレビューにおける苦情の分析-地域による傾向の違いの調査-", 南山大学 2019 年度卒業論文, 2020.
[5] 小井土，吉田:"スマートフォンアプリケーションのレビューにおける苦情の分析-同一アプリを対象とした場合の地域による傾向の違いに対しての考察-", 南山大学 2020 年度卒業論文, 2021.

Webアプリケーション開発フレームワークの学習進度推定ツール

A tool for estimating the learning progress of web application frameworks

高橋 圭一*

あらまし 本稿では，講義資料の操作手順に従ってWebアプリケーション開発用フレームワークの1つであるRuby on Rails（以降，Rails）の学習を進めたときに，受講者が課題を完成させるまでにどのような手順で学習を進めたのかを自動的に推定するツールを提案する．具体的には，Railsアプリケーション（以降，Railsアプリ）を実行するときに記録されるログファイルの変化を検知し，Gitリポジトリにソースコードを自動コミットする．このGitリポジトリと講師が予め用意した正解のGitリポジトリの各コミットのソースコードをdiffコマンドを用いて比較することで受講者の学習進度を推定する．2021年度の授業で本ツールを使用したところ，51名の受講者のうち49名の学習進度を正しく推定できることが確かめられた．

1 はじめに

筆者の所属学科に3年生を対象としたWebアプリケーション開発を学ぶ科目があり，その学習項目の1つとしてWebアプリケーション開発用フレームワークの1つであるRailsを学習する機会を提供している [1]．我々はこれまで，本科目の受講者の提出物をもとに受講者が躓いたエラー種別とその発生原因の特定を進めてきた [2] [3]．この成果をもとにデバッグ支援方法の研究を進めている．一方，受講者が操作手順のどこで躓いたのか，なぜ躓いたのかは明らかになっていない．操作手順は講義資料にほぼ網羅されているため，躓く要因の多くはタイプミスによるものと考えられるが，複数の受講者が同じ場所で躓いた場合は講義資料に不備がある可能性が考えられ，改善することで受講者の不必要な躓きを予防できるはずである．これまでであれば演習室で講師が巡回中に受講者の躓きを把握できたが，講義時間内に指導できる人数には限りがあり，COVID-19の影響でメディア授業が増えたため，講師による受講者の状況把握はさらに困難となっている．そこで，本稿では，受講者が講義資料の操作手順に従って学習を進めたときに，操作手順のどの箇所を取り組んでいたのかを自動的に推定するツールを提案する．

2 提案手法

提案手法は，受講者のソースコードを自動保存するツールと，得られた情報を分析して学習進度を推定するツールからなる．

2.1 前提条件

本手法は，Webアプリケーション開発用フレームワークによる開発を初めて学習するときに利用する．具体的には，予め用意された手順にしたがって各種ファイルにプログラムを入力し，動作を確かめながら段階的に学習を進める状況で使用する．クラス名やメソッド名などの識別子は手順通りに入力されることを期待するが，空白や空行などの差異は許容する．また，手順の途中でファイルを追加することがあり，そのファイル名は手順通りとする．なお，Rails開発では生産性を高めるためファイル名や識別子に様々な規約があるため，このような前提条件は不自然ではない．

*Keiichi Takahashi, 近畿大学産業理工学部

```
Started GET "/" for xxx.xxx.xxx.xxx at 2021-06-16 05:04:53 +0000
（省略）
Completed 200 OK in 14ms (Views: 12.7ms | ActiveRecord: 0.0ms)
（省略）
ActionView::Template::Error (undefined method `each' for nil:NilClass):
  1: <% @images.each do |image| %>
  2:  <p><%= image.title %></p>
  3: <% end %>
（省略）
```

図 1　Rails のログファイル（development.log）の例

2.2　受講者のソースコードを自動保存するツール

2.2.1　Rails のログファイル

Rails アプリの実行ログは development.log というファイルに書き出される．このログファイルは開発者が意図的に削除しない限り，Rails プロジェクト作成直後から現在まですべての情報が記録される．図 1 にログファイルの例を示す．Rails アプリにアクセスがあると Started で始まる情報が日時とともに記録される．Rails アプリのコントローラやビューの処理が正常終了すると Completed 200 で始まる情報が記録され，例外が発生すると例外クラス名とエラーメッセージが記録される．この例では，ActionView::Template::Error という例外が発生し，undefined method 'each' for nil:NilClass というエラーメッセージが記録されている．

2.2.2　ソースコードを自動保存するスクリプト

development.log を監視し Rails アプリが実行されたことを検知することで実行時のソースコードを自動的に保存する．なお，受講者に学習進度を記録し申告してもらう方法も考えられるが，開発に不要な作業を極力減らしたいため自動化を試みる．ソースコードの保存先としては Rails が具備している Git リポジトリを利用する．スクリプトでは，ログファイルである development.log を tail コマンドで監視し，ログに追加されたメッセージを grep コマンドで検査し，Error もしくは Completed 200 という文字列が含まれていれば，Completed 200 もしくは例外クラス名をコミットメッセージとして自動的にコミットを実行する．なお，本スクリプトは [3] とほぼ同様であるが，[3] の実験においてツール起動忘れで自動コミットされない問題があったため，Rails が提供する rails コマンドにこのスクリプトを組み込み改良する．

2.3　Git リポジトリの情報をもとに学習進度を推定するツール

2.2.2 節のツールで自動保存した Git リポジトリの情報を用いて学習進度を推定する方法について述べる．

2.3.1　準備

受講者に課題の成果物の 1 つとして，Rails プロジェクト全体が入ったディレクトリを提出してもらう．この Rails のディレクトリには 2.2.2 節のツールで自動保存した Git リポジトリの情報が含まれている．また，正解データを作成するため，講師が受講者と同じ手順でプログラムを入力し動作を確認するため実行する．実行すると自動的にコミットが実行されるため，この各コミットが正解の手順（以降，コミット順）を表す．

2.3.2　diff コマンドを用いた学習進度の推定方法

受講者と正解データのそれぞれの Git リポジトリに含まれるコミット同士について総当りで類似度を求め，最も類似度が高い正解データのコミット順を受講者のコミット順とする．類似度の計算には diff コマンドを利用する．Rails のディレクトリには複数のファイルが含まれているため，diff コマンドのディレクトリ同士を比較

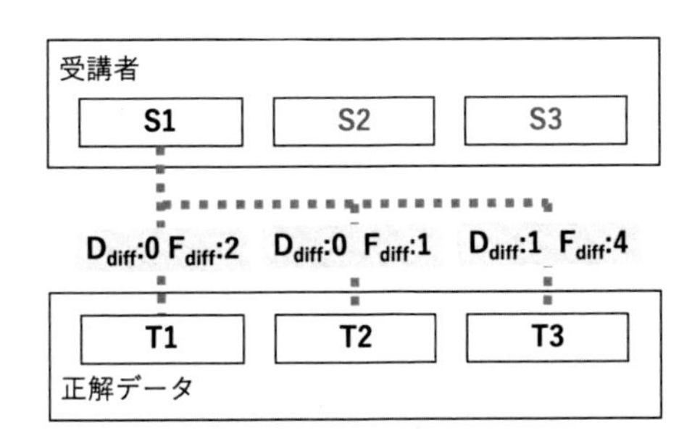

図 2　受講者のコミットのコミット順の決定例

するオプションを指定する．diff コマンドは 2 つのファイルの差分情報として，追加 (added)・削除 (deleted)・変化 (changed) という種別とともに差異の内容を出力する．本研究では種別に関わらずすべて差異があるとみなす．diff コマンドの出力結果から以下の 2 つの指標を得る．

ディレクトリ間のファイル差 D_{diff}：ディレクトリ間で片方のディレクトリにのみファイルが存在する場合は"Only"で始まる行が出力される．この行数を，受講者と正解データの Rails ディレクトリについて比較し集計する．

ファイル間の内容差 F_{diff}：ファイル間の内容の差異は"<"または">"で始まる行で出力される．この行数を，受講者と正解データの Rails ディレクトリに含まれる全ファイルについて比較し集計する．

受講者と正解データのコミット同士について総当りで D_{diff} と F_{diff} を求め，以下のルールを順次適用し，受講者の各コミットについて正解データのコミット順を決定する．なお，これらのルールは予備実験により決定したものである．

(i)　D_{diff} が最小である

(ii)　D_{diff} の最小である，かつ，F_{diff} が最小である

(iii) 以上で 1 つに絞れない場合は，それまでの候補の最古のコミットとする

2.3.3　学習進度の推定例

学習進度の推定例を示す (図 2)．S1〜S3 および T1〜T3 は受講者と正解データのコミットであり，数字はそれぞれのコミット順を表している．正解データはコミットが 3 つあることから 3 ステップの手順であり，受講者はその手順通りに 3 ステップで学習を進める例である．受講者の S1 のコミット順を決定するため，S1 と T1, S1 と T2, S1 と T3 のそれぞれの D_{diff} と F_{diff} を求め，2.3.2 節のルールに従ってコミット順を決定する．まず (i) をもとに D_{diff} を比較すると S1 と T1, S1 と T2 が 0 と最小である．次に (ii) を調べる．S1 と T2 の F_{diff} は 1 と最小であるため，S1 のコミット順を T2 と決定する．もし，両者の F_{diff} が同値であった場合は，(iii) の通り，最古のコミットである T1 とする．

3　実験

3.1　実験方法

筆者の所属学科に 3 年生対象の Web アプリケーション開発を学ぶ科目 (2 コマ) がある．Rails を学び始める第 9 回の提出課題を本実験の対象とする．第 9 回では Rails の基本機能について解説したあとブックマークを一覧表示する Rails アプリを作成する．操作手順はすべて講義資料に記載されており，その手順をもとに講師が操作を示しながら解説を進める．講義は ZOOM を用いたオンライン授業であるが，各自のペースで進められるように予め用意した講義動画を視聴しながら進める．講義資料の操作手順を表 1 に示す．7 ステップでアプリケーションが完成することを想定している．表中の"(編集なし)"は Rails のコマンドを実行してファイル生成する手順のため，受講者によるファイル編集がないことを表している．操作内容の行

表 1 課題を完成するまでの主な操作手順

操作手順	操作内容	編集するファイル名
1	Rails プロジェクトを作成する	(編集なし)
2	コントローラを作成する	(編集なし)
3	トップページを設定する（1 行）	routes.rb
4	モデルを作成する	(編集なし)
5	設定ファイルに記述を追加する（4 行）	Gemfile, application.rb
6	コントローラに記述を追加する（1 行）	bookmarks_controller.rb
7	ビューに記述を追加する（6 行）	index.html.erb

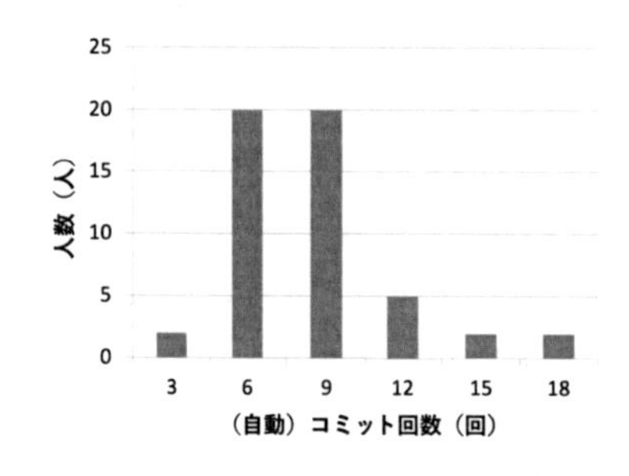

図 3 （自動）コミット回数の分布

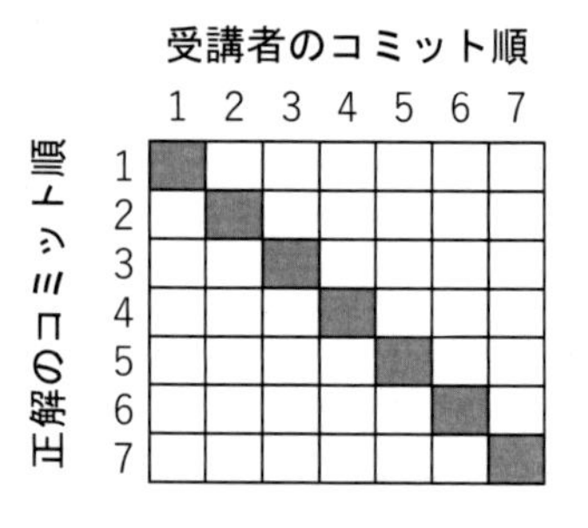

図 4 コミット相関グラフの凡例

数はファイルに追加する行数である．課題提出までの猶予は 1 週間である．

3.2 実験結果

2021 年度の履修者は 71 名で 55 名から課題ファイルの提出があった．そのうち 4 名分は Git リポジトリの情報が含まれていなかったため除外した．

3.2.1 コミット回数

本研究の学習進度の推定は Rails アプリの実行に依存するため，まず Rails アプリの実行状況であるコミット回数の分布を調べる (図 3)．コミット回数は広く分布しているが 4～9 回が多く 40 名（78%）であった．表 1 の通り，講義資料の操作手順は 7 ステップであることから，受講者の 78%はほぼ講義資料通りに操作したと考えられ，学習進度を推定するための十分なデータが得られたと言える．

3.2.2 学習進度の推定結果

51 名の学習進度の推定結果を図 5 に示す．本稿ではこれをコミット相関グラフと呼ぶ．グラフの凡例を図 4 に示す．縦方向が正解のコミット順で，横方向が受講者のコミット順である．受講者の各コミットの推定結果が正解のどのコミット順であるかを表す．図 4 では，受講者が正解と同じ手順で作成したことを表している．

表 1 から，正解の手順は 7 ステップであるためコミット相関グラフの縦のマス目を 7 個とし，受講者の最大コミット数は 16 であったため (No.24)，横方向のマス目は 16 個としている．図中の No は受講者の整理番号である．

正解の最終手順である 7 番目の操作手順に到達していると推定された受講者のソースコードを確認したところ，7 番目の手順まで確かに完成しており推定結果は妥当であった．一方，最終コミットが正解の 4 番目であると推定された No.43 と No.46 と No.47 のソースコードを確認したところ，No.46 は推定結果の通り 4 番目まで完成していたが，No.43 と No.47 は表 1 の 5 番目の手順を忘れているだけで，7 番目までの操作を実装できていた．両者のアプリケーションを実行したところ結果が正しく表示された．5 番目の手順はエラーメッセージ等の日本語化とロケールの設定であり，Rails アプリを作る上では必要な手順であるが，第 9 回の素朴な課題では操

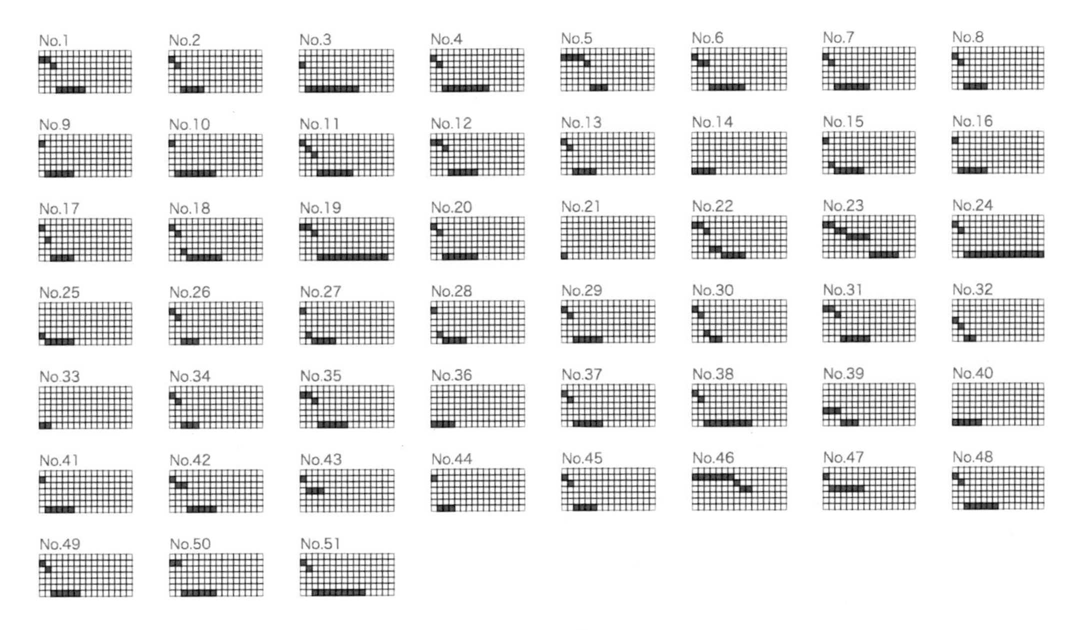

図 5　コミット相関グラフ

表 2　diff コマンドによる受講者の最終コミットと正解の全コミットとの比較

正解のコミット順	D_{diff}	F_{diff}
1	4	2
2	2	11
3	2	10
4	0	10
5	0	14
6	0	13
7	0	10

作を忘れても影響がないため受講者が気づくのが困難であった．

確認のため No.43 の最終コミットと正解の全コミットに対して 2.3 節のツールを適用した結果を表 2 に示す．D_{diff} と F_{diff} が最小である 4 番と 7 番がコミット順の候補となるが，候補が複数ある場合は最古のコミットとするため 4 番目とした．操作手順の 4 番と 7 番ではソースコードに差があるはずなので本来であれば D_{diff} と F_{diff} が同値になることはない．学習進度の誤判定を防ぐためにも，2.1 節の前提条件が成立していないことを検出する仕組みが必要である．

4　考察

4.1　ソースコードを自動保存するツール

[3] で本稿とほぼ同様の実験を行ったところ受講者 33 名のうち 6 名（18%）の提出ファイルに Git リポジトリが含まれていなかった．今回は 55 名のうち Git リポジトリが含まれていなかったのは 4 名（7%）であったため 11%の改善ができた．本研究のツールの方式は素朴ではあるが，Web アプリケーションの開発環境のように更新頻度が高く複雑なモジュールで構成される環境でも柔軟に適用が可能である．一方，図 3 及び図 5 からわかるように，ソースコードの保存頻度であるコミット回数

は受講者の開発スタイルに強く依存する．No.21 のように実行回数が 1 の場合もある．これでは課題を完成するまでの過程がわからない．これまでの研究では例外発生時のソースコードの取得が目的だったが，詳細な情報を取得する場合は一定間隔でコミット実行するなどの改良が必要である．

4.2　学習進度を推定するツール

本提案のアルゴリズムは行単位の文字列の比較という極めてシンプルな方式である．学生の学習状況を把握する関連研究は多数行われており，実行回数，ソースコード行数，コーディング時間，キー入力など様々な情報を用いて推定する研究が行われている．しかし，多くの研究は単一のファイルでの学習状況を推定するものであり，フレームワークのように複数のファイルを対象とした研究は少ない．[4] では，定期的に取得したスナップショットのうち最終と途中のソースコードを比較し一致行数で学習進度を推定する．行単位の比較であるため我々と同じ方式である．しかし，同じ受講者のソースコード同士の比較では他者との比較ほど差異が生じないため行単位の比較でも有効であると期待される．一方，我々の場合は，講師の正解コードとの比較になるため，単純な比較では推定には工夫が必要と考えていたが良好な結果となった．この背景としては，本稿の実験は Rails 学習の極めて初段階であり，受講者が入力するのは 10 行程度である．しかも，入力先は 5 つのファイルにわかれているため，1 ファイルあたりの行数はわずかであり，入力の揺れが生じにくい．適度にモジュール分割されたフレームワークだからこそ機能するアルゴリズムと考える．ビューのようにモジュール分割が難しく記述の自由度が高いファイルでは，ソースコードの行数が増えた場合，diff コマンドでの類似度判定は困難と考えている．

4.3　コミット相関グラフ

3.2.2 節で述べたように，51 名の受講者のうち 49 名の学習進度を正しく推定できた．一方，図 5 を見るとほとんどの受講者の学習進度が連続していないことがわかる．講義資料の手順には実行タイミングを記載していないためバラツキが生じたと考えている．また，多くの受講者が最終ステップに到達後も実行を繰り返している．ソースコードを調べると軽微な修正を繰り返していた．例えば，No.1 は 4 回のコミットで最終ステップに到達した後，<p> を </p> に，<%=book.url%><%=book.title%> を <ahref='<%=book.url%>'><%=book.title%></a>」に，さらに「< % = *link_tobook.title,book.url%* >」に修正していた．学習進度の推定では D_{diff} が同一であれば F_{diff} の大小でコミット順を決定する．つまり，操作手順間の F_{diff} より正解と修正後のソースコードの F_{diff} が小さければコミット順は変動しないことがわかった．

5　まとめ

本稿では，Rails のログファイルを監視して Git リポジトリにソースコードを自動保存し，その情報と正解の Git リポジトリを diff コマンドで比較することで受講者の学習進度を推定するツールを提案した．今後は，本ツールの改良を進めるとともに，受講者が躓いた操作手順を分析し，講義資料の改善を進める．

参考文献

[1] 高橋圭一：Ruby on Rails によるチーム開発の授業実践, 情報処理学会 情報教育シンポジウム 2019, pp.10-16, 2019.
[2] 高橋圭一：Ruby on Rails の初学者の躓き要因分析, ソフトウェア工学の基礎 XXVII, 日本ソフトウェア科学会, pp.103-108, 2020.
[3] 高橋圭一，ログファイルと Git リポジトリを用いた Ruby on Rails の初学者の躓き要因の分析, 情報処理学会 情報教育シンポジウム 2020, pp.1-7, 2020.
[4] 浦上理，長島和平，並木美太郎，兼宗進，長慎也，プログラミング学習者のつまずきの自動検出，情報処理学会 研究報告コンピュータと教育（CE），2020-CE-154，No.4，pp.1-8, 2020.

Doc2Vecとクラスタリングによるソースファイルの意味的な変更の検出

Detecting Semantic Changes in Source Files with Doc2Vec and Clustering

西岡 大介* 神谷 年洋†

あらまし git や SVN 等のソフトウェアのバージョン管理システムでは，開発者が明示的にコミットと呼ばれる操作を行うことが想定されている．開発者からみて開発に関するひとつのタスクが一度のコミットとしてバージョン管理システムに記録され，コミットメッセージによってそのタスクにおける修正内容を記述することが想定されている．一度のコミットに複数のタスク（不具合修正や機能拡張など）のための修正が混ざっていたり，あるいは1つのタスクが複数のコミットによって達成されている場合には，コミットとタスクの関係が把握しづらくなる．本稿では，コミットとタスクが1対1に対応していない状況を想定した，ソースファイルの修正の内容から意味的に大きな変更を判定する手法を提案する．提案手法により，あるコミットのなかで意味的に大きな変更が行われたファイルを特定したり，あるいは，いくつかのコミットの中から意味的に大きな変更に相当するコミットを特定するといった作業をサポートすることを目指す．実験では，あるオープンソースのプロダクトのコミット履歴に提案手法を適用し，意味的に大きな修正を特定できるかを評価した．

1 はじめに

ソフトウェアの開発においては，バージョン管理システムによりソフトウェアを構成するソースファイルなどの変更履歴を管理する．変更履歴を管理することで，ソフトウェアのバグの原因追求を効率良く行うことができ，また，複数の開発者が同時に異なる機能を修正したり追加するような開発をサポートすることができる．利用者がバージョン管理システムに追加・変更したファイルを登録することをコミットと呼ぶ．

git や SVN 等のバージョン管理システムを用いた開発では，コミットと開発者のタスクとが整合していること，すなわち，(1) 一度のコミットに（開発者から見て）複数の意味を持つタスクが含まれないこと，また，(2) 一度のコミットで開発者のタスクが閉じていて，コミットにコンパイル不可なものやバグ原因が不明なものを含まないことが理想とされる [7]，[2]．しかし，実際は一度のコミットに複数の意味を持つタスクが含まれる場合 [6] や修正途中のコードがコミットに含まれる場合もある．そのようなコミットの存在は，効率の良いソフトウェアの開発の妨げとなる場合がある [4] ことが指摘されている．例えば，特定のタスクについて取り消すためにコミットを取り消そうとすると他のタスクまで同時に取り消すことになってしまう．他にも，コミット時にはその意味や目的を示すコミットメッセージを付加させることが推奨されているが，GitHub などの GUI 上で確認できるような一行程度のシンプルなコメントであることも少なくなく，複数の変更点をコメントで表しきれていないこともある．

複数のタスクの修正を含むコミットを避け，単一のタスクの修正のみを含むコミットとするためには，タスクに応じてコミット履歴の分岐（ブランチ）を用意したり，あるいは，あるソースファイルの複数の修正をタスクごとに再編成したものをコミットするなどの方法で，タスクとコミットを明示的に関連付ける作業が必要となる．バージョン管理システムの中には，コミット後にそのコミット履歴を分割する操作

*Daisuke Nishioka, 島根大学自然科学研究科理工学専攻知能情報デザイン学コース

†Toshihiro Kamiya, 島根大学学術研究院理工学系

を持つものもあるが，そのような機能を用いたとしても開発者が修正の内容を理解して，手作業でコミットを再編成する必要があることに変わりはない．

本稿では，コミットとタスクが 1 対 1 に対応していない状況を想定した，ソースファイルの修正の内容から意味的に大きな変更を判定する手法を提案する．具体的には，ソースファイルを意味的にクラス分類することで，コミットの前後で意味的に大きく修正され，属するクラスタを移動したようなソースファイルを特定する．現在は，意味的に大きなソースファイルの変更を特定する手法であるが，将来的にはコミット作業前や，既に提出された複数のコミットに対して，検出されたそのような意味的に大きな変更を中心としてコミットを再編成し，開発者のタスクに近いコミットとすることを想定している．

自然言語処理の技術をソースコードに適用して保守作業を支援する手法は，これまでに種々提案されてきた．例えば，藤原ら [3] は，Doc2Vec [8] によりソースファイルを分散表現に変換してニューラルネットワークにより類似コードブロックを検索する手法を提案している．また，Thomas ら [11] は，トピック分析によりソースファイルのトピックモデルを作成しソースファイル間の類似度を評価する手法を提案している．岡島ら [10] は，ソースファイル中の技術負債を示すコメントに着目し，コメントの内容と実際の修正内容との関連性を解析することで修正支援を行う手法を提案している．本稿の提案手法は，自然言語処理の技術，Doc2Vec によりソースファイルを分散表現に変換してソースファイルのクラスタリングを行うことで，コミットの前後でソースファイルが意味的に大きく変化しているかを判定するものである．

2　提案手法

本研究で提案するソースファイルのクラスタリングおよびクラス分類の手法について説明する．

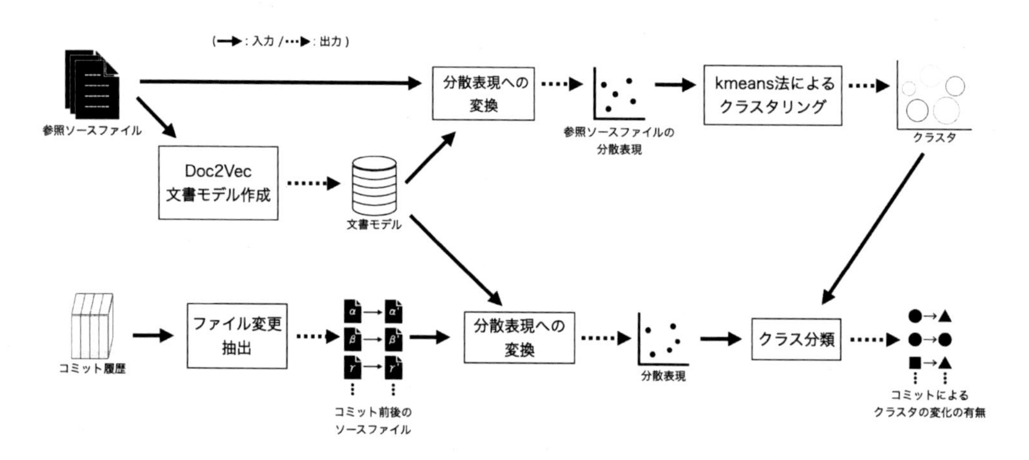

図 1　提案手法の全体像

提案手法の全体像を図 1 に示す．はじめにクラス分類の基準となるクラスタを参照となるソースファイルから作成する（図の上半分）．Doc2Vec によって参照ソースファイルから文書モデルを作成し，その文書モデルにより，参照ソースファイルのそれぞれを分散表現に変換する．ソースファイルの分散表現をクラスタリングしてクラスタリング結果を作成する．

次に，対象となるプロジェクトのコミット履歴に対して，git のコミットで変更のあったソースファイルの変更前と変更後についてクラス分類を行う（図の下半分）．前述の文書モデルを利用して，対象プロジェクトのソースファイルのコミット前後の内容から分散表現が計算する．その後，前述のクラスタリング結果を参照し，ソースファイルのコミット前後の内容の分散表現について，各クラスタの距離を計算し，一番近いクラスタへと分類する．

3 実験

実験対象には，十分な規模やコミットの履歴を持つJava言語によって記述されたプロダクトをGitHub上で探し，コミットの履歴の中からコミットメッセージを調べることによりソースコードの修正が行われていると思われるコミットを10個を選んだ．実験では，Doc2Vecによるクラスタリングによって生成されたクラスタに対して，対象コミットの前後の修正ソースファイルについてクラス分類を行い，修正の前後の属するクラスタの変化とソースファイルの実際の修正を比べて意味的な変更の検出がされているかを議論する．

3.1 実験環境

実験ではJava言語で記述されたソースファイルを対象とした．Doc2Vecの文書モデルを作成するための参照ソースファイルとしてはGitHub上からJava言語で記述された一定の水準のプロジェクトを収集した，GitHub Java Corpus[1]を使用した．表1にGitHub Java Corpusの統計量を示す．意味的に大きなソースファイルの変更を特定するための実験対象としては，ArgoUMLのリポジトリ[2]を使用した．

表1 GitHub Java Corpusの統計量

プロジェクト数	14,785
ソースファイル数	2,126,752
行数	352,312,696
トークン数	1,501,614,836

実験には用途別に二つのPCを使用した．
Doc2Vecのモデル作成には，CPUとして “Intel(R) Xeon(R) CPU E5-2698 v4 @ 2. 20GHz”，256GiBのメモリを搭載したPCを使用した．
それ以外のクラスタリングやクラス分類の作業については，CPUとして “Intel(R) Core(TM) i5-3210M CPU @ 2. 50GHz”，16GBのメモリを搭載したPCを使用した．

3.2 ソースファイルの文書モデルの作成

Doc2Vecでソースファイルの文書モデルを作成するために，実験に使用するソースファイルに前処理を行った．この処理は自然言語処理においての分かち書き処理に相当する．字句解析器ツールであるPygments[3]を使用してソースコードをトークンの列に変換するが，ソースコード中のコメント文や演算子などの記号類は省き，関数・変数・クラス名，型・定数などのキーワードを利用した．文書モデルの作成には，Doc2Vecの実装としてgensim[4]，パラメータとして表2に示すものを用いた．

[1]GitHub Java Corpus https://groups.inf.ed.ac.uk/cup/javaGitHub/

[2]ArgoUML https://GitHub.com/argouml-tigris-org/argouml

[3]Pygments https://pygments.org/

[4]Gensim https://radimrehurek.com/gensim/

表 2 Doc2Vec parameters

dm(Training Algorithm)	vector_size	window	min_count	workers	epochs
1 (PV-DM)	100	3	1	40	100

3.3 クラスタリング

提案手法では，Doc2Vec の文書モデルによりソースファイルを分散表現に変換した後にクラスタリングを行うが，クラスタリングの手法としては k-means 法を用いた．最適化のひとつとして，クラスタリング処理の実装には，より処理速度が速いとされる MiniBatchKMeans 法 [5]を導入した．

k-means 法ではクラスタ数を与える必要があるが，適切なクラスタ数を調べるため，シルエットスコア (silhouette score) による評価を行った．クラスタ数を 50, 100, 200, 500, 1000 と変化させてクラスタリングを行い，それらについてシルエットスコア [6]を算出した．表 3 にクラスタ数毎のシルエットスコアを示す．クラスタ数 200 のシルエットスコアが最も大きな値となっていて，最も良いクラスタリングであると判断されることがわかる．ただし，適切なクラスタリングに対するシルエットスコアは通常 0 より大きな値となるが，すべて負の値になっている原因として，計算時間の都合上，GitHub Java Corpus 全体のソースファイルの一部のみを対象とした為，また計算時間の都合上 1000 までしか行っていない為が可能性として挙げられる．

表 3 silhouette score

クラスタ数	50	100	200	500	1000
スコア値 (5%)	-0.1310	-0.1124	-0.0948	-0.1299	-0.1395

3.4 コミット前後のソースファイルのクラス分類

対象として，オープンソースソフトウェアの ArgoUML を用いた．ArgoUML は GitHub Java Corpus には含まれず，Doc2Vec の文書モデルを作成する際には利用されていないプロダクトである．ArgoUML のコミットの前後のソースファイルのそれぞれについて，3.2 節で作成した Doc2Vec の文書モデルにより分散表現に変換し，3.3 で作成したクラスタのうちユークリッド距離で最も近いクラスタに属すると判定する．無作為に選んだ，Java ファイルが 3 つ以上変更されている 10 個のコミット（ただし比較のためにコメントのみの変更のものを 1 つ含む），計 61 個のソースファイルについて，コミット前後でそれぞれのソースファイルが属するクラスタの変化を観測した．クラス分類の参照クラスタはシルエットスコアの最も低かった 200 でのクラスタで行った（このうち，コメントのみが変更されていたソースファイル 2 個については，クラスタが変化しておらず，後の git diff による変化量の最大（最小）のものとは被らないことを確認した）.

クラス分類したソースファイルの中で，属しているクラスタが変化せず git diff による変化量（削除された行と追加された行の行数の合計）が最大のもの 2 つと，属しているクラスタの変化があったもので git diff が最小のもの 2 つを表 4 に示す．前者（クラスタ変化なし diff 大）のソースファイルの変更はいずれも，ソースファイル内での処理の内容の変更（データをファイルに保存するときの処理の内容の変更）であった．図 2 にその内のひとつを示す．後者（クラスタ変化あり diff 小）のソー

[5]sklearn.cluster.MiniBatchKMeans `https://scikit-learn.org/stable/modules/generated/sklearn.cluster.MiniBatchKMeans.html`

[6]sklearn.metrics.silhouette_score `https://scikit-learn.org/stable/modules/generated/sklearn.metrics.silhouette_score.html`

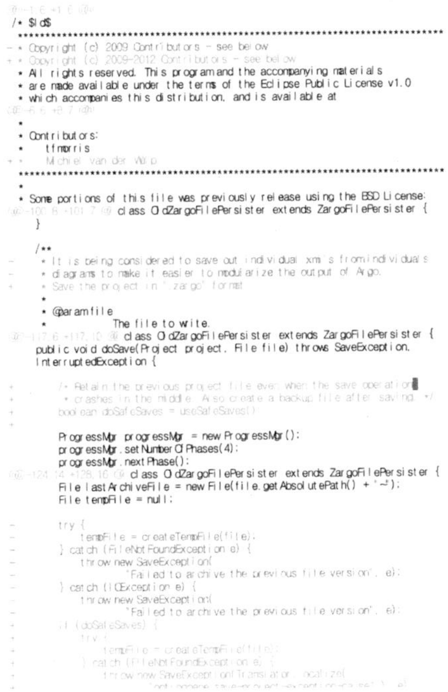

```
@@ -1,6 +1,6 @@
/* $Id$
 *******************************************************************************
- * Copyright (c) 2009 Contributors - see below
+ * Copyright (c) 2009-2012 Contributors - see below
 * All rights reserved. This program and the accompanying materials
 * are made available under the terms of the Eclipse Public License v1.0
 * which accompanies this distribution, and is available at
@@ -6,6 +6,7 @@
 *
 * Contributors:
 *    tfmorris
+ *    Michiel van der Wulp
 *******************************************************************************
 *
 * Some portions of this file was previously release using the BSD License:
@@ -100,6 +101,7 @@ class OldZargoFilePersister extends ZargoFilePersister {
    }

    /**
-    * It is being considered to save out individual xmi's from individuals
-    * diagrams to make it easier to modularize the output of Argo.
+    * Save the project in ".zargo" format
     *
     * @param file
     *            The file to write.
@@ -117,6 +117,10 @@ class OldZargoFilePersister extends ZargoFilePersister {
    public void doSave(Project project, File file) throws SaveException,
    InterruptedException {

+        /* Retain the previous project file even when the save operation
+         * crashes in the middle. Also create a backup file after saving. */
+        boolean doSafeSaves = useSafeSaves();
+
        ProgressMgr progressMgr = new ProgressMgr();
        progressMgr.setNumberOfPhases(4);
        progressMgr.nextPhase();
@@ -124,14 +128,16 @@ class OldZargoFilePersister extends ZargoFilePersister {
        File lastArchiveFile = new File(file.getAbsolutePath() + "~");
        File tempFile = null;

-        try {
-            tempFile = createTempFile(file);
-        } catch (FileNotFoundException e) {
-            throw new SaveException(
-                    "Failed to archive the previous file version", e);
-        } catch (IOException e) {
-            throw new SaveException(
-                    "Failed to archive the previous file version", e);
+        if (doSafeSaves) {
+            try {
+                tempFile = createTempFile(file);
+            } catch (FileNotFoundException e) {
+                throw new SaveException(Translator.localize(
```

図2　OldZargoFilePersister.java

```
@@ -33,10 +33,10 @@ import org.argouml.ui.targetmanager.TargetManager;

/**
 *
- * @author mkl
+ * @author mkl, penyaskito
 *
 */
-public class UMLConditionExpressionModel extends UMLExpressionModel3 {
+public class UMLConditionExpressionModel extends UMLExpressionModel {

    private static final Logger LOG =
        Logger.getLogger(UMLConditionExpressionModel.class);
@@ -44,8 +44,8 @@ public class UMLConditionExpressionModel extends UMLExpressionModel3 {
    /**
     * The constructor.
     */
-    public UMLConditionExpressionModel() {
-        super("condition");
+    public UMLConditionExpressionModel(Object target) {
+        super(target, "condition");
    }

    /*
@@ -75,26 +75,4 @@ public class UMLConditionExpressionModel extends UMLExpressionM
        LOG.debug("new boolean expression");
        return Model.getDataTypesFactory().createBooleanExpression("", "");
    }
-
-
-    public void targetAdded(TargetEvent e) {
-        // TODO Auto-generated method stub
-
-    }
-
-    public void targetRemoved(TargetEvent e) {
-        // TODO Auto-generated method stub
-
-    }
-
-    public void targetSet(TargetEvent e) {
-        // TODO Auto-generated method stub
-
-    }
-
-    public void propertyChange(PropertyChangeEvent evt) {
-        // TODO Auto-generated method stub
-
-    }
-
}
```

図3　UMLConditionExpressionModel.java

ただし，紙面の都合により OldZargoFilePersister．java の修正は一部のみ示す．

スファイルの変更はいずれも，インターフェースに関する変更であった．図3にその内のひとつを示す．後者の変更は，インターフェースの変更によってそのクラスを利用する側のコードも影響を受けるので，行数で見たときに小さな変更であっても，開発には影響の大きい変更であると考えられる．

表4　調査対象としたソースファイルの変更

コミット ID	ソースファイル名	クラスタ変化の有無	diff による変化量
79befe94	OldZargoFilePersister．java	無	68
79befe94	ZipFilePersister．java	無	67
80a3ac12	UMLConditionExpressionModel．java	有	30
f7c2cca5	TestDiagramUpdateAtLoad．java	有	8

4　妥当性の脅威

本研究ではソースコード中の識別子や演算子の種類や順序に大きな変化があった場合に大きな変更とみなしているが，これがソースコードの機能から見て大きな変更になっているかは，さらなる実験的な評価が必要である．

本研究ではクラスタ数としては 1000 以下の範囲から選択したが，自然言語処理による類似の手法 [5]（Wikipedia をコーパスとして利用し，文書をクラスタリングする）でもクラスタ数として 60 を用いており，1000 以下の範囲に適切な値があると考えたためである．実験的に評価したものではないため，より大きな値が適切である可能性がある．

5 関連研究

Herzig ら [6] は，一度のコミットに開発者の複数の意味を持つタスク（による修正）が混在するものをもつれた（tangled）修正と，そのような修正についてのコミットをもつれたコミットと呼び，実際のオープンソースのコミットを調査してもつれたコミットが存在することを明らかにし，また，もつれたコミットをコールグラフやデータ依存関係，Change Coupling に基づいて分割する手法を提案した．

もつれた修正がコミットされることを防ぐため，あらかじめ定められた 3 つのポリシーの粒度に従ってコミットを構成する手法 [9] が提案されている．開発者の編集操作履歴に，ポリシーに従った構造を与え，コミットの粒度の変更や調整を行うことができる．コミットポリシーはプロジェクトにより異なるという考えに基づいた手法である．

Aman [1] らは，ソースコードのコメントの善し悪しを評価する手法を提案した．この手法では，(1)Java のソースコードのメソッドに相当するコード断片を，コメントを含めて単語を抽出したうえで，分散表現に変換し，(2) あるメソッドの分散表現が，コメントを除外しても大きく変化しないのであれば，そのようなコメントは品質が良くないと判定する手法を提案した．

6 まとめ

本稿では，Doc2Vec とクラスタリングを用いて，ソースファイルを自然言語処理の技術を用いてクラス分類するモデルを作成しておき，あるコミットで修正されたソースファイルについて，修正の前後でどのクラスタに属するかを特定し，ソースファイルの意味的な変化を検出する手法を提案した．実験の結果，差分の行数の大きさに関係なく，開発に影響の大きいと考えられる変更内容について，属しているクラスタの変化が検出されることが分かった．

今後は，4 節で触れた点に関して検討・実験を行うこと，より多くの対象プロダクトに手法を適用すること，他の自然言語処理技術を使った手法と比較することが必要である．

参考文献

[1] Aman, H., Amasaki, S., Yokogawa, T., Kawahara, M.: A Doc2Vec-Based Assessment of Comments and Its Application to Change-Prone Method Analysis, 2018 25th Asia-Pacific Softw. Eng. Conf. (APSEC), 2018, pp. 643–647, 2018.

[2] Berczuk, S., Appleton, B.: Softw. Configuration Management Patterns: Effective Teamwork, Practical Integration, Addison-Wesley, 2002.

[3] 藤原祐士, 崔恩瀞, 吉田則裕, 井上克郎: 順伝播型ニューラルネットワークを用いた類似コードブロック検索の試み, ソフトウェアエンジニアリングシンポジウム 2018 論文集, pp.24–33, 2018.

[4] Hassan, A. E.: The road ahead for Mining Softw. Repositories, 2008 Frontiers of Softw. Maintenance, 2008, pp. 48–57, 2008.

[5] Huang, A., Milne, D. , Frank, E., Witten, I. H.: Clustering Documents with Active Learning Using Wikipedia, 2008 Eighth IEEE Int'l Conf. on Data Mining, pp. 839–844, 2008.

[6] Herzig, K., Zeller, A.: The Impact of Tangled Code Changes, Proc. 10th Int'l Workshop on Mining Softw. Repositories, pp. 121–130, 2013.

[7] KDE_TeckBase: Commit Policy, (online), available from `https://community.kde.org/Policies/Commit_Policy#Commit_complete_changesets`, accessed 2021-07-01.

[8] Le, Q., Mikolov, T.: Distributed Representations of Sentences and Documents. Proc. the 31st Int'l Conf. on Machine Learning, in PMLR 32(2), pp.1188–1196, 2014.

[9] 松田 淳平, 林 晋平, 佐伯 元司: 編集操作履歴の階層的なグループ化を用いたポリシー準拠のコミットの構成支援, ソフトウェアエンジニアリングシンポジウム 2014 論文集, pp. 76–84, 2014.

[10] 岡島早紀, 神田哲也, 井上克郎: ソースコードコメントに着目した技術負債に対する習性の類似性の調査 , 信学技報, SS2018-72, vol. 118, no. 471, pp. 121–126, 2019.

[11] Thomas, S. W., Hemmati, H., Hassan, A. E., Blostein, D.: Static test case prioritization using topic models, Empir. Softw. Eng., Vol. 19, No. 1, pp.182–212, 2014.

OSS プロジェクトへのオンボーディング支援のための Good First Issue 自動分類

Automatic Classification of Good First Issues for Onboarding to Open Source Software Projects

堀口 日向[*]　大平 雅雄[†]

あらまし 本研究の目的は，OSS プロジェクトの新規開発者向けの Issue を分類する機械学習モデルを構築し，メンテナのラベル付けの負担を軽減することである．結果は，Precision が 0.91，Recall が 0.30 となった（RQ1）．また，重要度が高い特徴量を分析し，GFI の分類には投稿者のプロジェクト内での役割が重要であることが分かった（RQ2）．

1　はじめに

オープンソースソフトウェア（OSS）プロジェクトは，コミュニティからのバグ報告やバグ修正，機能拡張といった貢献によって成り立っている [1]．コミュニティ開発者らの多くはボランティアとして活動しており，自由に開発に参加，離脱することができるため，一般的な OSS プロジェクトでは，プロジェクトを持続可能にするために常に新規開発者を求めている [2]．しかしながら，新規開発者はコミュニティに参加する際様々な障壁に直面し，プロジェクトから離脱する場合がある [3]．

新規開発者の直面する障壁の 1 つに課題選択の障壁がある [4]．多くの OSS プロジェクトでは貢献を行う際，開発者自身が課題票を作成するか，既知の課題の中から選択して取り組む．新規開発者にとっては，不慣れなプロジェクトの課題を理解し，対処するには多くの時間がかかる．

新規開発者がプロジェクトに参加する際の障壁を軽減するために，一部の OSS プロジェクトでは，新規開発者向けの課題に「Good First Issue（GFI）[1]」と呼ばれるラベルを付与している．実際に，GitHub 上で GFI ラベルを使用しているプロジェクトは過去 10 年間で増加しており [5]，GFI の多くは新規開発者によって解決されている [6] [7]．ただし，プロジェクトメンテナは課題を手動で選別しラベル付けを行う必要があり，メンテナにとって負担となる [2]．

本研究の目的は，新規開発者向けの課題を分類する機械学習モデルを構築することである．GitHub 上に存在する GFI ラベルが付与された Issue（以降 GFI と呼ぶ）と通常の Issue を収集し，ランダムフォレストを使って機械学習を行う．構築したモデルを評価するために，以下のリサーチクエスチョンに取り組む．

RQ1: Issue 投稿時に含まれる情報のみを利用して GFI を分類できるか？

メンテナの GFI ラベル付けの負担を軽減するため，分類モデルはメンテナが Issue の詳細を読みラベルを付与する前に，GFI かどうかを判定できる必要がある．そのため，モデルに入力する特徴量として利用できるのは，タイトルと本文，Issue 投稿者の情報のみであり，これらの特徴量を使って学習した際の分類モデルの性能を評価する．

RQ2: 分類に重要な Issue の特徴量は何か？

ランダムフォレストでは，ある条件で決定木のノード分割が行われたときに，不純度がどの程度下がるかを計算することで，ノード分割の条件に使われた特

---

[*]Hyuga Horiguchi, 和歌山大学

[†]Masao Ohira, 和歌山大学

[1]https://docs.github.com/en/issues/using-labels-and-milestones-to-track-work/managing-labels

[2]https://github.blog/2020-01-22-how-we-built-good-first-issues/

徴量が分類結果に与える影響を定量的に測ることができる．重要度が高い特徴量は，GFI と通常 Issue を分ける特徴を理解するうえで役に立つ．

2 分類モデルの構築

2.1 入力する特徴量

本モデルは，メンテナが手動で行っている GFI のラベル付けを自動化することを目的としているため，メンテナが Issue の内容を確認する前の，Issue が投稿された直後の情報を使って GFI かどうかを判定できることが求められる．そこで，Issue 投稿時に必ず含まれる，タイトル，本文，投稿者の情報のみを使って特徴量を考える．すなわち，Issue に対する他の開発者のコメントや，Issue に付与されるラベルの情報は特徴量として利用しない．モデルに入力する特徴量を表 1 に示す．

表 1: モデルに入力する特徴量

特徴量の名前		説明
Title	BoW-n	タイトルの Bag-of-Words（n はタイトルの語彙数）
	Words	タイトルに含まれる単語数
Body	BoW-n	本文の Bag-of-Words（n は本文の語彙数）
	Words	本文に含まれる単語数
AuthorAssociation		Issue 投稿者が持つプロジェクトに対する権限レベル

タイトルと本文 タイトルと本文は，主に英語で記述されているため，1 単語ずつに分割した後 Bag-of-Words としてベクトル化し，特徴量として利用する．また，タイトルと本文の文章の長さは Issue の内容が詳細に説明されているかどうかに関連するため，文章に含まれる単語数も特徴量として利用する．

投稿者 プロジェクトオーナーやメンテナは，新規開発者を惹きつけるために，GFI になりえる Issue を積極的に投稿する可能性がある．そこで，Issue 投稿者がプロジェクトに対して持っている権限レベルをカテゴリ変数として数値化する．

2.2 タイトルと本文の前処理

GitHub 上の Issue のタイトルや本文は，Markdown 形式で記述することができる．また本文には，コード片や URL，バージョン情報などが含まれる．これらの情報は Issue の内容を理解するのに役立つため，正規表現を用いて検出し特定の単語に置換する．また自然言語に対しては，1 単語ごとのトークン化，小文字化，ストップワードと記号の除去，日付と数字の置換，レマタイズを行った．

2.3 分類モデル

分類モデルの機械学習アルゴリズムには，ランダムフォレストを利用する．モデルは Issue ごとの表 1 の特徴量を入力とし，GFI か通常 Issue かの 2 値分類を行う．ランダムフォレストでは，弱学習器として複数の決定木を学習する．個々の決定木は，元のデータセットをブートストラップサンプリングしたデータによって学習し，その際全特徴量のうちランダムサンプリングした特徴量のみを利用する．

決定木の個数と各決定木の特徴量の個数はハイパーパラメータであるため，本研究では [8] で推奨されている値を参考に，決定木の個数を 200，各決定木の特徴量の個数を $\sqrt{F}$ とした．F は全特徴量の個数である．また本モデルの最終的な分類結果は，200 個の決定木のうち過半数が GFI と判定した場合，GFI として分類する．

2.4 不均衡データの学習

3.1 節で示すように，GFI は通常 Issue と比べてサンプル数が非常に少なく不均衡なデータセットになるため，クラスの重みづけを行う．決定木では，ノードを分割することで不純度が減少すると，その分割は分類に効果的であるとみなされる．そこで，不純度を計算する際に各クラスのサンプル数に反比例する重み $w_i = \frac{N}{2N_i}$（i はクラス，N は全サンプル数，N_i はクラス i のサンプル数）を掛けることで，サンプル数の少ない GFI の分類結果が不純度へ大きく影響するようになり，結果として GFI の分類性能が向上することを期待できる．

3 実験方法

3.1 データセット

GFI ラベルを運用しているプロジェクトから GFI（正例）と通常 Issue（負例）を収集するため，以下の条件を満たす GitHub 上の Issue を全て取得し，それぞれの GFI が属するプロジェクトを特定した．

- 「good first issue」ラベルが付与されている（大文字と小文字の区別はしない）
- 閉じられている（Close されている）

その結果，1 つ以上の GFI を保有している約 7 万件のプロジェクトを特定できた．これらすべてのプロジェクトから全ての Issue を収集するのは非常に時間がかかる上，GFI と通常 Issue のサンプル数の偏りを可能な限り小さくするため，GFI 数が 500 件以上の計 15 プロジェクトのみを対象とした．収集期間は各プロジェクト作成時から 2021 年 6 月 4 日までである．

3.2 評価

3.2.1 RQ1: Issue 投稿時に含まれる情報のみを利用して GFI を分類できるか？

データセットを 9:1 に分割し，9 割を使って 10 分割交差検証を行う．また，交差検証で学習したモデルの中から 1 つを使って残り 1 割のデータセットを分類し，混同行列と後の RQ2 で利用する特徴量の重要度を求める．評価指標には $Precision$, $Recall$, $F1$ を使用する．$Precision$ は，モデルが GFI であると分類した Issue のうち，実際に GFI である Issue の割合を表す．$Recall$ は，実際に GFI である Issue のうち，モデルが GFI であると分類した Issue の割合を表す．$F1$ は $Precision$ と $Recall$ の調和平均である．

3.2.2 RQ2: 分類に重要な Issue の特徴量は何か？

特徴量の重要度を用いて，分類結果に対する特徴量の相対的な重要性の評価を行う．重要度は，決定木のノードをある特徴量を用いて分割した際，その分割によって減少するノードの不純度と分割されるサンプル数のかけ合わせで求められる．ここで不純度は，ノードに異なるクラスのサンプルがどの程度混在しているかを表す．したがって，分割によって不純度を大きく減少させる特徴量であるほど重要度が高くなり，また分割に影響するサンプル数が多いほど重要度が高くなる．重要度は決定木によって異なり，ランダムフォレストの場合は決定木が複数あるため，平均値を用いる．

4 結果

4.1 RQ1: Issue 投稿時に含まれる情報のみを利用して GFI を分類できるか？

10 分割交差検証の結果を表 2 に示す．10 個のモデルでそれぞれの評価指標を計算するため，平均値と標準偏差を示す．$Precision$ の 0.91 と比べて $Recall$ は 0.30 と低く，これはモデルが GFI であると分類したうち 9 割は実際に GFI であるが，7 割の GFI を見逃しているということを示している．また，10 個のモデルのうち 1 つを用いて評価用データを分類した結果，$Precision$ は 0.91，$Recall$ は 0.31，$F1$ は 0.46 で，混合行列は表 3 となった．

表 2: 10 分割交差検証の結果

Metrics	Mean	Std.
Precision	0.91	0.01
Recall	0.30	0.01
*F*1	0.45	0.01

表 3: 評価用データの分類結果

		分類結果 GFI	分類結果 通常 Issue
実際のクラス	GFI	380	843
実際のクラス	通常 Issue	38	14,867

4.2 RQ2: 分類に重要な Issue の特徴量は何か？

表 4: 重要度上位 10 位までの特徴量

特徴量の名前	重要度
AuthorAssociation	0.0156
Body Words	0.0115
Title Words	0.0095
Body BoW-INLINE_CODE	0.0065
Body BoW-URL	0.0056
Body BoW-issue	0.0044
Body BoW-TIMESTAMP	0.0042
Body BoW-please	0.0039
Body BoW-VERSION	0.0037
Body BoW-add	0.0037

特徴量の重要度を表 4 に示す．全特徴量の重要度の合計が 1 になるように正規化してある．また，テキストデータの Bag-of-Words の特徴量は，名前の「BoW-」の後に続く単語の重要度となっている．

最も重要度が高かったのは AuthorAssociation で，2 番目の Body Words に比べて 1.4 倍重要度が高かった．AuthorAssociation は，Issue 投稿者がプロジェクトに対してどのような権限を持っているかを示す特徴量で，Issue 投稿者のプロジェクト上での役割を意味する．プロジェクトのオーナーやメンテナは，プロジェクトの保守・運用のため新規開発者を惹きつけることに積極的であると考えられ，GFI になりえる Issue を通常の開発者よりも多く投稿している可能性がある．

重要度が 2，3 番目の本文とタイトルの単語数は，2.1 節で述べた通り，Issue の内容が詳細に説明されているかを表す特徴量である．また，Issue 本文に含まれるインラインコードや URL，バージョン情報の有無も重要度 10 位以内の特徴量に含まれており，これらは投稿された Issue の内容を深く理解するために重要な情報であるといえる．これらの情報が含まれていない Issue は，問題を理解することが難しいか，機能拡張の提案など追加の議論が必要な Issue である可能性があり，新規開発者が取り組むべき Issue としては不向きであると考えられる．

5 議論

5.1 本モデルの有用性

4.1 節で示した通り，本モデルは *Precision* が 0.91 であるのに比べて *Recall* は 0.30 と非常に低い．*Precision* が高いということは，GFI と分類された Issue の中に通常 Issue が紛れ込むことは少なく，確実に新規開発者に適した Issue を分類することができることを意味する．しかしながら，*Recall* が低いということは，GFI になりえる Issue を見逃しやすいため，新規開発者がプロジェクトに貢献する機会が減る可能性がある．Tan ら [5] によれば，GFI ラベルはメンテナがサポート可能な Issue に対してラベル付けされるため，実際には多くの Issue を GFI に分類できたとしても，メンテナの手が回らず新規開発者はサポートが得られない可能性がある．したがって，多少 *Recall* を犠牲にしてでも *Precision* が高いほうが適している．

5.2 GFI の特徴

5.2.1 AuthorAssociation の分布

表 5: GFI，通常 Issue 投稿者の AuthorAssociation の分布

AuthorAssociation	GFI[件] (割合)	通常 Issue[件] (割合)
プロジェクトのオーナー	**662 (0.05)**	**15 (0.00)**
プロジェクトを所有する組織のメンバー	3,662 (0.30)	21,873 (0.14)
プロジェクトの共同作業に招待された開発者	772 (0.06)	2,488 (0.02)
過去にこのプロジェクトに コミットしたことがある開発者	4,560 (0.37)	61,392 (0.41)
上記のどれにも当てはまらない開発者	2,727 (0.22)	65,227 (0.43)
合計	12,383	150,995

特徴量の重要度が 1 番高かった AuthorAssociation の分布を表 5 に示す．通常 Issue の合計件数（150,995 件）は GFI の合計件数（12,383 件）より圧倒的に多いにもかかわらず，プロジェクトオーナーが通常 Issue を投稿した件数はわずか 15 件であった．一方，GFI は 662 件投稿されていた．また，GFI の 41%がプロジェクトに対して何らかの権限を持っている開発者（表 5 の上から 3 行分）から投稿されたのに対して，通常 Issue は 16%だけだった．したがって，プロジェクトのコアメンバーは，通常のプロジェクトの課題よりも新規開発者向けの課題に対して多くの労力を割いており，本モデルを利用して Issue の中から新規開発者向けの課題を自動で抽出することで，メンテナの負担を軽減できる．

5.2.2 タイトルと本文の単語数の分布

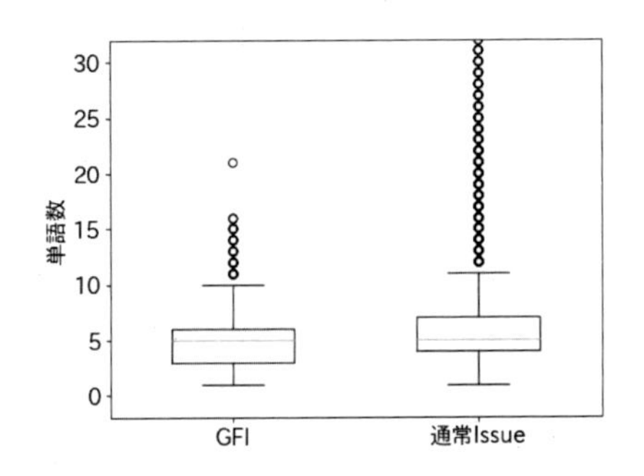

図 1: タイトルの単語数の分布

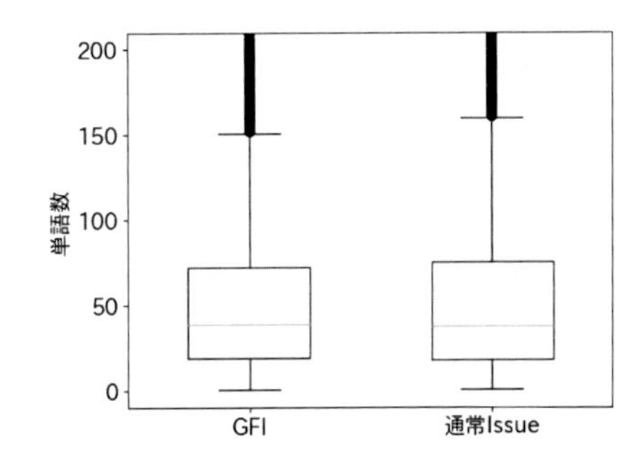

図 2: 本文の単語数の分布

特徴量の重要度が 2，3 番目に高かった，タイトルと本文の単語数（特徴量の名前は Title Words と Body Words）の箱ひげ図をそれぞれ図 1，2 に示す．図 1 の箱ひげ図は，つぶれて見にくくなるのを防ぐために，縦軸の最大値を 30 単語に制限した．同様の理由で，図 2 の縦軸の最大値を 200 単語に制限した．タイトルの単語数の中央値は，GFI は 5 単語で通常 Issue も 5 単語だった．また，本文の単語数の中央値は，GFI は 39 単語で，通常 Issue は 38 単語だった．GFI と通常 Issue で分布に大きな差がないにもかかわらず，特徴量の重要度が高くなった理由については，次の 2 つが考えられる．1 つは，タイトルや本文の単語数に加えて他の特徴量と組み合わせることで，分類性能が向上している場合である．もう 1 つは，外れ値を持つデータを分類する場合，分割時にノードに含まれる他クラスのデータがなく不純度

が下がりやすいため，必然的に重要度が高くなる場合である．図1，2を見ると外れ値を含むデータが多いことが分かるため，後者の場合を想定し，四分位範囲の 1.5 倍を超える単語数を持つデータを外れ値としてデータセットから除外し再度学習を行ったところ，*Precision* と *Recall* は変化しなかったが，タイトルと本文の単語数の重要度が上位 10 位から外れた．したがって，タイトルと本文の単語数は外れ値をとるデータを分類するためには有効であるが，GFI を特徴づける要素ではなかった．

5.3 制約

5.3.1 GFI に関連する類似ラベル

本研究では，データ収集時に「beginner friendly」や「easy bug fix」といった「good first issue」に類似するラベルを含めなかった．これらの類似ラベルは「good first issue」と比べて使用頻度が低く [5]，特定のプロジェクトでしか使われないことが多いため，「good first issue」ラベルのみを収集した．

5.3.2 収集した OSS プロジェクトの妥当性

データ収集の対象となった 15 プロジェクトのうち 2 件は，Issue の大半を GFI が占めており，通常 Issue はほとんど存在しなかった．これらのプロジェクトを目視したところ，一般に利用されることを想定したソフトウェア開発プロジェクトではなかったため，新規開発者が OSS プロジェクトに貢献する際の主要な動機であるスキルアップにはつながらない可能性が高く，多くの新規開発者にとっては GFI として不適当かもしれない．ただし，本研究では最初に 3.1 節で決めた条件にしたがってデータ収集を行い，恣意的にプロジェクトを除外することは避けた．

6 まとめ

本研究では，GFI を分類するランダムフォレストモデルを構築し，*Precision*0.91，*Recall*0.30 を達成した（RQ1）．また，重要度が高い特徴量について追加分析を行い，GFI は通常 Issue に比べてプロジェクトの保守や運用にかかわる開発者らによって投稿されていることが多いということが分かった（RQ2）．つまりプロジェクトメンテナは，通常のプロジェクトの課題よりも新規開発者向けの課題に対して多くの労力を割いており，本モデルを利用して Issue の中から新規開発者向けの課題を自動で分類することは，メンテナの負担を軽減するために意義があるといえる．

現状のモデルは *Recall* が低いため，GFI になりえる Issue を多く見逃している可能性がある．今後は，*Recall* が低い原因を分析し向上させることを目指す．

参考文献

[1] Kevin Crowston, Hala Annabi, and James Howison. Defining open source software project success. In *ICIS '03*, pp. 327–340, 2003.

[2] Andrea Forte and Cliff Lampe. Defining, understanding, and supporting open collaboration: Lessons from the literature. *American Behavioral Scientist*, Vol. 57, No. 5, pp. 535–547, 2013.

[3] Igor Steinmacher, Tayana Conte, Marco Aurélio Gerosa, and David Redmiles. Social barriers faced by newcomers placing their first contribution in open source software projects. In *CSCW '15*, pp. 1379–1392, 2015.

[4] I. Steinmacher, T. U. Conte, and M. A. Gerosa. Understanding and supporting the choice of an appropriate task to start with in open source software communities. In *HICSS '15*, pp. 5299–5308, 2015.

[5] Xin Tan, Minghui Zhou, and Zeyu Sun. A first look at good first issues on github. In *ESEC/FSE '20*, pp. 398–409, 2020.

[6] Adriaan Labuschagne and Reid Holmes. Do onboarding programs work? In *MSR '15*, pp. 381–385, 2015.

[7] Hyuga Horiguchi, Itsuki Omori, and Masao Ohira. Onboarding to open source projects with good first issues: A preliminary analysis. In *SANER '21*, pp. 501–505, 2021.

[8] Trevor Hastie, Robert Tibshirani, and Jerome Friedman. *The Elements of Statistical Learning: Data Mining, Inference, and Prediction.* Springer, second edition, 2017.

プログラミング作問支援に向けた類似問題検索手法の評価

An evaluation on a method of similar practice problem search for preparing programming practice problems

山本 大貴 [*]　松尾 春紀 [†]　沖野 健太郎 [‡]　近藤 将成 [§]
亀井 靖高 [¶]　鵜林 尚靖 [‖]

あらまし　近年，プログラミング教育の需要増加に伴い，大学でもプログラミングを扱う講義が重要視されている．講義内容の理解度向上のためには，多くの問題を用意して学生に解かせることが望ましいが，教員数には限りがあり，作問は教員の負担となっている．そのため，教員にとっては，講義のシラバスに沿った問題を，より少ない手間で多く用意できることが望ましい．その解決策の一つとして，複数の問題データセット間での類似問題検索が挙げられる．複数のデータセット間で類似問題検索ができれば，教員はシラバスに沿った問題を少数作問するだけで，その問題と類似した既存の問題を学生に参考問題として提示することができる．本研究では，大学における教員の作問支援を目的として，九州大学の初等プログラミングの講義に実際に利用された問題の類似問題を，学生が自主学習に利用可能な競技プログラミング AtCoder の問題データセットで検索した．検索には深層学習を用いた類似問題検索手法を用いた．実験より，九州大学の問題から AtCoder の問題を検索した場合，上位 5 問の検索結果に類似問題が出てくる確率は 40%であった．よって，類似問題検索を利用することで，九州大学の問題の類似問題を，AtCoder の問題から検索可能であり，教員の作問を支援できる可能性があることを示した．

1　はじめに

近年，プログラミング教育の需要が高まっており，世界的にもプログラミング教育が推進されている [8]．同様に大学でもプログラミングを扱う講義が重要視されている．また，大学では学習者が講義内容をより深く理解できるよう，教員が，問題文の作成及びその問題の解答プログラムの作成（作問）を行い，学習者に手を動かしてもらう．この時，理解をより深めてもらうために，講義の復習になるような問題や，未だ取り組んだことのない問題といった，多くの問題を作問し，学生に解いてもらうことが望ましい．一方で，講義を担当することができる教員数は限られている．そのため，多くの問題を用意する場合，作問の負荷が大きくなる [7]．

我々は，教員の作問負荷を過大にせず，多くの問題を用意するための解決策の一つとして，類似問題検索に着目した．教員は各講義のシラバスに沿った内容を考慮した問題を少数作問し，その問題の類似問題を検索することで，少ない作問負荷で，シラバスの内容と合致した多くの問題を用意することができる可能性がある．

本研究では，大学の教員の作問支援を目的として，類似問題検索についての次の調査課題を設定した．

調査課題：大学の講義の問題から競技プログラミングの類似問題の検索が可能か
この調査では，類似問題の検索手法を，九州大学の初等プログラミングの講義で利

[*]Hiroki Yamamoto, 九州大学
[†]Haruki Matsuo, 九州大学
[‡]Kentaro Okino, 九州大学
[§]Masanari Kondo, 九州大学
[¶]Yasutaka Kamei, 九州大学
[‖]Naoyasu Ubayashi, 九州大学

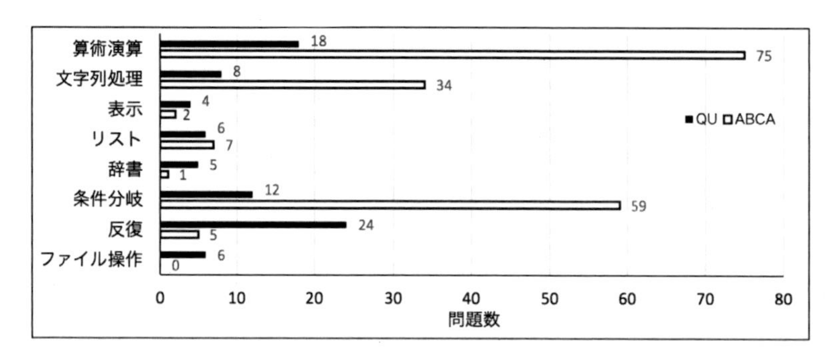

図1 トピックごとの問題数の分布

用された問題に適用し，誰でも利用可能なインターネット上の問題である，競技プログラミングの AtCoder[1] の問題を検索対象問題として，類似問題を検索できるかの調査を行う．

2 実験設計

データセット．本研究で扱う問題は，問題文と解答プログラムからなる．問題文は問題文本文と，解答プログラムに与える入力の型ごとの数を持つ．解答プログラムは，プログラムで使用された関数名及び演算子名（それぞれ重複なし），実際にプログラムに与えられた入力の型情報を持つ．問題文と対応する解答プログラムを組にして，以降は問題対と呼ぶ．問題文は日本語なので，Google 翻訳[2] により，英語へ翻訳した．Google 翻訳の妥当性チェックのため，翻訳した問題文を無作為に 10 件確認し，明らかに不自然な翻訳がないことを確認した．

本研究では問題の集合であるデータセットを 2 つ（QU と ABCA）用意した．

QU．QU は九州大学の基幹教育のプログラミング演習講義で使用されている問題のデータセットである．問題の合計は 83 個で，Python で書かれている．

ABCA．ABCA は競技プログラミングサイト AtCoder から取得した問題のデータセットである．AtCoder のコンテストの 1 つに ABC（AtCoder Beginner Contest）[3] と呼ばれるプログラミング初学者向けのコンテストが存在し，難易度に応じて配点の異なる A 問題から E 問題がある．本研究では，解答プログラムの難易度が QU と同等レベルであると判断し，最も簡単な A 問題を収集してデータセットとした．問題の合計数は第 1 回から第 183 回の A 問題 183 個であり，Python で書かれたソースコードを解答プログラムとした．

データセット内の問題を，問題のトピックによって分類した．トピックとは，その問題で学習者が学ぶ内容である．九州大学の初等プログラミングでは，それぞれのトピックを教えるため，教員はトピックごとに問題を作問する必要がある．そのため，トピックごとに検索できた類似問題数を評価することで，類似問題検索が有効なトピックがわかり，どういったトピックの問題の時に，類似問題検索を使うべきかがわかる．本研究における類似問題とは，同一トピックの問題であり，かつ似た解法をしている問題同士のことである．各問題の解答プログラム内で最も多く使用されているトピックに応じて，各問題をそれぞれのトピックに分類した．

トピックの一覧及び各データセットにおけるトピック別の問題数を図 1 に示す．トピックの一覧は，著者が目視で QU の問題を分類して決定した．ABCA の問題に

---
[1] https://atcoder.jp/
[2] https://translate.google.co.jp/
[3] https://atcoder.jp/contests/archive/

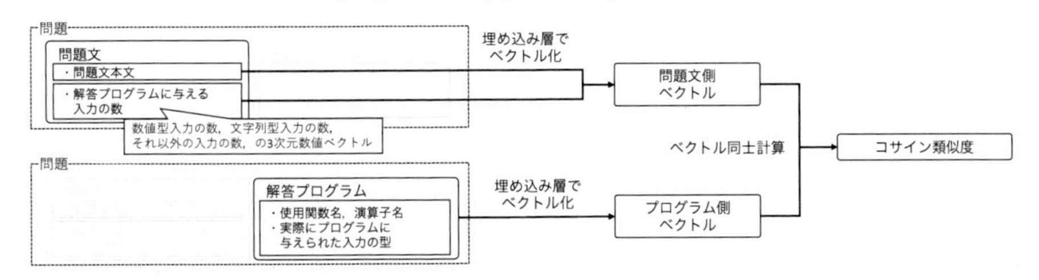

図 2　類似問題検索手法の入力

ついては，QU の分類に従い，著者がトピックの分類を行った．

実験の概要． 類似問題の検索を行う手法は多く存在する [2] [4] [3]．その手法の一つとして，倉林ら [6] は，深層学習の構造の Joint Embedding [5] を用いて問題文などの問題情報とプログラムの関係性を学習することで，新たに作問した問題の問題情報を入力すると，関連する問題を検索できる手法を提案した．この手法は，問題とプログラムという 2 つの異なるデータを同時に用いた類似問題検索を行いやすい．そのため，本研究ではこの手法を参考に類似問題検索手法を作成し，九州大学の問題に適用した．

作成した類似問題検索手法は，問題文と解答プログラムの問題対が，実際に存在する問題の問題対に近いかどうかによって，類似問題を検索する．具体的には，Joint Embedding [5] の構造を利用した深層学習モデルを用いる．Joint Embedding は異なる構造のデータをそれぞれ入力としてベクトル化し，ベクトル同士のコサイン類似度を計算する．入力のデータ間の関連度が大きければコサイン類似度が 1 に，小さければコサイン類似度が 0 に近づくようなベクトル化ができるように学習を行う．

類似問題検索手法の入力を図 2 に図示する．本手法では，問題文と解答プログラムが類似問題検索手法の入力である．具体的には，上述の問題文と解答プログラムがそれぞれ持つ情報（問題文本文など）が入力となる．ここで，問題文の持つ入力の数は，各問題において，数値型入力の数，文字列型入力の数，それ以外の入力の数を並べて 3 次元の数値ベクトル化したものである．問題文は文字列であり，入力の数は数値ベクトルなので，問題文は埋め込み層でベクトル化され，次の層で入力の数と結合される．解答プログラムの関数名と実際にプログラムに与えられた入力の型は，どちらも文字列なので，どちらも埋め込み層でベクトル化される．

以下に，本実験全体のステップを示す．全体の流れは図 3 に図示する．

STEP1: データセットの分割． 本実験では，QU と ABCA を合わせたデータセット（QU+ABCA）が，類似問題検索の調査を行う対象のデータセット（調査データセット）に該当する．調査データセット内の問題対を，類似問題を検索する問題対（検索データセット）と類似問題検索手法の学習用の問題対（学習データセット）に分割する．なお，後者の学習データセットは，検索の際に類似問題を検索される問題対の集合である，検索対象問題のデータセットとして利用する．本研究は，大学の教員の作問支援を目的とするため，QU の問題対のみを検索データセットとする．残りの調査データセットの問題対は学習データセットとする．なお，本手法の目的は，あらかじめ与えられたデータから類似問題を見つけることであり，学習に用いたデータが検索対象問題であってもデータリーケージには当たらない．

STEP2: 解答プログラム同士で SIM の計算． まず，関連度の計算を行う．関連度は問題対間での類似度に用いる．本実験における関連度は，ある問題があった時に，その問題の解答プログラムと，他の問題の解答プログラムとの TED (Tree Edit Distance) [1] を用いて算出される．TED は抽象構文木に変換したプログラム同士の距離の指標であり，TED が小さいほどプログラム同士が構造的に似ていることを表す．TED が 0 のとき，互いの抽象構文木は完全一致する．つまり，問題文と解答

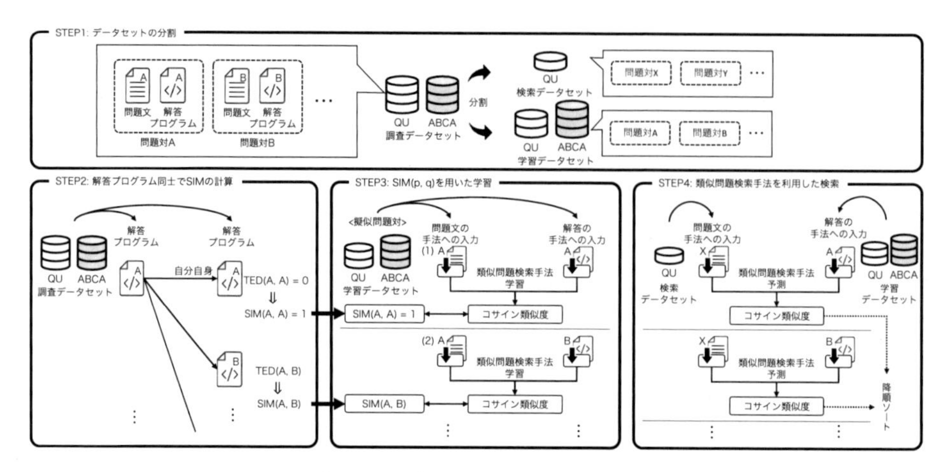

図 3　類似問題検索手法を用いた実験の流れ

プログラムが同じ問題から得られている場合，解答プログラムは完全に一致するため，TEDは0となる．調査データセット内の全ての解答プログラム間でのTEDを計算した後，以下の式で解答プログラム同士の関連度に変換する．

$$\mathrm{SIM}(\mathrm{p},\mathrm{q}) = \max(1 - \mathrm{TED}(\mathrm{p},\mathrm{q})/\mathrm{TED}_{\mathrm{const}}, 0) \qquad (\mathrm{I})$$

SIM(p, q)は解答プログラムpとqの関連度を示し，0から1の範囲の値を取る．TED(p, q)は解答プログラムpとqのTEDを示す．TED(p, q)の値が小さい時，SIM(p, q)は大きい値を取る．$\mathrm{TED}_{\mathrm{const}}$は，TEDの閾値を表し，TED(p, q)が$\mathrm{TED}_{\mathrm{const}}$以上の時，SIM(p, q) = 0となる．本実験で$\mathrm{TED}_{\mathrm{const}}$は，学習データセット内の全ての解答プログラムの間でのTEDの80パーセンタイルとした．求めたSIM(p, q)が大きい解答プログラム同士は類似した解答プログラムである．この類似した解答プログラムに対応した問題同士は，答えが同じであるため，類似問題となるはずである．

STEP3: SIM(p, q)を用いた学習． 学習データセットから全ての問題対の持つ問題文及び解答プログラムの全ての組み合わせを擬似問題対として用意する．擬似問題対は，問題文と解答プログラムが一致していない場合も含む．擬似問題対を入力として，類似問題検索手法を学習させる．具体的には，類似問題検索手法の示すコサイン類似度が，入力された疑似問題対の解答プログラム間のSIM(p, q)の値に近づくように学習する．これにより，SIM(p, q)が大きい擬似問題対の解答プログラム間でコサイン類似度が大きくなるようなベクトル変換が行えるようになる．例えば，解答プログラムpを持つ問題Pと，解答プログラムqを持つ問題Qがあったとする．この時，Pの問題文とQの解答プログラムqを使った擬似問題対が定義される．学習では，この擬似問題対からJoint Embeddingを用いてコサイン類似度を計算し，このコサイン類似度がSIM(p, q)の値に近づくように，Joint Embeddingによるベクトル化を学習させる（図3中(1)及び(2)）．この学習で，SIM(p, q)が大きい擬似問題対の入力から，高いコサイン類似度を得られるようになる．これにより，問題文と解答プログラムの組から，類似問題を検索できるようになる．

STEP4: 類似問題検索手法を利用した検索． 検索ではSTEP1で分割した検索データセットの問題の問題文を検索クエリ，学習データセットにある解答プログラムを検索対象問題として，類似問題を検索する．検索クエリの問題文と，学習データセット内のそれぞれの解答プログラムで擬似問題対を作成する．各擬似問題対を類似問題検索手法に入力してコサイン類似度を計算する．コサイン類似度の値で，擬似問題対を降順ソートする．擬似問題対を，それぞれの解答プログラムに対応する問題

表 1　類似問題を検索できた検索クエリの数の中央値

学習データ	検索クエリ	In@1	In@5	In@10
QU+ABCA	QU	0.5 問 / 5 問	2 問 / 5 問	2 問 / 5 問

（問題文）
2つの整数型変数nとmに適当に整数を代入し、その差、積、商を計算せよ。

（解答プログラム）
```
1    m = int(input())
2    n = int(input())
3    result1 = m - n
4    result2 = m * n
5    result3 = m / n
```

(a) 検索クエリの問題 (QU) 演習講義の問題より引用

（問題文）
2つの整数A,Bが与えられます。
$A+B, A-B, A\times B$の中で最大の値を求めてください。

（解答プログラム）
```
1    A, B = map(int, input().split())
2    print(max(A+B, A-B, A*B))
```

(b) 検索結果の問題 (ABCA) AtCoder Beginner Contest 098 A 問題より引用

図 4　検索クエリと検索結果の例

に置き換えた時に，この問題の順番が，検索クエリに対する類似問題の順位となる．

3　調査課題及び結果

調査課題．大学の講義の問題から競技プログラミングの類似問題の検索が可能か

目的． 既存研究 [6] では，同一データセット内での類似問題検索を行っている．しかし，異なるデータセット間での類似問題検索の有効性は評価していない．そのため，QU の問題の類似問題を，ABCA の問題から検索可能であるか明らかにする．

調査内容． 2 節の 4 つの STEP を実行する．ただし，調査データセットから QU の問題対をランダムに 5 個取り出し，検索データセットとする．検索データセットはランダムに取り出された QU の問題 5 問であるため，この実行を 10 回繰り返し，取り出された問題によるバイアスを取り除く．

各繰り返しにおいて，5 つの問題それぞれの問題文を検索クエリとして，学習データセット内から類似問題の検索を行う．検索された類似問題の上位 k 問以内に実際に類似問題が存在するかを目視で確認し，5 問中何問で上位 k 問以内に類似問題があったかを取得する．10 回の繰り返しを行うので，その中央値を結果とする．

調査結果． 類似問題を検索できた検索クエリの数の中央値を表 1 に示す．表中の In@k は，5 問それぞれの検索クエリでの検索結果の上位 k 問に，検索クエリと類似した問題が含まれる数の中央値を表す．$k = 1, 5, 10$ の場合について In@k の評価を行った．In@5 では，5 問中 2 問であった．そのため，九州大学の問題で類似問題検索を行った際に，上位 5 問までに約 40%の割合で類似問題が得られることがわかる．

検索できた類似問題の例を図 4 に示す．図 4(a) は QU の検索クエリであり，入力された 2 つの整数値に算術演算を行う問題である．図 4(b)[4] は検索できた ABCA の問題であり，この例も同じく 2 つの入力に算術演算を行う問題であるため，問題文が異なる類似問題として活用できると考えられる．この例の他に，構造は似ていないが，問題全体の意味が似ている問題も検索することができた．

また，QU の検索クエリで検索できた ABCA の類似問題のトピック別の分布を調べると，算術演算の問題については，最も多い 4 問を検索できた．条件分岐のトピックの問題は 3 問，反復のトピックの問題は 1 問検索できた．ABCA の全問題のトピックの分布の図 1 とこの結果を比較すると，検索できた問題のトピックの算術演算及び条件分岐は，元々 ABCA で問題数が多い．このことから，検索クエリと同様のトピックを持った問題が多い場合，類似問題を多く検索できる可能性がある．

4　妥当性に対する脅威

内的妥当性． 類似問題検索手法は先行研究 [6] で提案されていた手法を新たに実装したものである．実装上のバグが結果に影響する可能性がある．解答プログラムに使われているトークン数が少ない場合，類似問題検索手法により，小さな要素が

[4] https://atcoder.jp/contests/abc098/tasks/abc098_a

類似点として推薦される可能性がある．また，類似問題の基準として，目視による判断を行ったため，判断の基準が主観的である可能性がある．類似問題の判断には，その時点で講義で学んでいないトピックを含む問題であるかは考慮できていないため，作問材料として適切でない問題が検索される可能性がある．

外的妥当性．今回，各問題に対して1つの解答プログラムのみを用意した．1つの問題に対する解答プログラムは関数の使用の有無等，複数個考えられるため，様々な解答プログラムを用いた評価を今後行う必要がある．類似問題検索手法も1つの先行研究のみを活用している．異なる手法を利用した場合や，利用されている深層学習モデルの構造やハイパーパラメータが，結果に影響する可能性がある．

5 おわりに

本研究では，大学教員の作問支援を目的として，類似問題検索手法を，九州大学の初等プログラミングの問題に適用し，AtCoder の問題の類似問題を検索できるか調査した．調査を行った結果，九州大学の問題から AtCoder の問題に対して類似問題検索を行うと，検索結果の上位 5 問までに約 40%の割合で類似問題を得ることができた．また，検索できる AtCoder の類似問題は，トピックの観点で調べた時，AtCoder において同じトピックを使った解答プログラムを持つ問題の数が多い特徴があった．この結果から，深層学習モデルを用いた類似問題検索を行うことで，九州大学の問題から，AtCoder の類似問題を得ることは可能であり，類似問題を集めることで教員の作問支援が期待できる．また，深層学習モデルにより，解答プログラムの構造以外の点で類似している問題も検索できる場合があり，意味的に似ている問題を集めることができる可能性もある．

今後の課題として，AtCoder の B 問題などの難易度を上げた問題のデータセットを追加し，問題に関しての一般性を高める必要があると考えている．データセットの対象とする問題の条件については，入力や出力等について，必要な情報のみを用いて問題の検索を行うことができるようにする必要があると考えている．

謝辞 本研究の一部は JSPS 科研費 JP18H04097・JP21H04877，および，JSPS・国際 共同研究事業（JPJSJRP20191502）の助成を受けた．

参考文献

[1] P. Bille. A survey on tree edit distance and related problems. *Theoretical Computer Science*, Vol. 337, pp. 217–239, 2005.

[2] E. Hill, L. Pollock, and K. Vijay-Shanker. Improving source code search with natural language phrasal representations of method signatures. In *Proc. of the 2011 26th IEEE/ACM Int'l Conf. on Automated Software Engineering*, pp. 524–527, 2011.

[3] K. Kim, D. Kim, T. F. Bissyandé, E. Choi, L. Li, J. Klein, and Y. L. Traon. Facoy: A code-to-code search engine. In *Proc. of the 40th IEEE/ACM Int'l Conf. on Software Engineering*, pp. 946–957, 2018.

[4] C. Mcmillan, D. Poshyvanyk, M. Grechanik, Q. Xie, and C. Fu. Portfolio: Searching for relevant functions and their usages in millions of lines of code. *ACM Trans. Software Engineering and Methodology*, Vol. 22, , 2013.

[5] R. Xu, C. Xiong, W. Chen, and J. Corso. Jointly modeling deep video and compositional text to bridge vision and language in a unified framework. In *Proc. of the 29th AAAI Conf. on Artificial Intelligence*, pp. 2346–2352, 2015.

[6] 倉林利行, 吉村優, 切貫弘之, 丹野治門, 富田裕也, 松本淳之介, まつ本真佑, 肥後芳樹, 楠本真二. 深層学習と遺伝的アルゴリズムを用いたプログラム自動生成. ソフトウェアエンジニアリングシンポジウム 2020 論文集, pp. 143–152, 2020.

[7] 田口浩, 原田史子, 高田秀志, 島川博光. プログラミング学習カルテの分析による人的教育資源の有効活用. 情処学論, Vol. 50, pp. 2409–2425, 2009.

[8] 文部科学省. 諸外国におけるプログラミング教育に関する調査研究プロジェクト，「情報教育指導力向上支援事業（諸外国におけるプログラミング教育に関する調査研究）」, 2015.

リファクタリング検出のための拡張操作履歴グラフ

An Extended Operation History Graph for Refactoring Detection

大森 隆行 * 大西 淳 †

あらまし 本論文では，操作履歴グラフ OHG に情報を付加した拡張操作履歴グラフ fOHG を提案する．fOHG では，抽象構文木の内容をメソッド内部も含めてすべて保持し，要素の改名や移動等の情報も保持する．本論文では，現実的なメモリ消費・時間でグラフを構築可能であること，OHG では検出できないリファクタリング操作が検出可能となることを示す．

1 はじめに

ソースコード編集履歴を用いることで，ソースコードがどのように変更されてきたのかの詳細を知ることができる [1]．しかしながら，一つ一つの編集操作を，再生器等の手段を用いて調べることは大変な時間を要するため，編集履歴を効率良く理解するための支援手法が求められる．この一環として，我々は操作履歴グラフに関する研究を進めてきた [2–4]．文献 [4] で提案した Operation History Graph (OHG) は，履歴中に出現する複数の抽象構文木 (AST: Abstract syntax tree) の情報を 1 つのグラフ構造の中で保持し，さらに，クラスやそのメンバに名前変更や移動が行われた際，変更前後の要素を追跡性リンク (traceability link) で結ぶものである．この追跡性リンクの存在により，構文要素に対してリファクタリング [5] が行われた場合でも，同一要素であることを容易に識別できる．しかしながら，OHG は，メソッド内部については，匿名内部クラスのメソッド宣言と型・メソッドの参照しか保持しないため，応用に大きな制約があった．そこで本論文では，OHG を拡張し，AST 全体を保持する fOHG(Full-version OHG) を提案する．fOHG を使うことで，OHG では検出できなかったメソッド内部の変更を含むリファクタリング操作を検出可能となる．従来，編集履歴に出現する AST 全体を扱う際，解析におけるメモリ消費や実行時間が問題となっていた．fOHG 生成においては，OHG と同様のキャッシュ機構によりメモリ消費を抑え，さらに，コード変更前後の文字の対応関係を利用することで，同一要素 (変更がなかった要素) の追跡性を保証するとともに，AST のノード比較回数を減らす工夫を行った．本論文では，小規模なプログラムに対してリファクタリング操作を適用した履歴を用いて，グラフを現実的なメモリ消費・時間で構築可能であることを示す．さらに，グラフがそれらの操作を検出するために必要な情報を保持していることを示す．

fOHG を使用してリファクタリング操作を検出することで，個々の編集履歴を調べる場合よりも，抽象度の高い変更の情報を得られることになる．これにより，開発者や保守者が，より効率的に履歴の内容を把握できるようになると考えている．

2 拡張操作履歴グラフ fOHG

fOHG は，ソースファイルごとの構文情報を保持する MV-AST(multi-versioned AST)(後述) を組み合わせたグラフとして実現される．fOHG は，1 つのグラフ構造の中に 1 つの `origin` ノードを持つ．1 つのソースファイルにつき MV-AST が 1 つ生成される．`origin` ノードから各 MV-AST のルートが `root` エッジで結ばれる．

MV-AST は，1 つのソースファイルの各時点のコードから生成される AST の情報を，変更のない箇所のノードを共有させることで 1 つに縮約したものである．編

*Takayuki Omori, 立命館大学

†Atsushi Ohnishi, 立命館大学

集操作の前後でコードの内容が大きく変更されることは稀であるため，ノードの共有により情報量の増加を防止できる．具体的には，ノードに生存期間を設定することで，構文要素の生成・削除時刻を記憶する．詳細については2.2で述べる．

以下にfOHGの主な特徴を示す．

- メソッド内部の構文要素も保持する．
- 子要素の順番はコード上の出現順と同一となる(OHGでは順番は保証されない)．
- ノードの生存期間を`timeFrom`属性と`timeTo`属性で表現する．要素の削除を，`timeTo`属性のみで表現する(OHGではノード削除は`null`ノードへのリンクにより表現)．履歴終了時点で残っている要素の`timeTo`属性の値は∞となる [1]．

上記の通り，fOHGでは子要素の順番を考慮するため，OHGとはAST差分検出の手法が異なる．2.2.1で詳細を述べる．

2.1 グラフの構築

本節では，fOHGのグラフ構築手法を示す．AST差分検出に至るまでの履歴 [2]の読み込み，パッケージ情報(package information)や追跡性情報(traceability data)検出処理等(文献[4] 4.1節Step1～8)はOHGにおけるグラフ構築手順と同一である．

2.2 MV-AST

ここでは，MV-ASTとその構築手法の概要を示す．まず，ノードの追加，削除，改名，移動が行われた場合にどのようなMV-ASTが構築されるかについて説明する．

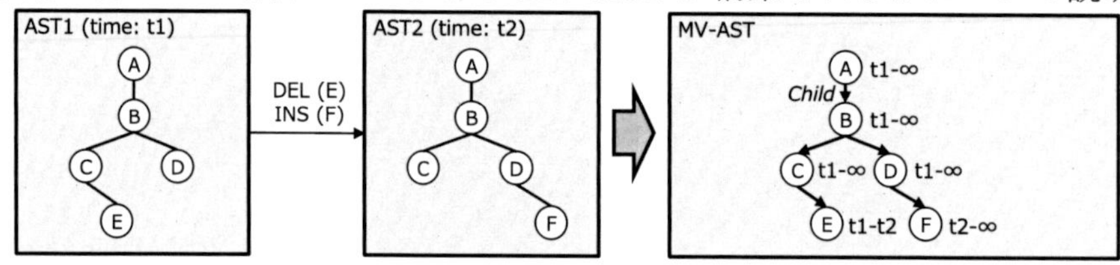

図1 MV-ASTの構築例(ノードの追加・削除)

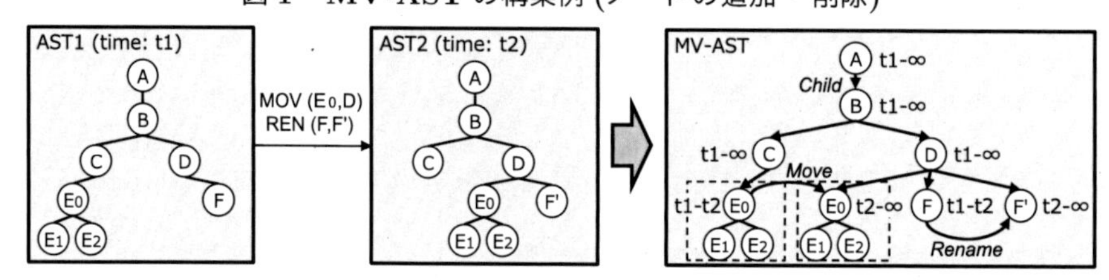

図2 MV-ASTの構築例(ノードの移動・改名)

図1では，AST1(時刻t1)からAST2(時刻t2)に至るまでに，ノードEの削除とノードFの追加が行われている．この場合，MV-ASTは，EとF両方を保持する木構造となる．各ノードが有効な時刻を示すため，ノードの生存期間が保持される．

図2では，E_0以下の部分木がCからDに移動され，ノードFがF'に改名されている．この場合，MV-ASTでは，移動前のE_0から移動後のE_0への追跡性リンク(Move)と，改名前のFから改名後のF'への追跡性リンク(Rename)がそれぞれ生成される．この例では，E_1，E_2の生存期間はE_0と同じになる．なお，以降の議論で，改名にはシグネチャの変更(例えばメソッドの引数の数や型の変更)を含む．

各ソースファイルのMV-ASTは以下の手順で構築される．

(i) 初期ソースコードから得られるASTを初期MV-ASTとする．この時，すべてのノードの`timeFrom`属性をプロジェクト開始時刻，`timeTo`属性を∞に設定する．

[1]実装では`timeTo`属性値-1で∞を表現している．

[2]OperationRecorder [6]によって記録された操作履歴ファイルを前提としている．

(ii) 編集操作ごとに以下 1〜4 を繰り返す．

1. 現在の着目操作が終了した時点 (時刻 t_{i+1}) のソースコード c_{i+1} を復元する．
2. c_{i+1} を構文解析し，AST a_{i+1} を構築する．解析は Eclipse JDT による．
3. 1 つ前の時点 (時刻 t_i) のソースコード c_i を解析した結果である AST a_i と a_{i+1} を比較する．比較の詳細は 2.2.1 で述べる．
4. 比較の結果，削除されたノードの MV-AST における対応ノードの `timeTo` 属性を t_{i+1} に変更する．追加されたノードは MV-AST の適切な位置に挿入し，`timeFrom` 属性を t_{i+1}，`timeTo` 属性を ∞ に設定する．改名，移動の場合は，上記の削除，追加の処理に加えて，対応するノード同士を追跡性リンクで結合する．

2.2.1 編集操作に基づく AST の差分検出

AST の比較は以下の 4 つのステップで行う．各ステップは一度の比較においてそれぞれ一回だけ実行される．

2.2.1.1 文字対応ステップ

変更前後の AST の各葉ノードに含まれる文字[3]を調べ，同一の文字 (追加，削除が行われていない文字) を含むノードが同種の (`elemType` が同じ) 構文要素であれば，それらを対応するとみなす．ただし，1 対多の対応になる場合は除く．文字対応を調べることで，後のステップで変更がなかったノードを迅速に発見できるようになる．未編集文字の出現順は変わらないため，この対応付けでは，各 AST から得られる葉ノードの列を先頭から順番に走査し，対応しないものはスキップすれば良い．

2.2.1.2 由来操作検出ステップ

変更前 AST の各ノードと，その直接包含文字に対して行われた削除操作の対応を調べ，マップに保存する．同様に，変更後 AST の各ノードと，その直接包含文字の挿入操作をマップに保存する．ただし，空白文字の挿入や削除は無視する．直接包含文字とは，当該ノードには含むが，その子孫ノードには含まない文字である．

このように，どの文字がどの操作に由来するのかを明らかにすることで，Eclipse が提供する Rename や Move 機能により変更された場合に，削除と追加の組み合わせでなく改名や移動とみなせるようにする．事前に生成された追跡性情報に含まれる編集操作と由来操作が一致する場合，該当するノードに未編集の文字が残っていなくても，対応するものとみなす．

2.2.1.3 ボトムアップステップ

ノード比較を葉に近い方からボトムアップに行うことで，無変更または改名・移動が行われた部分木の対応付け，部分木の変更種類 (追加・削除等) の判定を行う．

まず，変更前 AST a_i の各葉ノードと，2.2.1.1 で対応付けられた，変更後 AST a_{i+1} のノードを比較する．葉ノード $m \in a_i$ とその対応ノード $n \in a_{i+1}$ に含まれるコード断片が文字列比較の結果同一である場合，変更なしとみなす．2.2.1.2 で m，n と対応付けられた操作が追跡性情報 (改名・移動) に含まれる場合，改名・移動とみなす．それ以外の場合，変更あり (ノード内容の更新) とみなす．

次に，a_i と a_{i+1} の各非葉ノードを葉に近い方から順に処理していく．子要素と自身に加えられた変更がすべて同種類の場合，部分木全体に対する変更とみなす．ただし，$m \in a_i$ の先頭子要素の対応関係に基づき，m と対応するノード $n \in a_{i+1}$ を探し，m と n を根とする部分木が同型にならない場合は，変更種類未定とする．

2.2.1.4 トップダウンステップ

ここまでで変更種類未定のノードへの対応，および，編集操作が当該構文要素外に影響を及ぼす事例，属性が変化する事例への対応のため，a_i と a_{i+1} の各ノードの比較をトップダウンに行う．ただし，2.2.1.3 ですでに変更種類が確定したノードが比較対象となった場合，それ以下のノードの処理は行わない．

a_i と a_{i+1} のルート同士を対応付け，それぞれの子要素の比較を再帰的に行う．ノードの属性がすべて同じであり，AST パスも等しければ，対応するものとみなす．た

---
[3] 各ノードに対応する位置に存在する，ソースコード上の文字の意味．

```
CompilationUnit                                      t1-∞
 ...(omitted)...
 TypeDeclaration (types) [reversi.Board]             t1-∞ }Ⓐ
  Modifier (modifiers) (public)                      t1-∞
  SimpleName (name) (Board)                          t1-∞
  FieldDeclaration (bodyDeclarations)                t2-∞ ┐
   Modifier (modifiers) (private)                    t2-∞ │
   Modifier (modifiers) (static)                     t2-∞ │
   Modifier (modifiers) (final)                      t2-∞ │
   PrimitiveType (type) (int)                        t2-∞ ├Ⓑ
   VariableDeclarationFragment (fragments)                │
         [reversi.Board#DIRECTION_MAX:int]           t2-∞ │
    SimpleName (name) (DIRECTION_MAX)                t2-∞ │
    NumberLiteral (initializer) (8)                  t2-∞ ┘
    ...(omitted)...
    ForStatement (statements)                        t1-∞
     Assignment (initializers) (=)                   t1-∞
      SimpleName (leftHandSide) (dir)                t1-∞
      NumberLiteral (rightHandSide) (0)              t1-∞
     InfixExpression (expression) (<)                t1-∞
      SimpleName (leftOperand) (dir)                 t1-∞
      SimpleName (rightOperand) (DIRECTION_MAX)      t2-∞ ┐
      NumberLiteral (rightOperand) (8)               t1-t2┘Ⓒ
     PostfixExpression (updaters) (++)               t1-∞
      SimpleName (operand) (dir)                     t1-∞
     Block (body)                                    t1-∞
     ...(omitted)...
```

図 3　**Ex1 の MV-AST**

```
...(omitted)...
  ExpressionStatement (statements)                t2-∞ ┐
   MethodInvocation (expression)                  t2-∞ │
    SimpleName (name) (drawStones)                t2-∞ ├Ⓐ
    SimpleName (arguments) (gc)                   t2-∞ ┘
  VariableDeclarationStatement (statements)       t1-t2┐
  ...(omitted)...                                      │
  ForStatement (statements)                       t1-t2│
   ...(omitted)...                                     │
   Block (body)                                   t1-t2│
    ForStatement (statements)                     t1-t2├Ⓑ
     ...(omitted)...                                   │
     Block (body)                                 t1-t2│
      ExpressionStatement (statements)            t1-t2│
       MethodInvocation (expression)              t1-t2│
        SimpleName (name) (draw)                  t1-t2│
        ...(omitted)...                                ┘
MethodDeclaration (bodyDeclarations)                   ┐
   [...drawStones(...GC):void]                    t2-∞ │
 ...(omitted)...                                       │
 Block (body)                                     t2-∞ │
  VariableDeclarationStatement (statements)       t2-∞ │
   ...(omitted)...                                     │
  ForStatement (statements)                       t2-∞ │
   ...(omitted)...                                     ├Ⓒ
   Block (body)                                   t2-∞ │
    ForStatement (statements)                     t2-∞ │
   ...(omitted)...                                     │
     Block (body)                                 t2-∞ │
      ExpressionStatement (statements)            t2-∞ │
       MethodInvocation (expression)              t2-∞ │
        SimpleName (name) (draw)                  t2-∞ │
        ...(omitted)...                                ┘
```

図 4　**Ex3 の MV-AST**

だし，親子関係が変化している場合は対応しないものとみなす．また，対応しているがユニーク名 [2] が変化している場合は，改名とみなす．ここまでで対応付けられなかったノードは，a_i に属するものは削除，a_{i+1} に属するものは追加とみなす．

3　fOHG からのリファクタリング操作の検出

編集履歴から fOHG を構築し，fOHG が持つ情報からリファクタリング操作を検出できるかを確認する実験を行った．この実験では，第一著者が 9 年前に作成したリバーシ・ゲームのソースコード (637 行) を使用した．第一著者がこのコードを改めて読み，(**Ex1,2**) マジックナンバーの置き換え，(**Ex3,4**) メソッドの抽出，(**Ex5**) 条件記述の分解他を行った．各編集履歴から fOHG を生成した後，リファクタリング操作検出のために必要な情報が fOHG に含まれることを手作業で確かめた．

3.1　結果

3.1.1　リファクタリング操作の検出

例として，Ex1, 3 の履歴から生成された fOHG に含まれる MV-AST の一部をそれぞれ図 3,4 に示す．図は，fOHG のテキスト出力機能によるもので，1 行に 1 つのノードの情報が示されており，字下げでノードの階層構造を表現している．各行の先頭には，構文要素の種類 (`elemType` 属性の値) が，末尾には生存期間が示されている．紙面の都合上，時刻は記号 (t_i および ∞) に置換し，空白の調整等を行った．

3.1.1.1　Ex1 マジックナンバーの置き換え

図 3 に示す通り，MV-AST は `CompilationUnit` をルートとする木構造として出力される．図 3A は `Board` クラスの型宣言を示している．各要素名に後続する () 内は親からの `child` エッジの `kind` 属性の値を示している．リテラルや演算子については，2 つ目以降の () 内にその内容を示している．[ ] 内はユニーク名である．

ここで，マジックナンバーの置き換えの検出に必要な情報は，(α) マジックナンバーが変数に置換されたこと，(β) 該当する変数の宣言が追加されたことだと考えられる．図 3B は，フィールド `DIRECTION_MAX` の宣言の追加，図 3C は，定数 8 を `DIRECTION_MAX` に置換したことを意味しており，それぞれ β, α に対応している．なお，OHG では，フィールド宣言の追加 (図 3B に相当) は保持されるものの，図 3C に相当する情報が保持されない．

3.1.1.2　Ex3 メソッドの抽出

メソッド抽出の検出に必要な情報は，(α) ステートメント群がメソッド呼び出しに置換されたこと，(β) 該当するステートメント群を含む新しいメソッドの宣言が追加されたことだと考えられる．

図4Aは，メソッド抽出に伴うメソッド呼び出し (`drawStones(gc);`) の追加を意味している．図4Bがその箇所に元々記述されていたコードに対応しており，この内容が図4Cのメソッド `drawStones()` 宣言内部に移動している．ここでは，AとBが α に，Cが β に対応している．

OHGでは，図4のAやBに相当する情報が保持されない (図4Cに相当する情報は保持される) ため，単なるメソッドの追加であるとみなしてしまう可能性が高い．fOHGを使うことで，メソッドが抽出されたことのみでなく，どの部分をメソッド呼び出しに置換したのかも理解できる．

紙面の都合により省略するが，その他のリファクタリングについても，同様に検出のために必要な情報がfOHGに含まれることを確認した．

3.1.2 性能評価

Ex1～5におけるfOHG生成所要時間等の基本情報を表1に示す．編集操作数は，直接文字を変更する操作の数を示す．全ノード数は生成されたMV-AST内のノード数を示す．変更ノード数は，そのうち履歴の途中で何らかの変更が行われたノードの数である．データ量は，fOHGを保持する出力ファイルのデータ量である．生成時間は，グラフ生成開始から終了に要した時間である．

表1 実験結果

	編集操作数	全ノード数	変更ノード数	データ量 (MB)	生成時間 (秒)
Ex1	3	848	12	0.9	11.6
Ex2	4	948	20	1.1	7.1
Ex3	1	999	99	1.2	7.2
Ex4	2	1,025	125	1.2	9.8
Ex5	7	898	117	1.0	26.4

ノード数: いずれの事例でも，全ノード数と比べると変更ノード数がわずかである．このことから，不変箇所のノード縮約の効果は非常に高いと言える．

データ量: Ex1～5における操作履歴ファイルの容量の平均は約10KBである．すなわち，fOHGのデータ量はその100倍程度である．

生成時間: Core i7-7700HQ 2.6GHz, RAM 16GBのノートPCで，fOHG生成時間の平均は12.42秒であった．そのうち，MV-AST生成時間は8.32秒 ($\simeq$ 67%) を占めている．その他の時間のほとんどは，ファイルの書き出しに要した時間である．

4 関連研究

Alexandruらは，複数版の解析結果を1つの木構造に縮約できる解析ツールLISAを提案した [7]．複数版のノードを1つに縮約する点はfOHGと同様である．LISAはノード数の削減の工夫と並列化によって優れた解析性能を持つとされているが，要素の版間追跡性は考慮されておらず，要素の改名や移動を扱っていない．

Soetensら [8] は，編集履歴記録ツールChEOPSJに基づくリファクタリング検出手法を提案し，検出において，改版履歴よりも編集操作の記録を利用したアプローチが優れると主張している．特に，改版履歴を使う場合はリファクタリング操作がそれ以外の編集操作によって上書きされる問題を指摘している．また，既存のリファクタリング検出ツールがメソッドの抽出と移動の同時適用の際に正しく検出できなくなることを指摘している．[8] の手法では，変更の依存関係を表現するグラフに基づくリファクタリング検出が可能であるが，本研究で対象としているメソッドの抽出等には対応していない．

これまでに多くのリファクタリング検出ツール [9] や操作パターンの検出ツール [10] が提案されている．現時点で本研究ではそれらが提供する自動検出には対応できていないが，我々は，特定のリファクタリングや操作パターンに限らず，汎用的な編集履歴解析データを提供することを目指している．

5　考察

その他の操作パターン　リファクタリング操作として特に改名，移動，抽出が頻繁に行われている [11]．改名や移動に関しては，本論文執筆に先駆けて行ったテストの段階で，検出可能であり，正しく追跡性リンクを生成できることも確認している．その他のリファクタリング (例えば，メソッドのインライン化等) や操作パターンに関しても，メソッド内部の情報を保持していることで，OHG より fOHG の方が正確に検出できる事例は多いと考えられる．

編集操作を活用した AST 差分　我々の知る限りでは，AST 差分検出において変更前後の文字の対応関係を用いる手法はこれまでに提案されていない．[6] や [12] では，各構文要素のオフセット値を使ってコードと構文要素を対応付けているが，文字の対応関係を活用していない．本研究では，AST 差分検出において，未編集文字をヒントに同一構文要素を特定する手法を提案したという意味でも新規性がある．

性能に関して　本研究では AST 比較における編集操作情報の活用により，既存手法よりノードの比較回数を大きく減らせる可能性がある．ただし，この点での有効性，性能への影響については今後評価しなければならない．

fOHG 生成の解析中に必要なメモリ容量については，通常の PC でも特に問題はない程度である．一方で，出力データ量やグラフ生成所要時間は実用に向けて今後改善が必要であると考える．

6　おわりに

本論文では，AST 内部も含めた構文情報を保持可能な拡張操作履歴グラフ fOHG を提案した．実際にリファクタリングを適用したときの操作履歴からグラフを構築し，現実的な資源でグラフ構築が可能なことと，リファクタリング操作検出に必要な情報がグラフに含まれることを確認した．

謝辞　本研究の一部は JSPS 科研費 20K11762 による．

参考文献

[1] 大森隆行，林晋平，丸山勝久: 統合開発環境における細粒度な操作履歴の収集および応用に関する調査，コンピュータソフトウェア，vol.32, no.1, pp.60–80, 2015.
[2] 大森隆行，丸山勝久，大西淳: 細粒度ソフトウェア進化理解のための操作履歴グラフの実装，ソフトウェア工学の基礎 XXV 日本ソフトウェア科学会 FOSE2018，pp.113–118, 2018.
[3] T. Omori, K. Maruyama, and A. Ohnishi, “Summarizing Code Changes by Tracing an Operation History Graph,” *Proc. MAINT’19*, pp.14–18, 2019.
[4] T. Omori, K. Maruyama, and A. Ohnishi, “Lightweight Operation History Graph for Traceability on Program Elements,” *IEICE Trans.*, vol.E104-D, no.3, pp.404–418, 2021.
[5] M. Fowler: リファクタリング 新装版，オーム社，2014.
[6] 大森隆行，丸山勝久: 開発者による編集操作に基づくソースコード変更抽出，情報処理学会論文誌，vol.49, no.7, pp.2349–2359, 2008.
[7] C.V. Alexandru, S. Panichella, S. Proksch, and H.C. Gall, “Redundancy-free analysis of multi-revision software artifacts,” *Empirical Software Engineering*, vol.24, pp.332–380, 2019.
[8] Q.D. Soetens, J. Pérez, S. Demeyer, and A. Zaidman, “Circumventing Refactoring Masking using Fine-Grained Change Recording,” *Proc. IWPSE’15*, pp.9–18, 2015.
[9] 崔恩瀞，藤原賢二，吉田則裕，林晋平: 変更履歴解析に基づくリファクタリング検出技術の調査，コンピュータソフトウェア，vol.32, no.1, pp.47–59, 2015.
[10] S. Negara, M. Codoban, D. Dig, and R.E. Johnson, “Mining Fine-Grained Code Changes to Detect Unknown Change Patterns,” *Proc. ICSE’14*, pp.803–813, 2014.
[11] G.C. Murphy, M. Kersten, and L. Findlater, “How Are Java Software Developers Using the Eclipse IDE?” *IEEE Softw.*, vol.23, issue 4, pp.76–83, 2006.
[12] S. Negara, M. Vakilian, N. Chen, R.E. Johnson, and D. Dig, “Is It Dangerous to Use Version Control Histories to Study Source Code Evolution?” *Proc. ECOOP’12*, 2012.

JavaScriptにおける非同期処理に対応した層活性手法

Layer activation mechanism for asynchronous executions in JavaScript

鳥海 健人 * 福田 浩章 †

あらまし 文脈指向プログラミング (COP: Context Oriented Programming) は, 文脈に依存した振る舞いをモジュール化するためのプログラミング手法である. COP は, プログラム中に横断的に存在する文脈に依存した振る舞いを層 (Layer) としてまとめ, その層を活性化・非活性化することで現在の文脈に即した振る舞いに切り替える. COP は, 様々な言語でライブラリとして提供されており, JavaScript のライブラリである ContextJS もその一つである. JavaScript を用いた Web 開発では, リクエスト処理やイベント駆動といった非同期処理が頻繁に用いられているにも関わらず, 現状の ContextJS は非同期処理を前提としていないため, 非同期関数実行時に期待した結果が得られないことがある.

そこで本研究では, 非同期処理に対応した層活性手法を提案する. 提案手法ではリクエスト処理やイベント駆動など, 複数種類の非同期タスクを監視し, 層の活性化状態を管理する. そして, 本研究を使用した Web アプリケーションを実装し, 動作を確認するとともに有効性を示す.

1 はじめに

文脈指向プログラミング (COP: Context Oriented Programming [1] [2]) は, 文脈に依存した振る舞いをモジュール化するプログラミング手法である. COP の文脈とは, プログラムから観測できる外部環境やシステムの内部状態で, 時間や場所とともに変化し, それがプログラムの実行に影響を与えるものである [2]. COP は, プログラム中に横断的に存在する文脈に依存した振る舞いを層 (Layer) としてまとめ, その層を活性化・非活性化することで現在の文脈に即した振る舞いに切り替える. 例えば Web サイトは, スマートフォンの画面の向きによってレイアウト (ボタングループを全て表示・メニューに格納) や特定のボタンを押した時の振る舞い (リストを右に展開・下に展開) などを変化させる. これらは文脈に依存した振る舞いと呼ばれ, 様々なプログラムに横断して存在する. そのため, COP は文脈を層に分割し, 文脈に依存した振る舞いをモジュール化している. COP は, 様々な言語でライブラリとして提供されており, JavaScript のライブラリである ContextJS[1] もその一つである. JavaScript を用いた Web 開発では, リクエスト処理やイベント処理といった非同期処理が頻繁に用いられ, 一連の処理を非同期関数呼び出しとコールバック関数に分割して記述する必要がある. そして, ContextJS は同期処理を前提に層を切り替えるため, 非同期処理を利用するとコールバック実行時に正しく文脈が切り替わらず, 期待した振る舞いを得ることができないことがある. この問題に対し, [6] では, 非同期関数呼び出しのレイヤー構造を保持することで, コールバック実行時に正しく文脈の切り替えを実現した. しかし, [6] では 3 種類存在する非同期処理の 1 つにしか対応できておらず, 残り 2 種類の実行時には依然として問題が残る.

そこで本研究では, ContextJS を拡張し, 3 種類の非同期処理に対応した層活性手法の提案と実装を行う. 提案手法では, JavaScript で利用される 3 種類の非同期処理を, 論理的につながりのある実行コンテキストを保持する技術である Zone [4] を利用して監視し, 層の活性化状態を管理する. そして, 提案手法を用いて非同期

---

*Toriumi Kento, 芝浦工業大学

†Fukuda Hiroaki, 芝浦工業大学

[1] https://github.com/LivelyKernel/ContextJS

処理を用いたWebアプリケーションを構築し，3種類の非同期処理の振る舞いを確認するとともに有効性を示す.

2 COPの層活性化手法

スマートフォン用アプリケーションでは，画面の向き(縦向きか横向き)に応じて画面の表示を変える必要があり，COPではListing 1のようにそれぞれの向きに対応した処理を層としてまとめて記述することができる.

```
1  class ButtonGroupManager {
2      show() {
3      // ハンバーガーメニューに格納
4      }
5  }
6  const landscapeLayer = layer("landscapeLayer");
7  landscapeLayer.refineClass(ButtonGroupManager, {
8      show() {
9      // ボタングループを全て表示
10     }
11 });
12 const buttonGroupManager = new ButtonGroupManager();
13 withLayers([landscapeLayer], () => {
14   buttonGroupManager.show();
15 });
```

Listing 1 An example of ContextJS

Listing 1では6〜11行目で横向き画面に対応した**Layer**オブジェクトを生成し**refineClass**メソッドを用いて，**ButtonGroupManager**の部分メソッド，**show**を定義している. 部分メソッドとは, 層(e.g., landscapeLayer)活性化時にデフォルトメソッドの振る舞いを上書きして実行するメソッドである．そして，13〜15行目でContextJSが提供する**withLayers**を呼び出すことで，landscapeLayerが活性化されるとデフォルトメソッドの振る舞いは部分メソッドに置き換えられる.

COPでは様々な層の活性化・非活性化手法が提案されているが，withブロックを用いるダイナミックエクステント[3]は様々な言語で幅広く採用されている．ダイナミックエクステントでは，withブロックを記述することで明示的に層を活性化し，ブロックが終了するときに自動的に層を非活性化する．そのため，層の活性化・非活性化を容易に制御できる.

3 JavaScriptの非同期処理とCOPの問題点

本節では，JavaScriptを用いた非同期処理の概要を述べた後，ContextJSを用いてCOPの層に非同期処理を記述する場合の問題点について述べる.

```
var req = new XMLHttpRequest();
req.onreadystatechange = function() {
  // callback function
}
req.send();
// do other operations
```

Listing 2 Asynchronous execution in JavaScript

3.1 非同期処理の概要と種類

JavaScriptはシングルスレッドで動作するため，アプリケーションの開発では非同期処理が頻繁に利用される[5]. 非同期処理では結果を待つことなく制御を戻し，結果に依存した処理はコールバック関数に記述することで遅延して処理する．

Listing 2では，**XMLHttpRequest**の**send**は非同期関数であり，処理結果は**onreadystatechange**コールバック関数で処理する．また，現在では非同期処理を記述しやすくするため，**Promise**オブジェクトや**async/await**構文が用意されている．なお, Webアプリケーションでボタンがクリックされた時, 画面がスクロールされた時，などのイベントに応じて処理を実行するイベント駆動も非同期処理に相当する．このような，コールバック関数内部で実行される処理を非同期タスクと呼ぶ．

JavaScriptの非同期タスクは以下の3つに分類できる[4].

MicroTask 現在実行している非同期処理の直後に必ず1回だけ実行されるタスクであり, キャンセルすることはできない．例えば, **Promise**の**then**構文に渡すコールバックがこれに相当する．なお，**Promise**の糖衣構文である**async/await**もここに分類される．

MacroTask 遅延実行されて, 1回以上動作するタスク．多くの場合キャンセル可能であり, スケジュールの時点で遅延時間が決定する．例えば, **setTimeout**関数や**setInterval**関数の第1引数に渡すコールバックがこれに相当する．

EventTask あるイベントが発生したときに動作するタスクであり, いつ実行されるかは不明である．例えば, **addEventListener**の第2引数に渡すコールバックがこれに相当する．

3.2 非同期処理のCOP適用時の問題点

非同期処理とCOPの併用で生じる問題をListing 3に示す．Listing 3はスマートフォンの画面の向きに応じてドロップダウンボタンにクリックイベントが発生したときの処理を追加する例である．

```
1  class DropDownManager {
2    show (){// ドロップダウンリストを下に表示 }
3  }
4  landscapeLayer.refineClass(DropDownManager, {
5    show (){// ドロップダウンリストを左に表示 }
6  });
7  withLayers([landscapeLayer], () => {
8    const dropDownButton;
9    dropDownButton.addEventListener("click", () => {
10     // ドロップダウンリストを表示
11     dropDownManager.show();
12   });
13 });
```

Listing 3 A problem in COP with asynchronous programming

Listing 3では，landscapeLayerを導入し，スマートフォンの画面が縦向きの場合(landscapeLayerが非活性時)にドロップダウンリストを下に，画面が横向きの時(landscapeLayerが活性化時)にドロップダウンリストを左に表示することを意図している．そのため，2行目で画面が縦向きの時の振る舞いを，5行目で画面が横向きの時の振る舞いをそれぞれ定義している．そして，**withLayers**でlandscapeLayerを活性化し，5行目で再定義した**show**を呼び出すイベントハンドラを追加している．その結果，スマートフォンの画面が横向きの時ボタンをクリックすると，ドロップダウンリストが左に表示される．しかし，実際にはこのような振る舞いは実現できず，画面が横向きの時にボタンをクリックするとドロップダウンは下に表示されてしまう．これは，**withLayers**による層の活性化がダイナミックエクステントであり，ブロックが終了した時点で層は非活性化されてしまうためである．ボタンのクリックはEventTaskであり，このブロックでイベントハンドラが設定された後，非同期で実行される．そのため，イベントハンドラは**withLayers**のブロック外，すなわち landscapeLayer 非活性状態で実行されてしまう.

4 アプローチと評価

本研究では，[6] と同様，非同期処理の実行コンテキストを保持する Zone を導入することでこの問題を解決する．[6] では，MicroTask だけを対象とし，Dexie.Promise[2] を応用して非同期タスク呼び出し時のレイヤーを保持し，コールバック実行時に復元することで MicroTask での問題を解決している．本研究ではこれに加え Zone.js[3] を並用することで MacroTask, EventTask にも対応する．本節では，各非同期タスクの呼び出し，およびコールバックの実行を検知する手法について概説した後，本研究を用いて Qiita を利用した Web アプリケーションを構築し，評価する．

4.1 Macro/Event Task

MacroTask と EventTask の呼び出し，およびコールバックの実行検知には Zone.js を利用する．Listing 4 に Zone.js を利用した擬似コードを示す．Zone.js は **fork** で新たに Zone を生成し，**run** を呼び出すことで生成した Zone で任意の処理を実行する．また，Zone 生成時に与える **onScheduleTask** は非同期タスク実行直前に呼び出され，**onInvokeTask** はコールバックの直前に呼び出される．そこで本研究では，Listing 4 の 3 行目のように，**onScheduleTask** で LayreStack の層を保存し，**onInvokeTask** で層の復元してコールバックを実行した後，コールバック実行前の層に戻す．

```
1 const zone = Zone.currrent.fork({
2   onScheduleTask: function(...) {
3     // store layers
4   },
5   onInvokeTask: function(...) {
6     // restore, invokeTask and unrestore
7   },
8 });
9 zone.run(() => { /* execute any operations */ });
```

Listing 4 Overview of Zone.js

4.2 Micro Task

Zone.js では **async/await** には対応しておらず，**await** 以下に続く処理 (コールバック) の実行直前に **onInvokeTask** は呼び出されない．そこで本研究では，Listing 5 に示すように，独自に **Promise**(CustomPromise) を実装し，**then** メソッドを変更することで，層の復元を可能にする．

```
1 const then = (onFullfilled) => {
2   restore();      // restore layers
3   try {
4     return onFulfilled(this, arguments);
5   } finally {
6     unrestore(); // unrestore layers
7   } }
```

Listing 5 CustomePromise の then メソッド

そして，ブラウザの JavaScript エンジンが保持する **window** の Promise プロパティを，CostomPromise に変更することで **async/await** の使用時でもコールバックの実行を検知する．

これらを踏まえ，本研究で提供する **withLayersZone** を Listing 6 に示す．

[2]https://dexie.org/docs/Promise/Promise

[3]https://github.com/angular/zone.js/

```
1  const withLayersZone = (layers, func) {
2    store();                          // store layers on LayerStack
3    withLayers(layers, () => {        // provided by ContextJS
4      macroEventZone.run(() => {      // using Zone.js
5        microTaskZone(() => {         // using CustomePromise
6          func.call();
7        });
8      });
9    });
10 }
```

Listing 6　withLayesZone の概要

withLayersZone では，ContextJS が提供する **withLayers** の実行前にレイヤーを保存し，Zone.js と CustomPromise を並用してコールバック実行前にレイヤーを復元することで非同期タスクに対応した層の活性化・非活性化を実現する．

4.3 QiitaAPI を使用したアプリケーションによる評価

本研究で提供する **withLayersZone** を使用して QiitaAPI を用いて Qiita[4] クライアントを実装し，動作を確認した．Qiita クライアントのソースコードの一部を Listing 7 に示す．

```
1  class QiitaApiClient {
2    generateHeader() {
3      return { "Content-Type": "application/json" };
4    }
5    request(url) {
6      return fetch(url, {
7        method: "GET",
8        headers: self.generateHeader(), // invoke generateHeader
9      });
10   }
11 }
12 const authLayer = layer("authLayer");
13 authLayer.refineClass(QiitaApiClient, {
14   generateHeader() {
15     return {
16       ...proceed(),
17       Authorization: `Bearer ${ACCESS_TOKEN}`, // add access token
18     };
19   },
20 });
21 const isAuthenticated = window.localStorage.getItem("isAuthenticated");
22 if (isAuthenticated) {
23   const toMypageButton = document.getElementById("toMypageButton");
24   withLayersZone([authLayer], () => {
25     toMypageButton.addEventListener("click", () => { // schedule EventTask
26       QiitaApiClient()
27         .request("/api/v2/authenticated_user/")         // schedule MicroTask
28         .then((profile) => {
29           renderMypage(profile);                         // show personal information
30         });
31     });
32   });
```

Listing 7　Qiita client as an example

[4] https://qiita.com/

Qiita クライアントはログイン状態を管理しており，ユーザがログイン前とログイン中で異なる画面を表示する．これらの画面には Qiita のトップページに掲載されている記事の概要が表示され，ログイン前であればログインボタンを，ログイン中であれば投稿ボタンと個人情報を管理するマイページボタンを表示する．そして，マイページボタンを選択すると，マイページが表示される．

Qiita クライアントは，指定された URL に GET リクエストを発行する非同期関数 **request** と，リクエストに必要な HTTP ヘッダを生成する **generateHeader** を有する．そして，**request** は内部で **generateHeader** を呼び出している (1～11 行目)．次に，Listing 7 では"authLayer" を定義し，**generateHeader** を再定義している．ここでは，アクセストークンをヘッダに追加している (12～19 行目)．最後に，認証済みの場合，**withLayersZone** を利用して EventTask，MicroTask の非同期タスクを実行している (24～30 行目)．このとき，仮に ContextJS が提供する **withLayers** を用いて非同期タスクを実行した場合，"click" のイベントハンドラや，**then** の引数に指定されている関数は **withLayers** のスコープ外での実行となり，認証済みの処理が実現できない．しかし，本研究で提供する **withLayersZone** を用いることで，ユーザが任意のタイミングでマイページボタンを選択しても，authLayer の活性化が復元されてイベントハンドラが実行され，サーバからユーザの個人情報を取得できる．

5 まとめと今後の課題

COP におけるダイナミックエクステントは層を切り替える手段の 1 つであり，スコープに限定して層を活性化/非活性化する．一方，非同期に実行される処理 (非同期タスク) は，コールバックの実行で処理結果が通知されるため，ダイナミックエクステントで非同期タスクを実行する場合，スコープ外でコールバックが実行され，期待した振る舞いにならないことがある．

そこで本研究では，[6] と同様，非同期タスクを実行した時の層の状態を保持してコールバック実行時に再適用することで，スコープ外のコールバックを同一の層活性化状態で実行する．さらに，[6] の提案に加え，3 種類すべての非同期タスクでの動作を可能にし，Web アプリケーションを構築して動作を確認した．今後の課題として，非同期処理にだけでなく，層の活性化/非活性化のタイミング，複数の層の組み合わせや適用順など，開発者が目的に応じて容易に変更可能な仕組みの考案，および API として提供することが挙げられる．

参考文献

[1] Robert Hirschfeld, Pascal Costanza, Oscar Nierstrasz, Context-oriented Programming, Journal of Object Technology, Volume 7, no. 3 (March 2008), pp. 125-15, 2008.
[2] 紙名 哲生, 文脈指向プログラミングの要素技術と展望, コンピュータ ソフトウェア, Vol. 31 No.1, pp. 3–13, 2014.
[3] Robert HIRSCHFELD, Hidehiko MASUHARA, Atsushi IGARASHI, Tim FELGENTREFF, Visibility of Context-oriented Behavior and State in L, Computer Software, 2015, Vol. 32, Issue 3, pp. 149–158
[4] NgZone: https://angular.jp/guide/zone, 2021-7-9 accessed.
[5] Paul Leger and Hiroaki Fukuda. 2016. Using continuations and aspects to tame asynchronous programming on the web. In Companion Proceedings of the 15th International Conference on Modularity (MODULARITY Companion 2016). pp. 79-–82, 2016.
[6] Stefan Ramson, Jens Lincke, Harumi Watanabe, and Robert Hirschfeld. 2020. Zone-based Layer Activation: Context-specific Behavior Adaptations across Logically-connected Asynchronous Operations. In Proceedings of the 12th International Workshop on Context-Oriented Programming and Advanced Modularity (COP '20). Association for Computing Machinery, New York, NY, USA, Article 2, 1–10.

ゲーム対戦戦略をプレイヤー習熟度へ適応させる機械学習機構の設計

A Machine Learning Facility for Adapting Competitive Game Strategies to Players' Proficiency

竹内 大輔* 野呂 昌満† 沢田 篤史‡

あらまし ゲーム AI の設計において，プレイヤーモデリングは重要な課題である．中でもプレイヤーの習熟度に応じて対戦戦略を柔軟に適応させる仕組みは，魅力的なゲームを構築するための鍵である．本研究の目的は，プレイヤーの時間的習熟を予測し，それをゲームエンジンにおける対戦戦略の柔軟な変更に活用できる共通基盤を構築することである．この目的を達成するために，LSTM（Long Short-Term Memory）に基づく習熟度学習器を設計し，この学習器を組み込んだソフトウェアアーキテクチャを提案する．簡単なターン制 RPG を対象とした実験により，提案する機械学習器の有効性と妥当性を確認した．

1 はじめに

1.1 研究背景と目的

ゲーム AI の設計において，プレイヤーのモデリングは重要な課題であり，その中でプレイヤーの状況を考慮することの重要性が強調されている [1]．プレイヤーはゲームをプレイするにつれて，戦略を覚え，時間経過とともに習熟し，上達する．このような時間的習熟はプレイヤーモデリングの対象の 1 つである．これを考慮することでゲームを魅力的にできる可能性があるが，これまであまり行われてこなかった．

本研究の目的は，プレイヤーの時間的習熟を予測して対戦戦略を切り替える仕組みを提案することである．すなわち，過去のプレイヤーの行動選択履歴から習熟を予測する機械学習器を設計し，予測結果を利用して動的にゲーム戦略を切り替えるためのアーキテクチャを設計する．本研究で設計する機械学習器およびそれを組み込んだアーキテクチャは，一般的なゲームエンジンの構成要素 [2] [3] のうち，入力と AI を代替するものである．

1.2 ターン制 RPG

本研究では，ターン制 RPG を題材にし，時間的習熟に基づく対戦戦略の切り替え機構を実現する．ターン制 RPG は，戦闘の場面において，プレイヤーとプレイヤーに相対する CPU（敵 CPU）の行動タイミングが隔離されているという特徴を持つ．この特徴により，ゲームに対する入出力を順序立てて考えることができるので，時間的習熟を考慮したプレイヤーのモデリングが行いやすくなる．

ターン制 RPG では，行動選択の種類，行動選択時の戦況，敵 CPU の行動パターンが，プレイヤーの次の行動選択に影響する．戦況，すなわちプレイヤーと敵 CPU の体力であるヒットポイント（HP）の状況と敵 CPU が選択する行動に応じて，プレイヤーが適切な種類の行動を選択しているか否かを観測することで，習熟を予測できる．

本研究では RPG 戦闘のルールを次のように想定している．

- プレイヤーと敵 CPU の HP 初期値は 100 ポイント
- プレイヤーと敵 CPU は交互に行動を選択，それに応じて双方の HP を変化
- どちらかの HP が 0 になるまで行動選択を繰り返す

*Daisuke Takeuchi, 南山大学

†Masami Noro, 南山大学

‡Atsushi Sawada, 南山大学

- 選択可能な行動の種類は3種類（攻撃，防御，回復），攻撃強度は2種類（弱，強）ここで，敵CPUの攻撃に対する防御，防御に対する回復，回復に対する攻撃が有効な行動選択であり，この理解が習熟に影響する．

1.3 習熟度と時間的習熟の予測

本研究では，プレイヤーの習熟度を，選択した行動が敵CPUを不利にする程度であるとする．時間的習熟は時間経過に伴う習熟度の変化であり，これを予測することで，プレイヤーに適した難易度への戦略調整を支援する．

時間的習熟の予測にはLSTM（Long Short-Term Memory）を利用する．上述の通り時間的習熟は習熟度の変化であり，その予測には過去の学習内容を利用する必要がある．また，個々のプレイヤーに適応した柔軟な予測が必要であることから，LSTMの利用が適切であると判断した．

2 習熟度を考慮したプレイヤーモデリングとその技術課題

プレイヤーの行動特性とその変化を予測する研究はこれまでにも多く行われてきた．Minらは，プレイヤーの目標認識の予測を目的としたプレイヤーモデリングを行っている [4]．Valls-Vargasらは，時間経過によるプレイヤーのプレイスタイルの変化を予測するプレイヤーモデリングを行っている [5]．北らは，習熟を用いて肢体不自由者の補助を行うシステムの開発を行っている [6]．

これら既存の技術も参考にし，時間的習熟の予測，および予測結果を用いた戦略変更を可能とする仕組みを持つゲームエンジンを実現するために，本研究では次の技術課題を設定する．

1. 習熟度予測機構を統合したゲームエンジンアーキテクチャの設計
2. 習熟度予測機構の詳細設計
3. 妥当性の確認

以下，3節では技術課題1,2について，4節では技術課題3について詳述する．

3 習熟度に基づく対戦戦略適応を行う学習機構の設計

3.1 習熟度予測機構を統合したゲームエンジンアーキテクチャの設計

図1に，一般的なゲームエンジンアーキテクチャ [7] における本研究の位置づけを示す．本研究で設計する習熟予測機構（以下，学習器と呼ぶ）は，プレイヤーから入力を得る機能と，予測した習熟に応じて戦略を変更する機能を持ち，Front EndとAIに該当する．図の右側には，学習器におけるデータのやり取りを示す．

学習の際の振る舞いを図2に示す．テストデータは，プレイデータのうち，プレイ時に想定される入力データと，それに対する最適な出力データをまとめたものである．テストデータに対する習熟予測に基づくAIの行動変更結果と，テストデータとの比較を行うことで学習する．

運用の際の振る舞いを図3に示す．プレイヤーの行動選択内容と，ゲーム内パラメータのうち習熟予測に必要なデータが学習器に入力され，習熟予測が行われる．その結果に応じ，AIが対戦戦略を変化させ，新たな戦略に基づく行動を出力する．

3.2 習熟度予測機構の詳細設計

3.2.1 習熟予測に用いるデータの検討

時間的習熟を予測するために用いるデータは，表1に示す行動傾向と戦績である．直感的に，プレイヤーの習熟は，そのプレイ方法の変化と勝敗に現れると考えることができる． 行動傾向は，プレイヤーがどういった行動を好んで選択したかを示すものであり，プレイ履歴から取得する．戦績は，プレイヤーと敵CPUとの間の勝敗の系列である．

これらのデータはいずれもターンや戦闘数を経るごとに追加され，ターンごと，

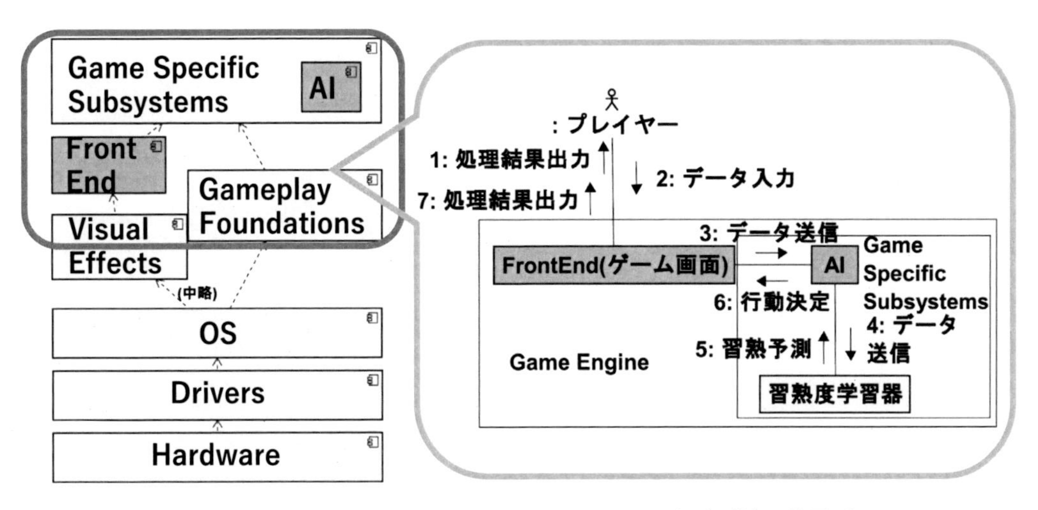

図 1　ゲームエンジンアーキテクチャ [7] における提案手法の位置づけ

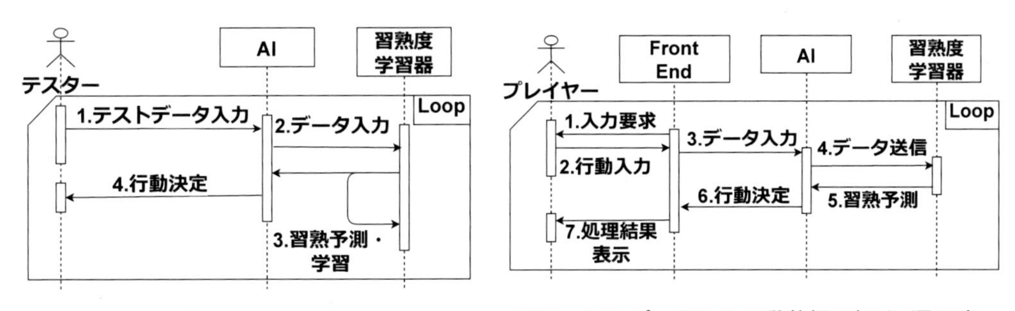

図 2　コンポーネントの動的振る舞い (学習時)

図 3　コンポーネントの動的振る舞い (運用時)

表 1　時間的習熟の予測に用いるデータ

データ種類	説明
行動傾向	プレイヤーの選択した行動の記録：行動の種類（int），強度（int）の系列（array）
戦績	プレイヤーの勝敗（勝の場合 1・敗の場合 −1：int）の系列（array）

あるいは戦闘数ごとの連続した時系列データとして扱うことができる．これらは，プレイヤーが過去にどんな行動を選択し，その結果が好ましいものだったのか，そうでなかったのかを示すデータであり，学習器の入力として不可欠である．

3.2.2　LSTM の設計

学習器は，3.2.1 節で示した時系列データを学習し，プレイ時点におけるプレイヤーの習熟度の予測値を出力する．ゲームエンジンはこの予測値に基づいて，プレイヤーとの対戦戦略を変化させる．学習器の設計には，これまでの試行経験 [8] に基づき，LSTM を採用した．

図 4 に学習器の設計結果を示す．学習器内の各種パラメータは，実験において最も望ましい結果が得られたものを採用した．図中の変数 t は，プレイ時間の経過に伴い増加するターン数を示す．学習器への入力は，プレイヤーの選択行動，現在の習熟度，現在のパラメータ（HP）である．習熟度，HP は，ゲーム内で数値データとして管理しているものを用いる．これらの数値データをベクトル $X(t)$ として入力

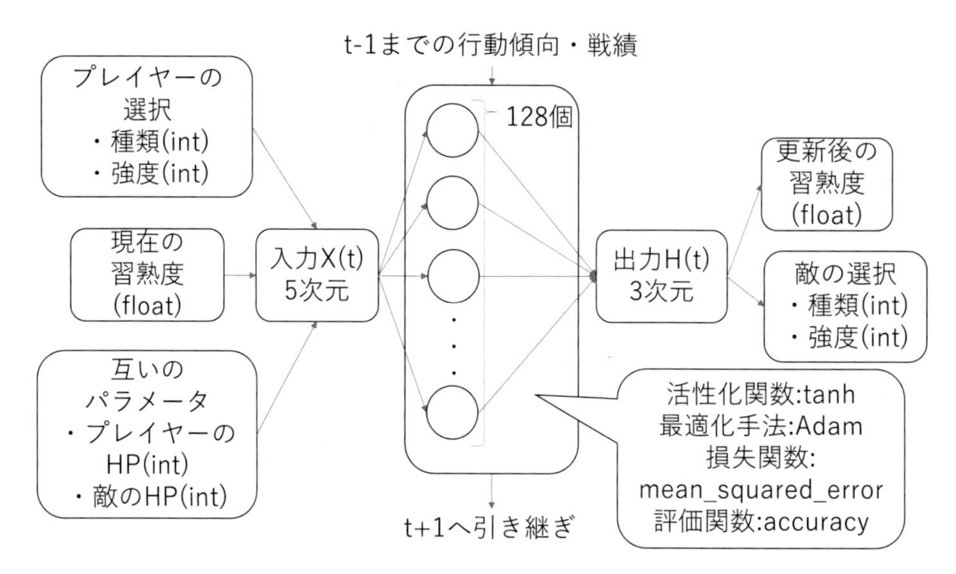

図 4　習熟度学習器（LSTM）の設計

する．時系列データを用いた予測において，プレイヤーの習熟度，次のターンの行動の予測を行い，敵 CPU の行動を決定する．予測の結果，更新された習熟度，選択された敵の行動をベクトル $H(t)$ として出力する．入力されたプレイヤーの行動，勝敗結果を，それぞれ行動傾向，戦績として，次のターンの予測に使用する．ただし，古すぎる行動や戦績は，不適切な予測を行ってしまう可能性があるので用いない．この設計により，入力データを時系列データに基づいて予測し，プレイヤーの習熟に応じた出力を得る．

4　実験による妥当性の確認

4.1　実験内容

前節で示した解決方法が本研究の目的に照らし妥当であるかを実験により確認する．妥当性の確認は，実際のゲームプレイを模した学習器の試験運用結果を分析することで行う．実験の手順は次の通りである．

1. 3.1 節で述べたテストデータを用意し，学習器を学習させる．
2. 学習済みの学習器を用いて，1 人のプレイヤーと RPG の戦闘を行う．
3. 2 をプレイヤー 1 人につき 50 回行わせ，戦闘終了までにかかったターンと勝率の推移をグラフにする．
4. 別のプレイヤーに，2 を行わせる．
5. 結果のグラフから学習の精度などを評価する．

ステップ 1 では学習器の学習（図 2）を，ステップ 2 では学習器の運用（図 3）を行う．個々のプレイヤーに学習器が適応するためには，十分な予測が必要であることから，ステップ 3 では 1 人のプレイヤーにつき 50 回戦闘を行わせた．

ステップ 5 で学習の経過をグラフに示し，グラフの形状で妥当性を評価する．実験では，プレイヤーの習熟度の変化を観測し，最終的な習熟度が高いプレイヤーと，全ての戦闘を通して低いままのプレイヤーに分類した．この実験では，習熟度を 0 から 500 の値域を持つ実数とした．戦闘中に習熟度 400 を超えたプレイヤーを習熟度の高いプレイヤー，それ以外を習熟度の低いプレイヤーとして分類した．

それぞれのグラフの形状を以下の仮説に基づいて評価する．

- 習熟度が高いプレイヤーの場合：勝敗が決まるまでに必要なターン数が増加，

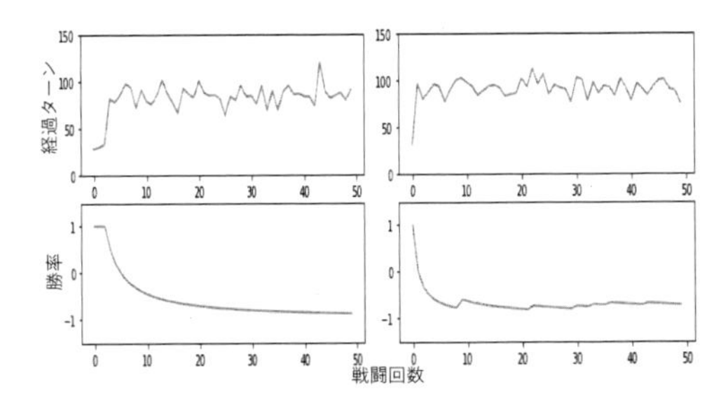

図 5　経過ターンと勝率の推移 (習熟度が高いプレイヤー)

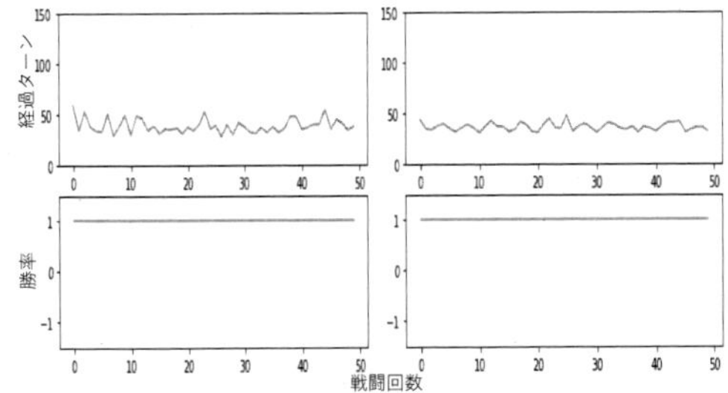

図 6　経過ターンと勝率の推移 (習熟度が低いプレイヤー)

回数を重ねるごとに勝率が低下.

- 習熟度が低いプレイヤーの場合：勝敗が決まるまでに必要なターン数が減少，回数を重ねるごとに勝率が上昇.

これらと実験結果が一致していれば設計が妥当であると判断する．本研究では，異なる 50 人のプレイヤーによる実験を行い評価を行った.

4.2　実験結果

図 5 に習熟度の高いプレイヤー，図 6 に習熟度の上がらなかったプレイヤーに対する実験結果を抜粋したものを示す．それぞれ図の上部のグラフが，戦闘終了までにかかったターンの推移である．縦軸が経過ターン，横軸が戦闘回数を示している．下部のグラフが，プレイヤーの勝率の推移である．縦軸が勝率，横軸が戦闘回数を示している.

習熟度の高いプレイヤーの経過ターン数から，経過ターンが 100 ターン前後を維持していることが分かる．また，勝率は戦闘回数が増えるごとに振動し，0 から –1 の間に収束しており，プレイヤーが勝ちと負けを繰り返していることが分かる．これらから，学習器はプレイヤーの習熟度が上昇していることを予測し，これに伴って難易度を上昇させるために，対戦戦略を変更できていると言える.

一方で，習熟度の低いプレイヤーの経過ターン数から，50 ターンを下回っていることが分かる．また，勝率からはプレイヤーが勝利を繰り返していることが分かる．これらから，学習器はプレイヤーの習熟度が上昇しないことを予測し，難易度を下げるために，対戦戦略を変更できていると言える.

5　考察

本研究では，ゲームプレイヤーの習熟度を予測するために LSTM を用いて学習器を設計した．また，習熟予測に用いるデータとして，プレイヤーの行動選択の傾向と，戦績の 2 つのデータを採用した．これらを用いた学習と習熟度予測の結果，プレイヤーの習熟度に応じた戦略変更が可能であることを確認できたことから，この方針はおおむね妥当であったと考えている.

本研究で対象としたターン制 RPG の習熟予測においては，自動翻訳に使用される Encorder-Decorder モデル [10] と同様，直前のターンまでの可変長の時系列データを用いて予測を行うことが有効である．本研究では，このような判断から LSTM を選択し，実験によりおおむね良好な結果を得た.

一方，将棋をはじめとする対戦ゲームのモデリングには，CNN が使用される傾向にある [9]．これら CNN を用いた成果の習熟度予測への適用可能性については今後の課題としたい.

既存研究との関連について，Min らの研究 [4] では，LSTM を用いた目標認識を行っているのに対し，本研究では同様の LSTM を用いてプレイヤーの行動を予測した．Valls-Vargas らの研究 [5] では，プレイヤーのプレイスタイルの変化のみを予測しているのに対し，本研究では時間経過によるプレイヤーの習熟を考慮した．

6　おわりに

本研究の目的は，プレイヤーの習熟を予測して行動を切り替える仕組みの提案とその有効性の確認を行うことである．目的の達成のために3つの技術課題を設定し，それぞれについて達成方法を提案した．実験による評価では，これらの着想がおおむね妥当であることが示された．

一方で，提案する学習器は，入力ベクトルの次元数が少なく，時系列データに重みを付与しないなど，単純な設計である．より複雑なゲーム設定への対応，プレイヤーの習熟をより多様な側面から予測することを可能にするためには，説明変数の追加と，アテンションの導入も検討課題である．

習熟度の予測にLSTMを利用するという着想は，今後の研究でも引き続き利用できると考えているが，入力データや再帰するデータを変更する場合には，学習器を再度設計し直す必要がある．また，LSTM以外のニューラルネットワークに対する枠組みと比較する必要もある．

習熟度学習器を組み込んだアーキテクチャに基づく，実用的なゲームエンジンの構築も今後の課題である．ターン制RPG以外のゲームに対しても適用できるようにするためには，本研究で検討外としたリアルタイム性や，プレイヤーの非同期的な行動についても考慮しなければならない．多様なゲームに共通して使用できるような習熟度予測と利用の枠組みの構築も今後の研究目標としたい．

謝辞 本研究の一部は，JSPS科研費（基盤（C）20K11759），2021年度南山大学パッヘ研究奨励金I-Aの助成による．

参考文献

[1] D. Hooshyar, M. Yousefi, H. Lim: “Data-Driven Approaches to Game Player Modeling: A Systematic Literature Review”, *ACM Computing Surveys,* Vol. 50, No. 6, Article 90, 2018.
[2] P. S. Paul, S. Goon, A. Bhattacharya: “History and Comparative Study of Modern Game Engines”, *International Journal of Advanced Computer and Mathematical Sciences,* Vol. 3, Issue 2, pp. 245-249, 2012.
[3] M. Toftedahl, H. Engström: “A Taxonomy of Game Engines and the Tools that Drive the Industry”, *Proc. of the 2019 DiGRA International Conference: Game, Play and the Emerging Ludo-Mix,* 2019.
[4] W. Min, B. Mott, J. Rowe, B. Liu, J. Lester: “Player Goal Recognition in Open-World Digital Games with Long Short-Term Memory Networks”, *Proc. of the 25th International Joint Conference on Artificial Intelligence (IJCAI-16),* pp. 2590-2596, 2016.
[5] J. Valls-Vargas, S. Ontanón, J. Zhu: “Exploring Player Trace Augmentation for Dynamic Play Style Prediction”, *Proc. of the 11th AAAI Conference on Artificial Intelligence and Interactive Digital Entertainment,* pp. 93–99, 2015.
[6] 北佳保里，加藤龍，横井浩史：“習熟度を考慮した自己組織的動作識別法の構築”，日本ロボット学会誌，Vol. 28，No. 7，pp. 783-791，2010.
[7] J. Gregory: *Game Engine Architecture, Third Edition,* A K Peters/CRC Press, 2018.
[8] 竹内大輔，野呂昌満，沢田篤史：“ゲームプレイヤーの習熟度に応じた対戦戦略の変更を可能とする機械学習器の設計”，電子情報通信学会技術研究報告（知能ソフトウェア工学），Vol. 121，No. 35，pp. 7-12，2021.
[9] 和田悠介，五十嵐治一：“将棋の局所評価関数におけるディープラーニングの応用”，第22回ゲームプログラミングワークショップ論文集，pp. 244-249，2017.
[10] 林英里果，竹本有紀，石川由羽，高田雅美，城和貴：“近代文語体と現代口語体の自動翻訳への試み”，情報処理学会研究報告（数理モデルと問題解決），Vol. 2018-MPS-121，No. 18，pp. 1-6，2018.

ライブラリのテストケース変更に基づく後方互換性の実証的分析

Empirical Study on Backward Compatibility based on Test Case Changes for Software Library

松田 和輝* 伊原 彰紀† 才木 一也‡

あらまし ライブラリに対して行われる変更には，軽微なバグ修正であっても破壊的変更が含まれることがあり，変更後のライブラリが後方互換性を維持しているか否かを利用者が正確に判断することは困難である．本研究では，ライブラリの機能変更に合わせて修正されるテストに着目して，ライブラリの後方互換性の実証的分析を行った．その結果，約70%の再現率で後方互換性の損失を判断できることを確認した．

1 はじめに

ソフトウェア開発では，自身が実装するプログラムの機能の一部として，自身や他の開発者が作成したプログラム（以降，ライブラリ）を再利用することがある．ライブラリは，汎用性の高いプログラムを再利用可能な形式でまとめたものであり，定型的な処理を実装し，ソフトウェア開発を効率化することができる．ライブラリ開発ではソフトウェア開発環境の変化や脆弱性の改善のために定期的に新しいバージョンがリリースされるため，ライブラリを使用するプログラム（以降，クライアント）はライブラリのバージョン更新を余儀なくされることも多い．しかし，ライブラリの更新はクライアントの実行エラーの原因になることもあり，クライアントの既存機能の破損を引き起こすライブラリの変更は破壊的変更と呼ばれる．ライブラリ開発者はバージョン更新の度に変更内容を確認，破壊的変更の有無を判断し，バージョン名などによってクライアント開発者に伝達する．ただし，手動による破壊的変更の確認では，破壊的変更がない，つまり後方互換性があると判断されたはずのバージョン更新によってクライアントの既存機能の破損を引き起こすことがある．

本研究では，ライブラリを検証するために用意されているテストは，ライブラリの機能変更に合わせて修正されると考え，ライブラリのテスト変更有無に基づく後方互換性の実証的分析を行う．分析はJavaScriptを主要言語として実装する，人気の高い40件のライブラリを対象に，各ライブラリを使用するクライアントに与える影響によって後方互換性の有無を検証する．

2 ライブラリバージョニング

2.1 関連研究

ライブラリ更新において発生する問題に対して，ライブラリの後方互換性に関する研究が行われている [1] [2]．Fooらは，ライブラリのAPIに対してバージョン間で行われた変更パターンを4つ（追加，削除，修正，変更なし）に分類し，分類結果から後方互換性を判断する手法を提案した [3]．ただし，この手法では，ライブラリのAPIに対して行われた修正は全て破壊的変更であると扱っているため，振る舞いに変化が無い変更であっても，後方互換性は損失したと判断されることが課題である．Mujahidらは，ライブラリの後方互換性の損失をクライアントテストを用いて検出する手法を提案した [4]．破壊的変更が行われたライブラリでは，その影響を受けるクライアントテストの結果がライブラリの更新前後で成功から失敗に変

*Kazuki Matsuda, 和歌山大学

†Akinori Ihara, 和歌山大学

‡Kazuya Saiki, 和歌山大学

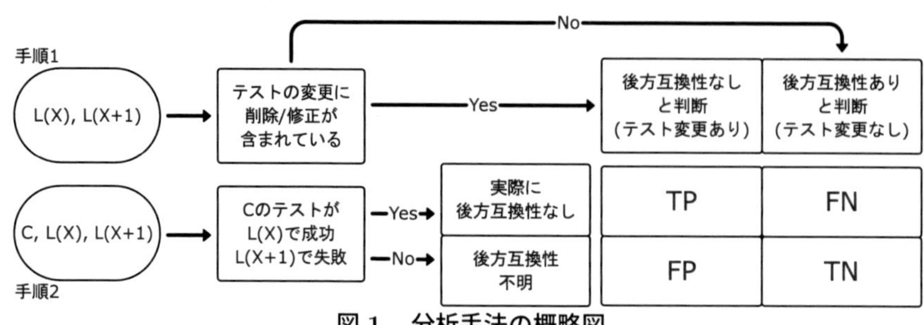

図 1　分析手法の概略図

化することを手法の根拠としている．この手法では，後方互換性の損失の発見のためにクライアントテストが必要であり，またクライアントテストが破壊的変更の影響を受けない場合，後方互換性の損失を判断できない．

2.2　仮説

ライブラリの利用者は，利用するライブラリのバージョンを更新する際に，更新後のバージョンの後方互換性を判断する必要がある．しかしながら関連研究が示す通り，後方互換性を正確に判断することは多くの場合に困難である．

ライブラリの後方互換性は，ライブラリに付属するテストから判断できる場合がある．テストは，ライブラリの動作が期待通りであることを確認するために，ライブラリ開発者によって作成されるプログラムである．テストの実行時にエラーが無い場合，テストに記述された範囲でライブラリの動作が期待通りであることが確認される．また，ライブラリの機能を変更した際には変更内容に応じてテストにも変更が加えられる．

テストへの変更を確認することで後方互換性を判断出来る例として，JavaScript オブジェクトを文字列に変換する関数を提供するライブラリ serialize-javascript[1]のバージョン 2.1.0 から 2.1.1 への更新を挙げる．この更新ではセキュリティ修正のために，特定の入力に対する関数の出力が変更されている [2]．また，この変更に伴って関数の出力を検証するテストも変更されている．serialize-javascript の利用者はこのテストの変更を確認することで，関数の実行時の返り値が変更されていることが分かり，後方互換性が損失していることを判断できる．

本論文では，テストがいずれも成功している連続する 2 つのライブラリバージョンにおいて，テストに加えられた変更から，更新後バージョンの後方互換性を判断できると考える．本研究ではこの仮説を基に，ライブラリのテスト変更有無によって後方互換性を判断できるか否かを，継続的にテストが管理されているライブラリを対象に検証する．

3　分析手法

3.1　概要

本章では 2 章の仮説を検証するために，ライブラリのテストに変更が加えられた場合に，変更後のライブラリがクライアントにとって破壊的変更を含むか否かを分析する．本分析は 2 つの手順で構成される．

手順 1　破壊的変更を加えた可能性があるライブラリバージョンの特定
手順 2　ライブラリの変更がクライアントにとって後方互換性がないかを検証

本論文では，クライアントがライブラリの新しいバージョンを利用することで，クライアントのテストが失敗した場合に，ライブラリの新しいバージョンに破壊的変更が加えられたと判断する．図 1 は，分析手法の概略図を示す．

[1]`https://github.com/yahoo/serialize-javascript/`

[2]`https://github.com/yahoo/serialize-javascript/compare/v2.1.0...v2.1.1`

Program 1 test/sample.js

```
1  const add = require(”./add”);
2  test(”add arguments”, function() {
3      expect(add(1, 2)).toBe(3);
4  })
```

3.2 手順 1: 後方互換性のない可能性があるライブラリバージョンの特定

本分析では，ライブラリのバージョン更新に伴って，テストケースに変更が加えられた場合に，当該ライブラリを使用するクライアントに影響する破壊的変更を含む可能性があると考える．手順1では，ライブラリのバージョン更新でのテストケースの変更有無を分析する．

3.2.1 テストケースの収集

分析対象とするライブラリの連続するバージョンにおいて，古い方を $L(X)$，新しい方を $L(X+1)$ とする．2章で述べたようにライブラリの振る舞いがテストケースに反映されると考え，本分析では，ライブラリの変更に合わせてテストケースを変更することで，全てのテストが成功しているライブラリバージョンを対象とする．新しいライブラリバージョンにおいてテストが変更された場合は，開発者の要求変更などのために，破壊的変更を加えることが必要になったと考えられる．

バージョン $L(X)$ と $L(X+1)$ からテストファイルを収集し，テストファイルからテストケースを抽出する．このとき，テストケースに影響を与える可能性がある，テストファイル中のテストケース以外のソースコードも同時に抽出する．本研究ではJavaScript 言語を対象とするため，JavaScript 向けテストツール Jest [3]や Mocha[4]で採用されている慣習を基にテストファイルの収集とテストケースの抽出を行う．

1. **テストファイル収集** - ファイルパスに「test」または「spec」を含み，かつファイル名の末尾が`.js`または`.ts`であるファイルをテストファイルとして収集する．例えば，`test.js`や`src/index.spec.js`などをテストファイルと判断する．
2. **テストケース抽出** - テストファイルから抽象構文木を生成し，関数名が it または test である関数呼び出しをテストケースとして抽出する．
3. **テストケースに影響を与えるソースコード抽出** - テストファイルに含まれるテストケースを全て削除し，残った文字列をテストケースに影響を与えるソースコードとして抽出する．

Program 1は，テストファイルの例を示す．抽出ルールに従い，2行目から4行目の test 関数をテストケースとして抽出する．このとき，test 関数の第一引数をテストケースを一意に識別するラベル（Program 1では，`"add arguments"`），第二引数をテストケースの内容を示すボディ（Program 1では，`function() { ... }`）とする．同じラベルが複数個存在した場合は，記述順に番号を割り当てる．最後に，テストファイルからテストケースを除いて残った1行目`const add = require("./add");`がテストケースに影響を与えるソースコードとなる．

3.2.2 テストケースの変更の分類と後方互換性の判断

本手法では，テストケースの変更内容に応じて，ライブラリバージョンが後方互換性を損失したか否かを判断する．

ライブラリのバージョン $L(X)$ と $L(X+1)$ の間におけるライブラリのテストケースの変更を，3.2.1 項のラベルとボディを基に，次のように分類する．バージョン $L(X)$ に存在しなかったテストケースが，$L(X+1)$ に存在した場合は**変更あり（追加）**とする．一方で，バージョン $L(X)$ に存在したテストケースが，$L(X+1)$ に存在しなければ**変更あり（削除）**とする．そして，$L(X)$，$L(X+1)$ に同じラベルのテ

[3] `https://jestjs.io/`

[4] `https://mochajs.org/`

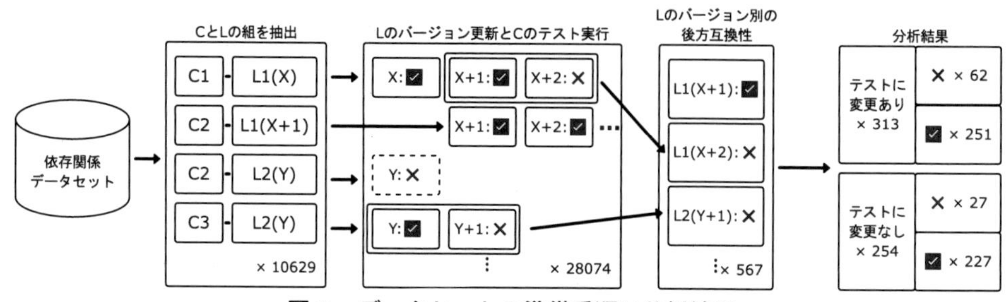

図2　データセットの準備手順と分析結果

ストケースが存在するとき，ボディが異なれば**変更あり（修正）**，同一であれば**変更なし**とする．なお，テストケースに影響を与えるソースコードの変更は，ライブラリの機能全体の振る舞いの仕様変更と考え，**変更あり（修正）**と考える．

ライブラリバージョン $L(X)$ から $L(X+1)$ への更新において，テストケースに修正または削除の変更が1つ以上含まれる，またはテストケースに影響を与えるソースコードの変更が含まれる場合，バージョン間の後方互換性が無いと判断する．テストケースの追加は前方互換性の判断に使用されるため，本分析では対象外とする．

3.3　手順2: ライブラリの変更がクライアントにとって後方互換性がないかを検証

本分析では，ライブラリのバージョン更新に伴い，ライブラリに付属するテストに変更が加えられた場合に，当該ライブラリを使用するクライアント C が有するテストが一つ以上失敗するか否かを分析する．具体的には，ライブラリのバージョン $L(X)$ においてクライアント C のテストが成功し，$L(X+1)$ において失敗した場合，変更後のライブラリは後方互換性を損失したと示唆される．ただし，$L(X)$ と $L(X+1)$ の両方において C のテストが成功する場合であっても，ライブラリの変更に後方互換性があるとは限らない．

最後に，本分析の手順1と手順2より，ライブラリのバージョン更新に伴ってテストケースが変更されたものをバージョン間の後方互換性がないアップデートと捉え，クライアントにとって新しいライブラリバージョンに後方互換性のない変更を含むか否かを図1中の混同行列の4つに分類できる．

4　分析

本章では，npmで公開されている人気なライブラリを対象に，テストケースの変更に基づくライブラリの後方互換性を分析する．

4.1　準備

Mujahidらがnpmから収集した290,417件のJavaScriptライブラリのデータセット[5]の中から，テストが付属し，ライブラリの人気度合いを示すnpmスコア[5]が上位100件のライブラリを調査した．100件のライブラリから各バージョンがリリースされたコミットを収集後，各コミットのステータス[6]からテストの実行結果を確認し，テスト実行時の成功率が100%であった40件のライブラリを抽出した．

40個のライブラリ L のいずれかのバージョンを使用するクライアント C において，ライブラリのバージョン更新前は成功していたクライアントのテストが，バージョン更新後も成功するか否かを確認することで，ライブラリの後方互換性を分析する．クライアントのテストが1つ以上失敗していれば，ライブラリの更新後バージョンは後方互換性なしと判断し，全て成功していれば後方互換性の有無は不明と判断する．図2は，データセットを準備するまでの手順と，収集したデータの統計

[5] `https://npms.io/`

[6] `https://docs.github.com/en/rest/reference/repos#statuses`

量を示す．図中にはクライアントC1，C2，C3がそれぞれライブラリL1，L2のいずれかと依存関係があることを示す．L1とL2の括弧内はバージョン番号を表し，XとX+1は連続するバージョン番号であることを示す．

1. **CとLの組を抽出** 分析対象とする40個のライブラリのいずれかのバージョンと，そのバージョンに依存するクライアントの組み合わせをMujahidらのデータセットから10,629組抽出した．
2. **Lのバージョン更新とCのテスト実行** ライブラリのバージョン変更による後方互換性を確認するため，10,629組の各クライアントが使用していたライブラリのバージョンXを1つ更新したバージョン$X+1$において，更新前後のクライアントのテスト実行結果を分析する．図2では，L1 (X) を使用するC1のテストは成功し，L1 (X+1) でも成功しているため，L1 (X+1) は後方互換性のあるライブラリと判断する．しかし，L1 (X+2) ではC1のテストが失敗しているため，L1 (X+2) は後方互換性のないライブラリと判断する．なお，ライブラリの最新バージョンまでクライアントのテストが成功する限り調査するが，失敗したバージョン以降は再度成功することが見込めないため，そのクライアントでは分析しない．図2では，C1でL1のバージョン$X+3$以降は分析しない．最終的に28,074件のクライアントのテスト実行結果を確認した．
3. **ライブラリバージョン別の後方互換性** 異なるクライアントが，同じ連続するライブラリバージョンを使用した場合はクライアントのテスト実行結果を統合する．統合を行なった結果，40件のライブラリについて，異なるライブラリバージョンを567件確認した．各ライブラリバージョンを使用するクライアントの中で，テストの実行結果が1件以上失敗していた場合，当該ライブラリバージョンは破壊的変更を含んでいたと判断する．図2ではC1とC2が共にライブラリL1(X+2) を使用した場合，C1のテストは失敗し，C2のテストは成功しているため，L1(X+2) は破壊的変更を含むと判断する．

4.2 分析結果

4.2.1 分析結果（手順1）

分析対象とするライブラリバージョン567件中，テストケースの変更を含む（破壊的変更を加えた可能性が高い）ライブラリバージョンは313件（55%），変更を含まない（破壊的変更を加えた可能性が低い）ライブラリバージョンは254件（45%）であった．

4.2.2 分析結果（手順2）

567件のライブラリバージョン毎にクライアントのテストが1件でも失敗している場合，当該ライブラリバージョンは破壊的変更が加えられたと判断する．

分析の結果を表1に示す．破壊的変更を加えた可能性が高いライブラリバージョン313件中62件（約20%）は1件以上のクライアントのテストで失敗し，313件中251件（約80%）のライブラリバージョンを使用するクライアントのテストは成功していた．クライアントのテストカバレッジが低い場合はライブラリのテストケースの変更可否のみで後方互換性の有無を検出できないと考えられる．

また，分析対象としたライブラリバージョンのうち，破壊的変更を加えたライブラリバージョン89件を確認し，ライブラリバージョンにテストケース変更を含むか否かだけで，62件（約70%）の破壊的変更を加えたライブラリバージョンを特定した．残り27件（約30%）はライブラリのテスト変更漏れなどが考えられる．実際のテストを調査した内容については，5章で言及する．

5 考察

5.1 適合率: テスト変更を含むライブラリバージョンにおける破壊的変更

破壊的変更を加えた可能性が高いと判断した313件のライブラリバージョンのうち，251件は全てのクライアントテストが成功しているため，実際の後方互換性は

表 1 分析結果

	テスト変更あり	テスト変更なし	合計
クライアントテストが一つ以上失敗	62	27	89
クライアントテストが全て成功	251	227	478
合計	313	254	567

判断できない．

テストケースの削除や修正が行われたが，それに伴って影響を受けるクライアントが存在しなかった原因を考察する．まず，ライブラリバージョンの後方互換性が維持されていたため，全てのクライアントに影響を与えなかったことが考えられる．テストの誤り修正や実行手順の変更など，ライブラリの変更とは無関係にテストにも変更が加えられることがあるため，今後はテストの変更内容についても分類を検討する．次に，後方互換性を損失しているが，クライアントのテストが実行するライブラリの機能が限定的であったためにその影響が確認できなかったことが考えられる．破壊的変更が行われた機能をクライアントが利用していなかった場合，後方互換性の損失は確認できない．

5.2 再現率：破壊的変更と同時に行われるテストへの変更

実際に後方互換性を損失していた 89 件のライブラリバージョンのうち，破壊的変更を加えた可能性が低いと判断したライブラリは 27 件だった．

実際には後方互換性を損失するような破壊的変更が加えられていたが，それに伴ってテストに変更が加えられることが無かった原因を考察する．原因として，破壊的変更が行われた箇所について，テストが存在しなかったことが考えられる．値が真であることを検証する関数を提供するライブラリである invariant のバージョン 2.1.3 から 2.2.0 への変更 [7]では，一部の検証エラーの名前が変更されたが，エラーの名前を検証するテストがないためにテストへの変更は行われなかった．今後はテストの変更内容に基づく分類も検討する．

6 おわりに

本論文では成功したテストへの変更に着目して破壊的変更を検出することで，89 個のライブラリバージョンにおいて，約 70%の再現率で後方互換性の損失を特定することができた．本分析は，ライブラリを実行した結果とみなせる成功したテストを用いることで，単純な静的解析によって後方互換性を判断する手法について分析を行った．今後はテストの変更内容を分析し，テストの実行結果を基にしてより正確に後方互換性を判断するシステムの開発を行う．

参考文献

[1] Danny Dig and Ralph Johnson. How do apis evolve? a story of refactoring: Research articles. *Journal of Software Maintenance and Evolution*, Vol. 18, No. 2, p. 83–107, 2006.

[2] Shaikh Mostafa, Rodney Rodriguez, and Xiaoyin Wang. Experience paper: A study on behavioral backward incompatibilities of java software libraries. In *Proceedings of the International Symposium on Software Testing and Analysis (ISSTA'17)*, p. 215–225, 2017.

[3] Darius Foo, Hendy Chua, Jason Yeo, Ming Yi Ang, and Asankhaya Sharma. Efficient static checking of library updates. In *Proceedings of the Joint Meeting on European Software Engineering Conference and Symposium on the Foundations of Software Engineering (ESEC/FSE'18)*, p. 791–796, 2018.

[4] Suhaib Mujahid, Rabe Abdalkareem, Emad Shihab, and Shane McIntosh. Using others' tests to identify breaking updates. In *Proceedings of the 17th International Conference on Mining Software Repositories (MSR'20)*, p. 466–476, 2020.

[5] Suhaib Mujahid, Rabe Abdalkareem, Emad Shihab, and Shane McIntosh. Using others' tests to avoid breaking updates, https://doi.org/10.5281/zenodo.2549129, 2019.

[7] `https://github.com/zertosh/invariant/compare/v2.1.3...v2.2.0`

継続的インテグレーションに影響を及ぼす Ringing Test Alarms に関する実証調査

An Empirical Study of Ringing Test Alarms Affecting Continuous Integration

浅田 翔[*] 柏 祐太郎[†] 近藤 将成[‡] 亀井 靖高[§] 鵜林 尚靖[¶]

あらまし 本研究では連続したリビジョンで失敗し続けているテストに着目し，当該現象を Ringing Test Alarms (RTA) と定義した．本稿ではRTA に関する定量的調査を行い，次の 3 点を観察した．1) 分析対象プロジェクトの一部では，テストが失敗し続けていることが頻繁に発生している．2) 全 RTA のうち 75%は 4 日以内で修正が完了しているが，一部の RTA は数十日発生し続けている．3) RTA はプロダクトコードのみの変更で修正完了されるケースが最も多い．

1 はじめに

近年，Agile や DevOps 等の開発手法を採用するプロジェクトの多くで共通して行われるプラクティスとして，継続的インテグレーション (CI) が存在する．CI では，ソフトウェア変更の度に CI システム上でテストを自動実行し，常にリリース可能状態を維持することで，ソフトウェアをユーザーに提供するまでの間隔 (リリースサイクル) の短縮化を実現している．

CI 開発環境下では，開発者が守るべきプラクティスが存在する [1]．そのプラクティスとは，開発者は，自身が変更した内容をローカル開発環境でテストし，テストに成功した場合のみ変更をコミットするというものである．CI 上でのテストが失敗している状態で，他の不具合を混入させた場合，すでに失敗しているテストに紛れるため，後から混入した不具合の発見が遅れる恐れがある．上記のプラクティスは様々な文献 [2] [3] で述べられているが，実際はリポジトリ上でテストの失敗が散見されている [4]．

テストの失敗が常態化すると，テスト失敗に対する開発者の関心を失い，CI の恩恵である不具合混入コミット特定が迅速に行われない可能性が高い．学術界でもソフトウェアのテストの失敗に関する研究 [4] [5] [6] は近年盛んに行われているが，連続したテストの失敗に着目した研究はほとんど存在しない．

本研究では，最終目的として，CI を有効に活用できていない実態とその悪影響を明らかにし，CI を用いた開発におけるガイドラインの整備やアンチパターンの作成を目指す．本稿では，その第一歩として，CI 開発を妨げると考えられる “連続してテストが失敗し続ける Ringing Test Alarms (RTA)” の現象および原因について調査をおこなう．本稿では，3 つの調査課題を設定し，連続してテストが失敗し続ける現象および原因を明らかにすることを試みる．

2 背景と関連研究

2.1 ソフトウェアテスト

近年のソフトウェアテストでは，テストフレームワークを用いて開発者がプロダクトコードに期待する動作をテストコードで検証する．テストフレームワークは次

[*]Sho Asada, 九州大学
[†]Yutaro Kashiwa, 九州大学
[‡]Masanari Kondo, 九州大学
[§]Kamei Yasutaka, 九州大学
[¶]Naoyasu Ubayashi, 九州大学

の状況が発生した際に，テストアラートを発生させる．

プロダクトコードの記述内容が間違っている: プロダクトコードが開発者の想定とは異なる挙動をしているため，テストアラートが発生する場合が考えられる．つまり，ソフトウェアの不具合をテストによって正しく発見できており，本来のテストのあるべき姿である．

テストコードの記述内容が間違っている: テストコードが正しくない場合のエラーにはさらに大きく二つに分類される．

- *False Alarm:* プロダクトコードに誤りは無く，テストコードに問題がある場合を指す．つまり，実際には存在しないソフトウェアの不具合を誤検知している．
- *Flaky Test:* テストを実行した際に，プロダクトコードから同じ結果を得られないテストのことを指す．つまり，プログラムの変更が行われない場合でも，実行の度にテストの成功・失敗が変化する．

2.2 継続的インテグレーション

CI を利用した具体的な開発プロセスの例を以下に示す．

1. ローカル環境でのテスト実行: 開発者が実装した内容をリポジトリにコミットする前に，開発者はローカル環境でテストを実行する．テストの結果からプロダクトコードに問題は無いと判断した後，リポジトリに反映する．

2. CI によるテスト実行: CI を用いた開発では，ビルドやテストを実行するための CI サーバーを用意する．開発者がソースコードの変更内容をリポジトリに反映すると，CI サーバー上でテストが実行される．

3. テスト成功状態の保持: CI サーバー上でのテスト結果は，web サイト等により開発者全員が確認できる．テストが失敗した場合は，開発者に通知が届き，テストを失敗させたコミットを迅速に特定することができる．開発者は失敗したテストの原因究明を行い，テストコードもしくはプロダクトコード等を修正する．そして，常にテスト成功状態を保持することで，不具合の原因特定を効率化できると共に，いつでもプロダクトのリリースフェーズへ移行することが可能になる．

2.3 動機と調査課題

CI を有効に活用するためには，可能な限りビルドやテストが常に成功している状態を維持し，発生したテスト失敗は迅速に対処することが重要である．しかし，実際は連続したテストの失敗が CI 上で観察されている．失敗したテストが複数リビジョンに渡って残り続けると，他のテストエラーを隠蔽するため不具合混入の発見が遅れてしまう．不具合を発見した後も不具合混入コミットの特定するためには，失敗しているテストを遡り探す必要がある．つまり，不具合が混入したことを発見するまでの時間や，発見から修正までの時間を遅らせるため，CI から得られる不具合修正活動の効率化の恩恵を享受できていない状態と言える．本研究ではまず，プロジェクトにおける連続して失敗するテストの状況を明らかにするために次の調査課題に取り組む．

RQ1: 失敗するテストが *Ringing Test Alarms* である割合はどの程度か？

連続して失敗するテストが存在する場合，その発生期間が長ければ長いほど，新たなバグの発見やリリースが遅れてしまう可能性がある．そこで，第 2 の調査課題として次を設定し，連続して失敗するリビジョン数とその時間を調査する．

RQ2: Ringing Test Alarms の発生期間はどの程度か？

テストが連続して失敗し続ける原因としては様々な要因が考えられる．例えば，プロダクトコードに問題がありテストが連続して失敗していた場合，技術的な問題が発生していて長期間修正されていないことが 1 つのケースとして想定される．連続して失敗するテストが生じる原因の大まかな傾向を把握するために，次の調査課題を設定し，RTA を解決するために変更されたファイルや修正内容を調査する．

RQ3: Ringing Test Alarms はどのように解決されているのか？

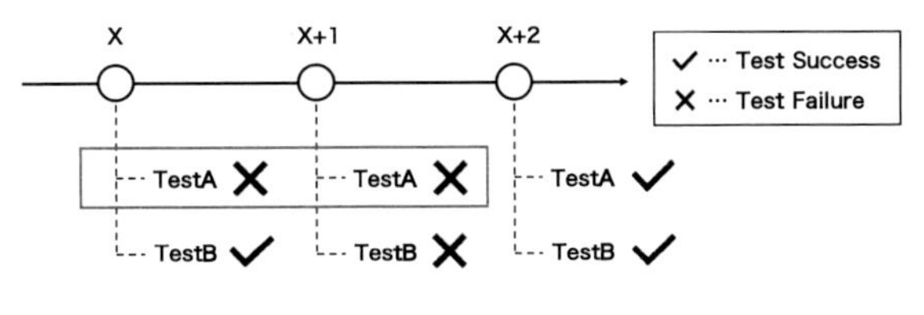

図 1　RTA の例

3　調査方法

3.1　Ringing Test Alarms の定義

本研究では，CI 上で同一のテストメソッドが 2 リビジョン以上連続して失敗している状態を **Ringing Test Alarms (RTA)** と定義する．図 1 に各リビジョンにおけるそれぞれのテストケースを実行した結果の例を示す．図中において，赤枠内で示されているように，TestA はリビジョン X とリビジョン X+1 で失敗していることが見て取れる．本研究では，これらの連続した失敗を一つの RTA として扱う．一方，TestB はリビジョン X+1 で失敗しているものの，その次のリビジョン X+2 では成功している．この場合，単一リビジョンでしかテストが失敗していないため，RTA ではない．

3.2　検出方法

以下に RTA を検出するための手順を示す．

1. ビルド履歴の取得: GitHub API を用いて，ビルドが PASS 状態でないリビジョンと，その次のリビジョン（ビルド失敗が修正されているリビジョン）を取得する．なお，ここでは各テストメソッドの実行結果ではなく，各リビジョンのビルドが成功したかの情報を取得している．その理由は，CI サーバーからはテストの出力ファイル（各テストメソッドが成功したかの情報）を取得することができない上，ある一定期間が経過したビルドログは削除されているためである．

2. テスト実行: 次に，手順 1 で取得したリビジョンにおいて，どのテストメソッドが失敗したかの情報を取得するために，我々の実験環境でテストを実行する．まず，実験対象のプロジェクトを GitHub からローカル環境へクローンする．そして手順 1 で取得した各リビジョンに対して，テストを Docker 上で実行する．テスト実行が完了すると，テストフレームワークはテスト結果をファイルに書き出す．各リビジョンで出力されるテスト結果を読み込み，各リビジョンにおいてエラーが発生しているテストメソッドを確認する．

3. 時系列走査: 最後に，連続したリビジョンでテストが失敗するテストメソッドを特定する．各コミットの親子関係を洗い出し，その後，親リビジョンから，一つずつ子リビジョンを辿りながら，テストが失敗しているテストメソッドを走査する．アラートを発生させているテストメソッドが確認された場合，さらに子リビジョンを辿り続け，何リビジョン連続して失敗するか及び，どのリビジョンで当該テストメソッドが成功状態になるかを記録する．テストメソッドが同一であるかは，ファイルパス，クラス名，メソッド名で判断する．

上記手順を通して得られた各テストメソッドにおいて，失敗が連続して発生しているリビジョン数が 2 以上である場合，それらのテストメソッドの失敗を一つの RTA として検出する．コンパイルエラーが発生しているリビジョンは，テスト結果を確認できないため，当該リビジョンは RTA の計算対象から除いている．

3.3　データセット

本研究では，GitHub Search [7] を用いて，4 プロジェクトを実験対象とした．プロジェクト選定の条件として，(1) JUnit でテストしている (2) Gradle でビルドしている (3) CI ツールを利用している (4) 活発かつ十分に開発期間のあるチームプロ

表 1　調査対象のプロジェクト

プロジェクト	ドメイン	コミット数	LOC	テストメソッド数*
HYSTRIX	分散システムの管理用ツール	2,030	88,182	642
JADX	APK ファイル関連のツール	1,478	11,392	156
MyHome	住宅管理用アプリケーション	620	55,572	25
PRISON	PC ゲームの拡張プラグイン	2,317	50,510	851

* 2021 年 6 月 11 日時点での最新リビジョンにおけるテストコードを対象とした．

ジェクト[1]である．設定した条件を満たすプロジェクトは 1,113 件（フォークプロジェクトを除く）であり，これらの中からランダムにプロジェクトを選択した．表 1 に本研究で調査対象として選択したプロジェクトの一覧とその統計量を示す．

4　定量的分析

4.1　調査項目

RQ1 では，プロジェクトで失敗するテストの全数のうち，RTA である割合（*RTA rate*）を調べる（つまり，連続して失敗するテストと 1 リビジョンのみで失敗するテスト Single Test Alarm（STA）の割合を調べる）．

次に RQ2 では，テストが連続して失敗するリビジョン数（*Revisions To Repair*）と発生し続けている日数 (*Time To Repair*) の中央値を計測する．

最後に RQ3 では，RTA がどのように修正されているかを調べるために，RTA を修正するために変更されたファイルの種類をプロダクトコード，テストコード，その他のファイルに分類する．プロダクトコードとテストコードを判別する際には，修正リビジョンで変更されたファイルのパスを確認する（例：/src/main, /src/test）．Java ファイル以外を修正していた場合は，その他ファイルとして分類する．

4.2　結果

RQ1. 失敗するテストが Ringing Test Alarms である割合はどの程度か？

表 2　RTA の数と RTA rate

プロジェクト	テスト失敗数	STA 数	RTA 数	RTA rate
HYSTRIX	9,745	7188	2,557	26.2 %
JADX	1,357	1259	98	7.2 %
MyHome	46	27	19	41.3 %
PRISON	2	1	1	50.0 %

表 2 に RTA が発生した回数と *RTA rate* を示す．なお，表中の “テスト失敗数” において，連続して失敗したテストはそれぞれ 1 としてカウントされて含まれている．

HYSTRIX と JADX において多くのテスト失敗が観察された．しかし，*RTA rate* においてはこれら 2 つのプロジェクトで異なる傾向が観察された．JADX では *RTA rate* が低く，テストが失敗したままコミットされるものの，連続してテストが失敗することが少なく，すぐに修正が完了している傾向にある．一方，HYSTRIX では *RTA rate* が高く，テストがアラートを出力し続けることが常態化している可能性がある．

また，PRISON と MyHome において，テスト失敗の発生数は少ないものの，*RTA rate* は高かった．これらのプロジェクトでは，可能な限り全てテストが成功している状態でコミットされているが，テストが失敗した時は直ちに修正がされない，もしくは修正が難しい可能性がある．ただし，母数が少ないため，今後傾向が変化する可能性があることに注意されたい．

[1]コミット数の合計が 500 件以上かつ，2 年間で 100 件以上コミットする活発なチームプロジェクト（複数人で開発）を対象とした．

Answer to RQ1

失敗したテストのうち，7%から50%のテストが連続して2回以上の失敗が観測された．また，一部のプロジェクトでは，テストが失敗し続けることが常態化している可能性がある．

RQ2. Ringing Test Alarms の発生期間はどの程度か？

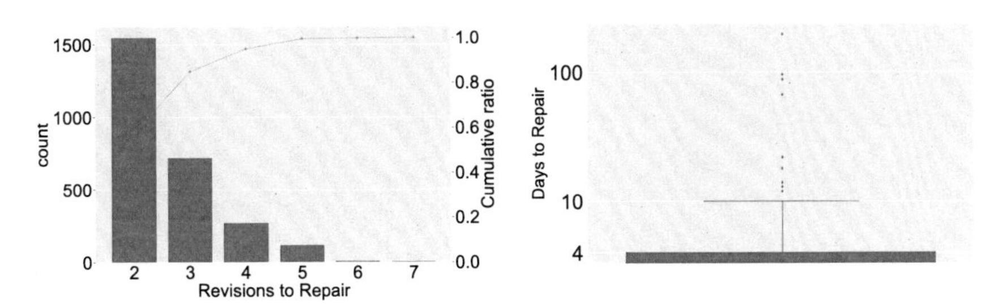

図2　RTA が発生しているリビジョン数　　図3　RTA が発生している日数

図2はRTAが発生しているリビジョン数(*Revisions To Repair*)の分布を棒グラフで表したものである．図の実線部分は各値における累積比率を表している．*Revisions To Repair* の中央値は2リビジョンであり，80%のRTAは3リビジョン以内で修正されている．つまり，最初の失敗が発生してから，2回もしくは3回のコミットでテストがアラートを発生しないように修正されていることがわかる．一方，図3はRTAが発生している日数(*Time To Repair*)の分布を箱ひげ図で表したものである．(図のy軸は対数スケールで表示している．) *Days To Repair* の中央値は0日であり，75%のRTAは4日以内で修正されている（図3中の第三四分位線）．つまり，開発者はテスト失敗状態を解決する際に複数回のコミットに渡ってRTAを修正することはあるものの，多くは短い期間内で解決するように対応している．

ただし，一部のテストは長い期間に渡って修復されていないものも存在する．プログラム1は，存在日数が最も長いRTAを修正しているプログラムを表している．このプログラムでは，失敗し続けていたテストコードの前に@Ignoreオプションを付け加えている．@Ignoreオプションとは，JUnitの機能の一つであり，該当するテストメソッドの実行を無視する設定である．また，@Ignoreオプションに付随したメッセージとして，“Test is flaky” と記述されている．このように開発者がテストの修復に苦労した結果，長期間続く不安定なテスト結果を削除するために，テストメソッドごと無視する選択をしたと考えられる．

プログラム1　存在日数が最も長い RTA のコード変更内容 (HYSTRIX/StreamingOutputProviderTest.java)

```
1    @Test
2  + @Ignore("Test␣is␣flaky")
3    public void concurrencyTest() throws Exception {
4        Response resp = sse.handleRequest();
```

Answer to RQ2

80%のRTAは3リビジョン以内で修正が完了しており，修正までにかかる日数は1日以内で完了している．ただし，一部のRTAでは最大198日間アラートを発生し続けているものも存在した．

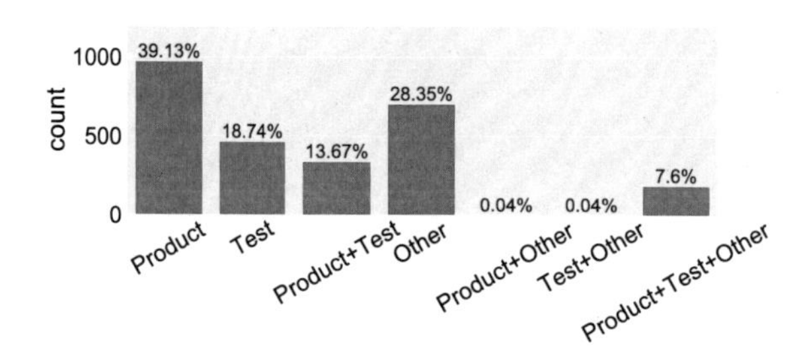

図 4　各修正方法ごとの RTA の個数

RQ3. Ringing Test Alarms はどのように解決されているのか？

図 4 は，RTA を修正した際に変更したファイルが，プロダクトコード（Product），テストコード（Test），Java ファイル以外のファイル（Other），およびそれぞれの組み合わせであったリビジョン数を示している．プロダクトコードのみを変更して修正した RTA は全体の 39%であり，これらの変更はプロダクトコードのバグを修正している変更だと考えられる．次に多かった変更ファイルは，Java ファイル以外のファイルであり，28%であった．特に，65%が gradle ファイルの変更が関係していた．gradle ファイルはビルドの設定や依存パッケージのバージョン設定が記述されており，これらの設定内容の間違いによってテストが失敗するケースが多かった．

また，テストコードのみを変更していたのは全体の 19%であった．これらの変更内容としては，テストコードの内容を修正したり，テストコード自体を削除する変更が考えられる．さらに，プロダクトコードとテストコードの両方を修正していたのは，全体の 14%である．これらの変更内容としては，プロダクトコードのバグを修正するとともに，関連しているテストを変更していることが考えられる．

5　まとめと今後の展望

本研究では，CI に悪影響を与える可能性のある RTA が，実際のプロジェクトにどれほど存在し，どの要因で発生するのかを調査した．実験結果より，一部のプロジェクトでは，テストが失敗し続けていることが常態化している可能性があることが分かった．また，RTA の修正にかかる日数は大半が 4 日以内で完了しているが，一部の RTA は修正までに数十日かかる傾向があった．今後は，RTA が CI を用いた開発活動に実際に及ぼす影響についての調査を行う予定である．

謝辞　本研究の一部は JSPS 科研費 JP21H04877・JP21K17725，および，JSPS・スイスとの国際共同研究事業（JPJSJRP20191502）の助成を受けた．

参考文献

[1] P. Duvall, S. M. Matyas, and A. Glover. *Continuous Integration: Improving Software Quality and Reducing Risk*. Addison-Wesley, Upper Saddle River, NJ, 2007.
[2] M. Hilton, T Tunnell, K. Huang, D. Marinov, and D. Dig. Usage, costs, and benefits of continuous integration in open-source projects. In *Proc. of ASE*, pp. 426–437, 2016.
[3] Y. Zhao, A. Serebrenik, Y. Zhou, V. Filkov, and B. Vasilescu. The impact of continuous integration on other software development practices: a large-scale empirical study. In *Proc. of ASE*, pp. 60–71, 2017.
[4] M. Beller, G. Gousios, and A. Zaidman. Oops, my tests broke the build: An analysis of travis ci builds with github. Technical report, PeerJ Preprints, 2016.
[5] A. Vahabzadeh, A. M. Fard, and A. Mesbah. An empirical study of bugs in test code. In *Proc. of ICSME*, pp. 101–110, 2015.
[6] Q. Luo, F. Hariri, L. Eloussi, and D. Marinov. An empirical analysis of flaky tests. In *Proc. of FSE*, pp. 643–653, 2014.
[7] O. Dabic, E. Aghajani, and G. Bavota. Sampling projects in GitHub for MSR studies. *arXiv preprint arXiv:2103.04682*, 2021.

因果ダイアグラムによる経営改善の施策立案支援手法の提案

Proposal of Measures Planning Support Method for Management Improvement by Causal Relationship Diagram

堀 旭宏* 川上 真澄†

あらまし ソフトウェア開発プロジェクト群の開発データを分析し，経営改善のための施策立案につなげたい．そのため，開発データを基に，ソフトウェア開発プロジェクトにおける発生事象間の因果関係を有向グラフで表し，施策立案に役立てる．しかし，開発データのサンプル数が少量の場合，既存の因果推論手法の適用は困難である．そこで，本研究では，因果関係ではなく相関関係に着目しグラフを生成する．その際，有向辺の向きは，発生事象間の順序関係を開発プロセスに基づいて定義することによって決定することを提案する．ただし，生成したグラフに疑似相関が含まれる可能性を考慮し，最終的にはグラフを人手で注意深く精査する運用とする．

1 はじめに

経営者は，ソフトウェア開発プロジェクト群の開発データを分析し，経営改善のための施策立案を行う．その一手法として，因果ダイアグラムと呼ばれる有向グラフによりデータを可視化する手法がある．因果ダイアグラムは，ここでは，ソフトウェア開発プロジェクト群における発生事象を頂点とし，原因となる発生事象から結果となる発生事象へ有向辺をつなぐことで，発生事象間の因果関係を可視化するものである．ここで，発生事象は，開発データを基に定義する数値データである．一般的に，因果ダイアグラムは無作為化比較試験による因果推論を基に生成される [1]．しかし，分析対象の開発データのサンプル数が少量の場合，十分に無作為化が行われず，正しい因果推論を行うことが困難である．これに対し，分析対象の開発データのサンプル数が少量の場合でも一定の合理性のある因果ダイアグラムを生成するため，因果推論ではなく相関関係に基づいて因果ダイアグラムを生成する方法が考えられる．しかし，相関関係には順序関係を表す情報が含まれないため，生成する因果ダイアグラムは無向グラフとなり，経営者の施策立案を十分に支援できない．

2 提案

そこで本研究では，相関関係に基づいた場合でも有向グラフの因果ダイアグラムを生成するため，発生事象間の順序関係を予め手動で定義することを提案する．これは，ソフトウェア開発プロジェクト群の分析では，発生事象の基となる開発データが，開発プロセス上の特定のフェーズで取得されるため，発生事象間の順序関係が潜在的に一意に決定していることを利用している．ただし，生成した因果ダイアグラムには疑似相関が含まれる可能性があるため，最終的には因果ダイアグラムを人手で注意深く精査する運用とする．因果ダイアグラムの生成手順を次に示す．

1. 複数種類の開発データを複数の開発プロジェクトから収集する
2. 開発データを基に発生事象を定義する
3. 1行を1プロジェクト，1列を1種類の発生事象とした，表形式の1ファイルを作成する
4. 発生事象間の相関係数を総当たりで求める

*Akihiro Hori, 日立製作所

†Masumi Kawakami, 日立製作所

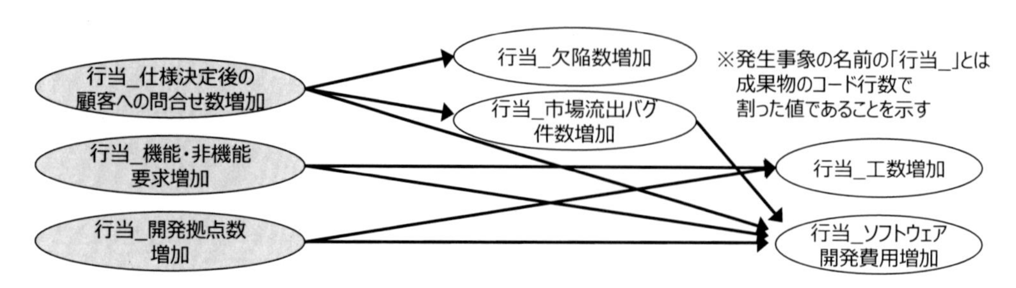

図 1　生成した因果ダイアグラムから抽出したサブグラフ

5. 開発プロセスに基づいて発生事象間の順序関係を手動で定義する
6. 発生事象を因果ダイアグラムにおける頂点として表す
7. 4. の結果，相関係数が閾値以上の発生事象のペアについて，5. で定義した順序関係に基づいて，6. の頂点間に有向辺を追加する

3　生成した因果ダイアグラム

本提案を社内の大規模組み込み製品分野のプロジェクト群に適用した．412 個のプロジェクトに対し 51 種類の開発データを収集し，相関係数の閾値を 0.6 に設定し，因果ダイアグラムを生成したところ，114 本の有向辺からなる有向グラフが生成された．この有向グラフに対し，経営改善の施策立案のため，人手による以下の手順を実施し，最終的に図 1 に示すようなサブグラフを抽出した．

1. 経営指標に直結する重要な発生事象につながるパスのみを残した
2. 有向辺の原因側の頂点が，改善可能な発生事象であるかを検討し，改善可能な頂点のみを残した
3. 第 3 因子による疑似相関の可能性を検討し，可能性のない辺のみを残した
4. 原因から結果につながる合理的な仮説が立てられるかを検討し，仮説を立てられる辺のみを残した

図 1 に示すサブグラフに対し，次のような考察を行った

- 仕様決定後に顧客への問合せ数が増えると，品質低下や費用増加を招く．これは，仕様が十分に固まる前に仕様決定を急ぎ，後に仕様検討不足による品質低下を招き，手戻りによる費用増加を招いたと考えられる
- 機能・非機能要求が増えると費用増加を招く．これは，実際にはプロジェクト進行の途中で機能・非機能要求が追加されたために手戻りによる費用増加を招いたと考えられる
- 開発拠点数が増えると，開発拠点ごとのコミュニケーションコストが増加する

以上の考察を踏まえ，図 1 で灰色の頂点で示す 3 種類の発生事象が経営指標に影響する可能性が高いと判断した．そして，それぞれに対し施策立案を実施した．

4　まとめ

本研究では，因果関係ではなく相関関係に着目し，サンプル数が少量の場合でも一定の合理性のある因果ダイアグラムを生成した．その際，有向辺の向きは，発生事象間の順序関係を開発プロセスに基づいて定義することによって決定することを提案した．生成したグラフには疑似相関が含まれる可能性もあるため，人手で注意深く精査し，施策立案につなげた．

参考文献

[1] 黒木 学：統計的因果推論 一因果効果の識別可能問題におけるベイジアンネットワークの役割一，人工知能学会誌，2007

構文解析情報を用いたSwiftプログラムの中間表現レベルミューテーション

IR Level Mutation for Swift Using Parse Tree Information

齋藤 優太 * 木村 啓二 †

あらまし ミューテーションテストはテストケース品質の評価手法である．ミュータント生成は，プログラムのソースコードを直接書き換える手法と，中間表現を書き換える手法に大別できる．本研究では中間表現レベル書き換えに対して，構文解析情報を用いたソースコード上で表現不可能なミュータントの除去を提案する．さらに，Swift 言語を対象としたツールを開発し評価した結果を報告する．

1 はじめに

ミューテーションテストはソフトウェアテストの品質を評価するための手法の1つである．ミュータントの生成には主にプログラムのソースコードを直接書き換える手法と，中間表現 (Intermediate Representation: IR) を書き換える手法がある．IR レベルでの書き換えを行う場合，言語非依存性を実現可能であるが．例えば，LLVM IR は C，C++や Objective-C など複数の言語をサポートし，いくつかの IR レベルのミューテーションテストツールで用いられている [1] [2]．しかしながらこれらはソースコード上で表現不可能なバグを生成しうる．LLVM IR ベースのツールのうち，Mull [1] はソースコードと中間表現が1対1対応しやすい C と C++をターゲットとし，ソースコードの構文情報を用いたソースコード上で表現不可能なミュータントの除去を行う．一方で Swift のようなコンパイラが暗黙的に多くの命令を挿入する言語に対して，IR レベルでのミュータント生成を適用した例は少ない．本研究では Swift を対象とし，中間表現レベルでの書き換えの上，構文木の解析により偽陽性として検出されたミュータント除去の手法を提案する．

2 提案手法

Mull には，ソースコードレベルで表現不可能なバグの生成を防ぐため，LLVM IR レベルで検出した偽陽性なミュータントをフィルタするための仕組みがある．フィルタは検出したミュータントをデバッグ情報を元にソースコードの該当箇所と照らし合わせ，ミュータントがソースコード上で起こりうる改変であるか検証する．既存の実装ではフィルタ全体が C++コンパイラの Clang++のパーサに大きく依存しており，言語非依存性が実現できていない．本稿では，フィルタの言語依存部分のインターフェースを言語非依存な形で用意し，Swift 固有の偽陽性なミュータントの検出を抑制するツールとして実装する．

基本設計として，言語依存部分を Indexer としてフィルタから分離し，フィルタは LLVM IR に含まれるデバッグ情報から元のソースファイルを収集し，Indexer にソースコードのインデックスを要求する．インデックスの終了後，フィルタは変異を実際に適用するべきかストレージに問い合わせる．このようにして，いくつかの実装を C++向けのフィルタと共有可能になる．図1に示す例では，Indexer は構文解析結果から減算演算子の位置を探索し，Swift プログラム4行目の式 x-1 を検出する．次に，式の位置で x-1 から x+1 への改変が起こりうることを報告し，フィルタは IR レベル検出された add 命令から sub 命令への改変を適用するか決定する．

*Yuta Saito, 早稲田大学

†Keiji Kimura, 早稲田大学

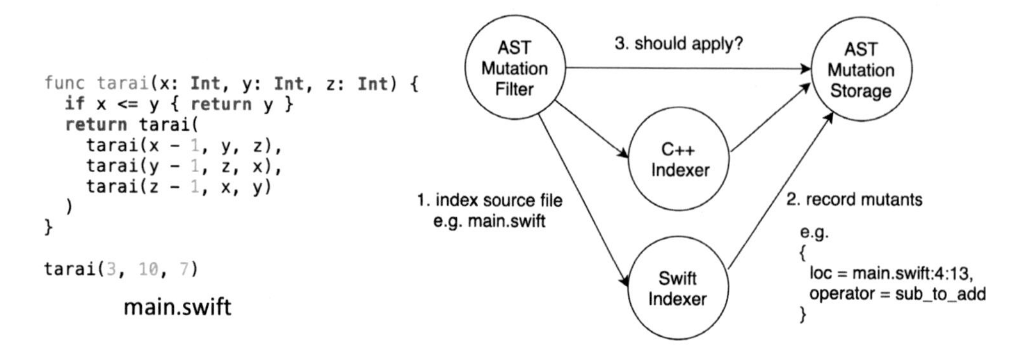

図 1 フィルタ API の概要

3 評価実験

Swift 製のソフトウェアに提案ツールを適用することで，ソースコードレベルのツール（Muter [3]）による書き換えと同等のバグ埋め込み能力が実現できるかを評価した．評価用ソフトウェアとして，暗号ライブラリ（CryptoSwift）と，基本的なアルゴリズムとデータ構造（swift-algorithms）を用いた．適用するオペレータは論理演算式の操作，比較演算式の操作，void 型を返り値として持つ関数呼び出しの除去である．

表 1 検出されたミュータントの数

適用対象	Mull	Muter
swift-algorithms	294	421
CryptoSwift	188	289

提案ツールと Muter で適用するオペレータを同一に設定した状態で検出されたミュータントの数について比較を行った結果を表 1 に示す．Muter の発見したミュータントは Mull の発見したものを完全に網羅しており，Mull はソースコードレベルで表現できないバグの埋め込みのフィルタに成功している．一方，Mull のミュータント検出能力は Muter より低い．これは，コンパイラのインライン化による命令列の変化のため，パターンマッチを用いたオペレータが正しくミュータントを検出できなかったことが原因である．

4 まとめ

本稿では Swift を対象に，IR レベルの書き換え手法に対して，構文解析情報による偽陽性なミュータント検出の除去を実装し評価した．結果として，ミュータント生成については，偽陽性な結果の抑制を実現した．一方でミュータント生成数はソースコードレベルの書き換えに劣ることが示され，この改善が今後の課題である．

参考文献

[1] A. Denisov and S. Pankevich: “Mull It Over: Mutation Testing Based on LLVM,” 2018, pp. 25 – 31, doi: 10.1109/ICSTW.2018.00024.
[2] F. Hariri and A. Shi: “SRCIROR: A Toolset for Mutation Testing of C Source Code and LLVM Intermediate Representation,” 2018, pp. 860 – 863, doi: 10.1145/3238147.3240482.
[3] “Muter” [Online]. Available: https://github.com/muter-mutation-testing/muter

ゾーン分析に基づくテストケース優先度付け手法

Proposal of a Test Case Prioritization Method with Zone Analysis

左近 健太 * **明神 智之** †

あらまし テストケースが増大する組合せテストでは，バグを効率よく検出できるよう絞り込むことで，テスト工数を削減することが望まれる．本研究では，ゾーン分析を基にバグの可能性が高い箇所を重点的にテストできるようテストケースの優先度付けを行う手法を提案する．

1 はじめに

近年ソフトウェアの大規模化，複雑化に伴い，テスト工数は増大している．組み合わせテストにおいては，限られた工数の中で全ての組み合わせをテストすることは難しい．そのため，バグを効率よく検出できるようテストケースに優先度を付けて実施することが求められている．しかし，ソフトウェアテストの担当者スキルは初心者から熟練者までさまざまである．非熟練者にとっては，バグを効率よく検出するためのテストケースの優先度付けは難しい．そのため，非熟練者でも熟練者と同等レベルの優先度付けができるよう支援が必要となる．属人性を排除してテスト工数を削減するため，本研究では，テストの実行結果を分析し，バグの可能性が高い箇所を重点的にテストできるようテストケースの優先度付けを行う手法を提案する．

2 提案手法

組合せテストにおいては，テストケースはパラメータ値の組み合わせで構成される．ソフトウェアのバグは偏在する傾向にあるが[1]，特定のパラメータ値に偏ったテストを行うと，バグの検出漏れの恐れがある．そのため，本研究で提案する手法では，初めは重点箇所を絞り込まずに，様々なパラメータ値の組み合わせを満遍なくテストする．例えば，2パラメータ間のパラメータ値の組み合わせを網羅する Pairwise 法[2]を用いる．そして，これらの手法で一定数のバグを検出した後，それまでのバグ検出実績に基づいてバグが発生する可能性が高いパラメータ値(バグ可能性パラメータ値)を絞り込み，重点的にテストする．

この戦略に従ってテストを行う場合，バグ可能性パラメータ値を推定する上で十分なバグを検出したかをどのように判断するか，およびバグ検出実績に基づいてどのようにバグ可能性パラメータ値を推定するかが課題になる．

2.1 テスト密度，バグ密度を用いたバグ検出の十分性判定

本研究においては，バグ検出が十分であるとは，ソフトウェアの規模に対して十分な数のテストケースにより十分な数のバグを検出していることを意味する．そのため，優先度付けの判定には，テスト密度，バグ密度という指標を用いる．テスト密度とバグ密度を用いたテストの進捗状況確認の手法としてゾーン分析[3]がある．本研究では，テスト優先度付けを目的とした十分性判定にゾーン分析を用いる．ゾーン分析では，テスト密度，バグ密度の閾値を基に場合分けを行う．閾値については，プロジェクトの難易度，開発規模に応じて決定する．ゾーン分析に基づき，次のように優先度付けの要否を決定

* Kenta Sakon, 日立製作所
† Tomoyuki Myojin, 日立製作所

する手法を提案する．テスト密度が閾値より高い場合，テストが十分に実施されたため，優先度付けを行う必要はないと考える．テスト密度，バグ密度がともに閾値より低い場合，テストが十分に実施されておらず，バグ検出が十分でない．そのため，特定のパラメータ値を重点箇所とせずに優先度付けを行う．テスト密度が閾値より低く，バグ密度が閾値より高い場合，テストが十分に実施されていないが，バグは十分に検出されている．そのため，バグ可能性パラメータ値を重点箇所とする優先度付けを行う．

2.2　テストの実行結果に基づく重点箇所のパラメータ値選択

次に，テストの実行結果を用いてバグ可能性パラメータ値を判断する方法を示す．ここで，新たにバグ割合という指標を定義する．バグ割合とは，対象となるパラメータ値一つまたは二つの組み合わせ(ペア)を含むテストケース(m件)のうち，バグを検出したテストケース(n件)の割合(n/m)を指す．バグ割合が最も高いパラメータ値一つまたはペアを重点箇所として選択する．一般的に「バグの多くは，少数のパラメータ値の組み合わせによって顕在化する」[4]と言われており，バグ可能性パラメータ値一つまたはペアに着目することで，効率よくバグを検出できると考えられる．

表1の「テストケースと実行結果」に対するバグ割合の算出方法について説明する．ここでのテストケースを構成するパラメータ A，B，C の取り得る値はそれぞれ{a1,a2}，{b1,b2,b3}，{c1,c2,c3}とする．実行結果に関しては，NG はバグ検出を，OK はバグ未検出を表す．例えば，パラメータ値 A=a1 を含むテストケース4件のうちバグが発生したのは2件であるため，A=a1 のバグ割合は 2/4=0.5(50%)となる．A=a1 以外のパラメータ値，及びパラメータ値のペアに関しても同様の方法でバグ割合を求める．全てのバグ割合を比較して，100%と最も高い(A,B)=(a1,b1)のペアを重点箇所として選択する．

表1　テストケースと実行結果

A	B	C	実行結果
a1	b1	c1	NG
a1	b1	c2	NG
a1	b2	c1	OK
a1	b2	c2	OK
a2	b1	c1	OK
a2	b1	c2	OK
a2	b3	c3	OK

3　提案手法を用いたテスト工数削減効果の検証実験

テスト工数削減効果を検証するため，既に完了した実案件プロジェクトデータを用いて，効果の検証実験を行った．提案手法を実装したツールを利用した結果，人手で優先度付けを行った場合と比較して，約7%の工数削減に至った．この理由として，属人性を排除し，バグを効率よく検出できるような優先度付けを実現できたためと考えられる．

4　まとめ

本研究は，組み合わせテストを対象として，属人性排除によるテスト工数削減を目的とした．そのために，テスト密度，バグ密度を用いたバグ検出の十分性判定とテストの実行結果に基づく重点箇所のパラメータ値選択方法を提案した．今後は，提案手法により優先度を高くしたテストケースと実際にバグを検出したテストケースとの相関を調べることで，バグ検出に対する提案手法の有効性を確認する．また，複数の社内プロジェクトに提案手法を適用して工数削減効果を検証していく．

参考文献

[1] N. E. Fenton and N. Ohlsson, "Quantitative analysis of faults and failures in a complex software system," in IEEE Transactions on Software Engineering, vol. 26, no. 8, pp. 797-814, Aug. 2000, doi: 10.1109/32.879815.

[2] 土屋達弘，菊野亨: ペアワイズテスト—ソフトウェアテストの効率化を求めて—. 電子情報通信学会論文誌 D, 2007, 90.10: 2663-2674.

[3] IPA/SEC：SEC BOOKS 定量的品質予測のススメ，オーム社，2008.

[4] D. R. Kuhn, D. R. Wallace and A. M. Gallo, "Software fault interactions and implications for software testing," in IEEE Transactions on Software Engineering, vol. 30, no. 6, pp. 418-421, June 2004, doi: 10.1109/TSE.2004.24.

Second Validation for Unacceptable Fixes in Automatic Program Repair

Jinan Dai* Kazuya Yasuda†

Summary. We propose a method for improving a generate-and-validate (G&V)-based automatic program repair (APR) system. Fixes are first generated and then output if they pass a test suite validation. However, there is a chance that the output fixes are unacceptable for developers. To reduce the number of unacceptable fixes, we propose a method called second validation that validates the behavior of the fixed program. The results of our experiment showed that 81.3% of the unacceptable fixes were filtered.

1 Introduction

The purpose of automatic program repair (APR) is to increase development efficiency for programmers. Generate-and-validate (G&V) is a well-known APR method [1] in which the APR system produces candidate fixes and validates them using a test suite. However, the validated fixes are not always acceptable, so they need to be reviewed by programmers who manually apply the fixes to a source code. Programmers typically to review fixes one by one, so the acceptable fixes should be ranked higher to shorten the reviewing process. We propose a method called second validation to identify unacceptable fixes and lower their ranks so that developers have a higher chance of identifying the acceptable fixes first.

2 Generate-and-Validate method

In G&V, a fix is created using mechanisms (e.g., brute-force, template-based), and then the APR system applies the fix to a copy of the original source code, compiles it, and runs test suites to validate the fix. Once the fixed source code is well-compiled and the test suite is passed, the fix will be output as validated.

3 Second Validation

G&V-based APR systems may output many validated fixes, some of which may be unacceptable. In this study, we focused on the behavior of a fixed program and aimed to label the fixes. We evaluated our G&V-based APR system on the basis of TBar [2] using a bug set extracted during the development of our enterprise and found that our system output many unacceptable fixes with following features:

1. The conditional expression in an if-statement was always true or false, which rendered the if-statement meaningless.
2. Some fixes contained unnecessarily long expressions which could be replaced by a constant. For example, `new ArrayList<>().size()` can be replaced by `0`, but in most cases, there exists a fix that that uses `0`.
3. An unexpected exception was thrown such that the test was bypassed. An example is shown in Fig.1.

During validation, fixes with these features are labeled as SUSPICIOUS, while other fixes are labeled as NORMAL by default. To ensure that de-

*Hitachi, Ltd., R&D Group, Center for Technology Innovation - Societal Systems Engineering

†Hitachi, Ltd., R&D Group, Center for Technology Innovation - Societal Systems Engineering

velopers review NORMAL fixes first, all SUSPICIOUS fixes are output after NORMAL fixes. Note that we did not fully remove the SUSPICIOUS fixes because there is a risk of acceptable fixes being labeled as SUSPICIOUS.

In our proposed method, in addition to generation and validation (test execution), the appropriateness of the fixes is determined by the labeling mentioned above. Thus, this method is called second validation.

```
try{
    method(1/0);//validated fix
}catch(Exception e){
    return ret;
    //ret is returned eventually
    //and might be the expected
    //value
}
```

Fig.1 Example of unexpected exception thrown to bypass test.

We use the following steps to identify fixes with these features:

1. We check whether the fixed statements throw exceptions because in most cases, they should not throw any exception (feature #3).
2. If step 1 is passed, we check if the fixed statements are run more than once and if they contain any primitive-typed or string-typed expressions. If so, the expressions are output, and we check whether there is an expression whose output values are all the same.

4 Evaluation

To evaluate the second validation method, we used a bug set containing 84 bugs extracted during enterprise development. The product code contained about 250 classes and 35,000 lines of code. The experiment was conducted on a virtual machine with 12 virtual CPUs and 16GB RAM. For practicality, we only evaluated the method on fixes output during 12 hours. We choose the filter rate R of unacceptable fixes being identified as SUSPICIOUS as our measure: $R = \#(\text{SUSPICIOUS fixes}) / \#(\text{Unacceptable fixes})$.

Four of the bugs in the bug set generated unacceptable fixes. Table 1 shows the experimental results for the four bugs. The total filter rate R was 81.3% and no acceptable fix was labeled as SUSPICIOUS. Thus, we can conclude that the most of the unacceptable fixes were filtered out.

Tab.1 Experimental results of for bugs for which APR generated unacceptable fixes.

Bug_id	Fixes Generated	unacceptable Fixes	SUSPICIOUS Fixes	R
1	311	311	305	98.1%
2	1447	1445	1443	99.9%
3	1624	1623	1249	77.0%
4	778	775	775	100.0%
Total	4160	4154	3771	81.3%

References

[1] Luca Gazzola, Daniela Micucci, and Leonardo Mariani. Automatic software repair: A survey. *IEEE Transactions on Software Engineering*, Vol. 45, No. 1, pp. 34–67, 2019.

[2] Kui Liu, Anil Koyuncu, Dongsun Kim, and Tegawendé F. Bissyandé. Tbar: Revisiting template-based automated program repair. *CoRR*, Vol. abs/1903.08409, , 2019.

IoTシステムの欠陥に対するコードクローン検出の有効性の調査

On the Effectiveness of Clone Detection for Detecting IoT-related Buggy Clones

大野 堅太郎 [*]　吉田 則裕 [†]　朱 文青 [‡]　高田 広章 [§]

あらまし コードクローン検出とは，ソースコード中での類似または一致した部分を検出することで，ソースコード上に含まれる欠陥検出に対して有効性を持つ．本研究では，IoT システムの欠陥に対するコードクローン検出の有効性を調査した．

1 概要

IoT システムは複雑なため，欠陥が含まれる可能性が高い．コードクローン検出とは，ソースコード中での類似または一致した部分を検出することである．欠陥を含むソースコードを収集したデータセットとの比較により，欠陥を検出することが可能である．我々の研究グループは，IoT システムの欠陥を収集したデータセットを作成し，コードクローン検出を行うことにより，IoT システムの欠陥検出の有効性について調査を行った．本論文では，データセットの作成方法と，データセットに対してコードクローン検出を行った結果の一部を示す．

2 欠陥を含むソースコードの収集

欠陥を含むソースコードを，欠陥に対して修正される前のソースコードとして定義し，**CVE を元に収集する方法**と **GitHub のイシューを元に収集する方法**で欠陥を含むソースコードを収集した．収集したデータセットは `https://zenodo.org/record/5090430#.YSe4mI77Q2w` に記載した．

2.1 CVE を元に収集する方法

最初に，CVEList のリポジトリ内で対象キーワードを検索することにより，IoT システムにおける脆弱性に関する CVE を取得する．CVE は，一般公開されている脆弱性の識別子である．対象キーワードは SQL injection，CSRF (cross-site request forgeries)，XSS (cross-site scripting)，weak password の 4 つである．これらのキーワードは [1] より，IoT システムに対する主な攻撃分類の中で，ソースコード上に表れやすい脆弱性であるウェブ管理システムを介した攻撃分類における攻撃方法である．次に，CVEList のリポジトリでの検索で得られた対象キーワードを含む CVE を GitHub 上で検索にかける．その検索結果のコミットメッセージ，イシュー，プルリクエストなどを目視し，対象キーワードに関するソースコードを探索する．これにより，対象キーワードを含む CVE に関するソースコードを収集する．最後に，パッチファイルや Blame 機能を使用して修正前のソースコードを取得する．

2.2 GitHub のイシューを元に収集する方法

最初に，[2] からリポジトリのオーナー名，リポジトリ名，イシュー番号を取得する．[2] は IoT システムの欠陥の分類のために，IoT の欠陥に関連したイシューを

[*]Kentaro Ohno, 名古屋大学
[†]Norihriro Yoshida, 名古屋大学
[‡]Wenqing Zhu, 名古屋大学
[§]Hiroaki Takada, 名古屋大学

まとめたデータセットである．次に，REST API [3] を使用して，オーナー名，リポジトリ名，イシュー番号からプルリクエスト番号を検索する．これは，イシュー番号から直接パッチファイルとパッチファイルにより変更されたファイル群を取得することはできないためである．イシューとプルリクエストの関係は一様ではないので，すべてのプルリクエスト番号を取得することはできない．最後に，取得したオーナー名，リポジトリ名，プルリクエスト番号から GitHub の REST API [3] を使用して，パッチファイルとパッチファイルにより変更されたファイル群を取得する．そして，パッチファイルから修正される前のファイル群を取得する．

3 コードクローン検出による IoT システムの欠陥検出の調査

2 で収集したデータセットに対して，コードクローン検出をかけることにより，IoT システムの欠陥検出におけるコードクローン検出の有意性の調査を行った．ソースコード内に同じような欠陥が複数個所含まれていなければ，欠陥を検出することは不可能である．したがって，データセットからランダムに同じような欠陥を複数個所含むソースコードを選択し，コードクローン検出を行った．データセットが多言語を含み，使用するコードクローン検出ツールは多言語対応している必要があるため，NiCad [4] と CCFinderSW [5] を用いた．GitHub のイシューを元に収集したデータセットに対する NiCad を用いたコードクローン検出では，IoT システムの欠陥を検出できた割合は 0.32(関数単位，しきい値 70%，タイプ 3 の場合 [6]) であった．さらに，CVE を元に収集したデータセットに対する検出や，NiCad や CCFindeSW の設定値を変更して検出を行った．この結果から，コードクローン検出により，IoT システムの欠陥を部分的に検出できたが，半数以上の欠陥は検出できないことが分かった．

4 今後の課題

IoT システムの複雑さからコードクローン検出が難しい欠陥が存在することが分かった．そのため，IoT システムの特徴を考えることで，IoT システムの欠陥検出に有効なコードクローン検出ツールの設定値などの調査を検討している．

謝辞 本研究は JSPS 科研費 JP20K11745 の助成を受けた．

参考文献

[1] Xingbin Jiang, Michele Lora, and Sudipta Chattopadhyay. An experimental analysis of security vulnerabilities in industrial IoT devices. *ACM Transactions on Internet Technology (TOIT)*, Vol. 20, No. 2, pp. 1–24, 2020.
[2] Amir Makhshari and Ali Mesbah. IoT bugs and development challenges. In *Proc. of ICSE 2021*, pp. 460–472, 2021.
[3] GitHub. GitHub REST API - GitHub Docs. `https://docs.github.com/en/rest`. (Accessed on 08/25/2021).
[4] James R Cordy and Chanchal K Roy. The NiCad clone detector. In *Proc. of ICPC 2011*, pp. 219–220, 2011.
[5] Yuichi Semura, Norihiro Yoshida, Eunjong Choi, and Katsuro Inoue. CCFinderSW: Clone Detection Tool with Flexible Multilingual Tokenization. In *Proc. of APSEC 2017*, pp. 654–659, 2017.
[6] Katsuro Inoue. Introduction to code clone analysis. In *Code Clone Analysis*. Springer, 2021.

実践プロジェクトに基づく参照開発モデルを利用した機械学習プロジェクトの知見収集

Collecting insights of machine learning projects using practice-based reference model

竹内 広宜 [*]　今崎 耕太 [†]　久野 倫義 [‡]　土肥 拓生 [§]　本橋 洋介 [¶]

あらまし　本論文では，機械学習 (machine learning: ML) を用いたサービスシステムの開発について，プロジェクト実践に基づいた参照開発モデルを用いた知見収集について報告する．

1　はじめに

様々な領域で ML の活用が進んでおり，プロジェクトを円滑に進めるための知識の体系化が必要となっている．例えば，ML 適用に関するデザインパターンの整理 [1] や，プロジェクトを実施する上で有用なベストプラクティスを文献調査により収集する試みが行われている [2]．本研究では，開発モデルを参照することで，ML プロジェクトの実践者からの知見収集を試みる．

2　参照開発モデルを用いた知見の収集

本研究では，ML プロジェクトを実践する担当者が開発モデルを参照することで導出した知見を収集する．その全体像を図 1 に示す．

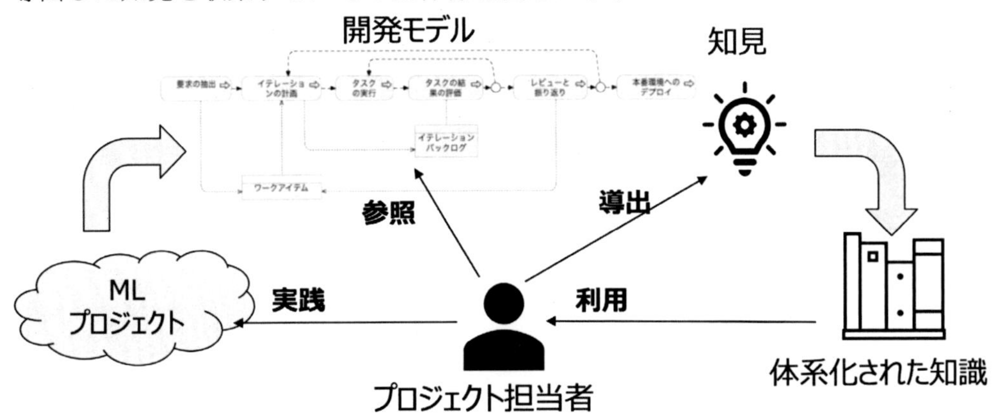

図 1　参照モデルに基づいた知見収集の全体像

プロジェクトで構築する ML サービスシステムについて，開発モデルとして [3] などがあるが，本研究ではプロジェクト実践から作成した開発モデルを用いる．具体的には ML プロジェクトについてのプロジェクト実践データの収集結果 [4] からプロジェクトに共通する活動を同定し，それをもとに既存の開発モデルを拡張した参照開発モデル [5] を用いた．図 2 に ML サービスシステムの参照開発モデルを示す．

*Hironori Takeuchi, 武蔵大学
†Kota Imazaki, 情報処理推進機構
‡Noriyoshi Kuno, 三菱電機株式会社
§Takuo Doi, ライフマティックス株式会社
¶Yosuke Motohashi, 日本電気株式会社

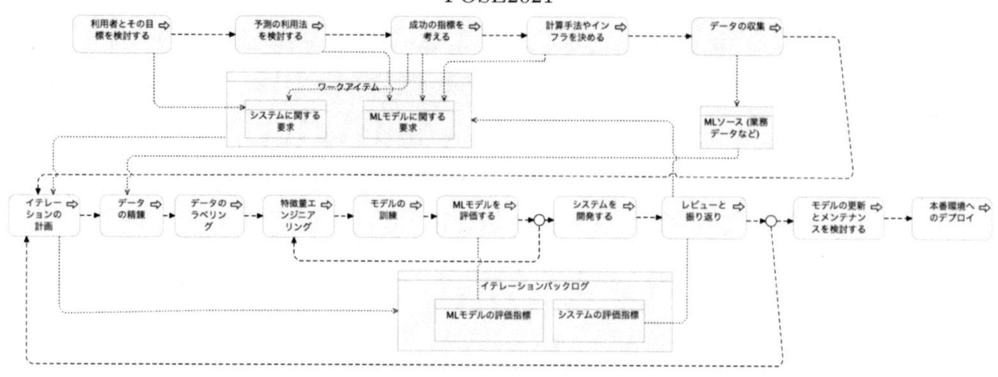

図 2　プロジェクト実践に基づいた ML サービスシステムの参照開発モデル

3　知見収集の結果

プロジェクト担当者が集まるオンラインワークショップ[1]にて，図 2 の参照開発モデルをキャンバス形式の Web アプリに配置し，それぞれのプロジェクト経験で得た知見を収集した．収集された知見のうち重複を除いたものを観点別に分けた整理し，Serban らによる文献による知見収集 [2] と比較した結果を表 1 に示す．

表 1　収集された知見の内訳

	計画・設計	データ	訓練	システム開発	デプロイ・運用	体制	ガバナンス	合計
本研究	8	4	7	2	3	4	0	28
Serbanらの研究	0	5	11	3	6	3	1	29

本研究での収集ではプロジェクトの計画やサービスシステム全体の設計に関する知見などが新たに得られた．

4　まとめ

本論文では，ML サービスシステムの開発について，プロジェクト実践に基づいた参照開発モデルを用いた知見収集について報告した．知識の体系化に向けた，収集した知見の構造化などが今後の課題である．

参考文献

[1] Villiappa Lakshmanan, Sara Robinson, and Michael Mann. *Machine Learning Design Patterns: Solutions to Common Challenges in Data Preparation, Model Building, and MLOps.* O'Reilly, 2020.

[2] Alex Serban, Koen van der Blom, Holger Hoos, and Joost Visser. Adoption and effects of software engineering best practices in machine learning. In *Proceedings of the ACM / IEEE International Symposium on Empirical Software Engineering and Measurement*, pp. 3:1–3:12, 2020.

[3] 国立研究開発法人産業技術総合研究所．機械学習品質マネジメントガイドライン 第 1 版. https://www.cpsec.aist.go.jp/achievements/aiqm/AIQM-Guideline-1.0.1.pdf.

[4] Hironori Takeuchi, Takuo Doi, Yoshinori Kuno, and Yosuke Motohashi. Collecting data of machine learning projects for deriving insights. In *Proceedings of the APSEC 2nd International Workshop on Machine Learning Systems Engineering (iMLSE 2020)*, 2020.

[5] 竹内広宜, 小形真平, 海谷治彦, 中川博之．エンタープライズアーキテクチャを用いた機械学習サービスシステムのアジャイル開発モデル．信学技報 KBSE2021-5, pp. 44 – 49, 2021.

[1]第 4 回機械学習工学研究会 (2021 年 7 月 1-3 日)

深層学習システムの保守に関する実証調査の検討

Toward an Empirical Investigation on the Maintenance of Deep Learning Systems

イン メイヨウ* 柏 祐太郎† 近藤 将成‡ 亀井 靖高§
鵜林 尚靖¶

あらまし 本研究では，深層学習技術を利用するシステムにおける保守のベストプラクティス確立を目指している．本論文では，深層学習システムにおける保守の実態を明らかにするための調査方法の検討を行う．

1 はじめに

コードベースのソフトウェア開発からデータ駆動のソフトウェア開発へ移行するプロジェクトが増加している．特に，深層学習技術が登場し，推薦システムや画像認識システムなど様々な用途で重要な役割を担っている．深層学習技術を用いたシステム開発（以降，DL システム）は，データの準備・加工，モデル作成，そして作成したモデルの評価など，従来のコードベースシステム開発とは異なるプロセスが必要である．そのため，開発者は DL システム開発に特化した新しい知識を習得する必要がある．

近年では，DL システム開発におけるベストプラクティス等,「どのように作るか」が盛んに研究されている [1] [2] [3]．しかし，その保守方法や保守の実態については，ほとんど研究されていない．本研究では，DL システムの保守の理解を目的として，開発者が実際に DL システムにどのような変更を加えているのかを調査する．

2 深層学習ワークフロー

多くの研究 [1] [2] [3] が，DL システム開発におけるベストプラクティス等を調査している．Han ら [3] は，DL フレームワーク（Tensorflow など）に関連する Stack Overflow での質問・議論を分類し，DL システムの開発のワークフローを定義した．Han らが定義したワークフローの各フェーズを以下に示す．

1. 事前準備では，DL フレームワークを使用する前に，まずインストールやバージョンに関する問題を解決する．

2. データの準備では，DL フレームワークを利用するために，データの形式を DL フレームワークに入力できる形に変換する．

3. モデルセットアップは，DL フレームワークの中で最も重要な役割の一つで，開発者は適切なモデルとアーキテクチャを選択する．

4. モデルトレーニングでは，選択したモデルのパラメータ，損失関数，最適化戦略などを選択し，良好なモデルの精度の達成を目指す．

5. モデル評価では，検証データセット等を用いて，学習したモデルの精度を評価・可視化を行う．

6. モデルチューニングでは，モデルの精度や性能（学習速度等）をさらに向上させるために，モデルに使用するハイパーパラメータを調整する．

7. モデルの予測では，最適化されたモデルを用いて，新しいデータを予測する．

*Mingyang Yin, 九州大学
†Yutaro Kashiwa, 九州大学
‡Masanari Kondo, 九州大学
§Yasutaka Kamei, 九州大学
¶Naoyasu Ubayashi, 九州大学

3 分析方法

本研究では，DL システムがどのように保守されているかを分析する．具体的には，前述の深層学習ワークフローのうち，最も変更されているフェーズを目視調査で明らかにする．

本分析では，まず GitHub における Insights 機能の Dependency graph [4] を用いて，DL フレームワーク（“TensorFlow” もしくは “PyTorch”）を利用しているプロジェクトを選定する．そして，選定したプロジェクトからコミット履歴を取得し，得られた各コミットのメッセージと変更内容をもとに目視分類を行う．ただし，DL システムにおけるコミットの全てが深層学習に関する変更とは限らないため，コミットのフィルタリングを行う．フィルタリング方法として，各コミットに含まれる変更（diff ファイル）に深層学習に関するキーワードが含まれているか否かで判別する．DL に関するキーワードは，あらかじめ我々が分析対象プロジェクトのソースコードから目視で抽出したもの（例えば，“loss” や “batch”）で，47 個存在する．深層学習に関するキーワードが含まれているコミットは DL-prone コミットと呼ぶ．

次に，DL-prone コミットに対して目視を行い，深層学習に関する変更であるか，および，ワークフローのうちどのフェーズに分類できるかを調査する．目視分類では，二人の著者が独立して，それぞれのコミットを分類する．二人の意見が相違した場合は，さらにもう一人の著者が目視し，ラベルを決める．三人目の著者が判断できない場合は，三者で議論を行い，ラベルを決定する．

4 データセットと主要な結果

本論文では，GitHub に存在する TensorFlow もしくは PyTorch を利用するプロジェクトのうち，スター数の上位 8 プロジェクトを分析対象として選択し，7,656 件のコミットデータを取得した．得られたコミットに対して，DL-prone コミットを検出した結果，2739 件（36%）の DL-prone コミットが得られた．さらに，得られた DL-prone コミットを信頼水準 95%・許容誤差 5%でランダムサンプリングし，337 件の目視調査を実施した．

目視調査の結果，DL-prone コミットのうち実際に深層学習に関する変更は 194 コミット（58%）であった．深層学習ワークフローのうち最も頻繁に変更されたフェーズは “データの準備”（36%），二番目，三番目に頻繁に変更されたフェーズはそれぞれ “モデルセットアップ”（29%）と “モデルトレーニング”（18%）であった．今後は，DL ワークフローの各フェーズにおける変更内容をさらに細分化し，どのような変更が行われているかを調査する．

謝辞 本研究の一部は JSPS 科研費 JP21H04877・JP21K17725，および，JSPS・スイスとの国際共同研究事業（JPJSJRP20191502）の助成を受けた．

参考文献

[1] S. Amershi, A. Begel, C. Bird, R. DeLine, H. C. Gall, E. Kamar, N. Nagappan, B. Nushi, and T. Zimmermann. Software engineering for machine learning: a case study. In *Proc. of ICSE (SEIP)*, pp. 291–300, 2019.
[2] A. Serban, K. V. Blom, H. H. Hoos, and J. Visser. Adoption and effects of software engineering best practices in machine learning. In *Proc. of ESEM*, pp. 3:1–3:12, 2020.
[3] J. Han, E. Shihab, Z. Wan, S. Deng, and X. Xia. What do programmers discuss about deep learning frameworks. *Empirical Software Engineering*, Vol. 25, No. 4, pp. 2694–2747, 2020.
[4] GitHub Insights Dependency Graph. https://docs.github.com/en/code-security/supply-chain-security/understanding-your-software-supply-chain/about-the-dependency-graph.

テストケース生成ツールを用いたバグ限局ツール AutoSBFLの提案

AutoSBFL: Fault Localization Tool with Test Case Generation Tool

中森 陸斗[*] 崔 恩瀞[†] 吉田 則裕[‡] 水野 修[§]

あらまし テストケースを実行し，そのとき通過したソースコード上の部分を記録することによってバグ位置を特定する手法"Spectrum-Based Fault Localization"が存在する．この論文は，EvoSuite を使用してテストケースの生成を自動化し SBFL を実行する手法，およびその途中で使用される各手法の説明を行うものである．

1 研究背景

ソフトウェア開発において，デバッグという作業は欠かせない．しかし，デバッグにかかる人的及び時間的コストは非常に大きなものである [1]．ソースコードのデバッグ作業は主に以下の 2 つの作業に分割できる．

1. ソースコード上のバグ箇所の特定 (バグ限局)
2. ソースコードのバグの修正

この論文では，1 つ目の「ソースコード上のバグ箇所の特定」に対して貢献する．バグ箇所の特定で用いられる手法として"Spectrum-Based Fault Localization" (SBFL) という手法が存在する．これは，あるソースコードに対するテストケースが複数存在するとき，それぞれのテストケースを実行し，成功したテストで実行された部分はバグの存在する可能性が低く，逆に失敗したテストで実行された部分にバグが存在する可能性が高いというアイデアの元で，不具合の位置を特定する手法である．SBFL には，対象となるソースコードのテストスイートを実装する必要がある．しかし，テストスイートが存在しないプロジェクトに対しては SBFL を適用することができない．そこで，本研究ではテストケース生成ツールを用いることによってこの問題を解決することを目的とする．具体的には，Java ソースコードに対して EvoSuite [2] を用いて SBFL 用の JUnit ユニットテストを自動生成し，テストケース全体のカバレッジに寄与しないテストケースを削除して SBFL を実行するツールを提案する．このツールの対象となるプロジェクトは，その中にテストが存在しないような小規模の Java プロジェクトである．以下では，JUnit テストメソッドのことをテストケース，JUnit テストケースをまとめたテストクラスをテストスイートと呼ぶ．

2 提案手法

ツールが動作する概略図を図 1 に記載する．提案するツールは 2 つのツール (ツール 1，ツール 2) に分かれており，以下の通り動作する．

1. バグ限局を行うソースコードに対して EvoSuite を用いてテストスイートを作成する
2. ツール 2 を呼び出し，以下の方法でテストケースを削減する
   (a) EvoSuite で生成したテストスイート内のテストケースをそれぞれ単一で実行し，C0 カバレッジ及び C1 カバレッジを取得
   (b) 複数のテストケースのうち，削除してもテストスイート全体のカバレッジ

[*]Rikuto Nakamori, 京都工芸繊維大学
[†]Eunjong Choi, 京都工芸繊維大学
[‡]Norihiro Yoshida, 名古屋大学
[§]Osamu Mizuno, 京都工芸繊維大学

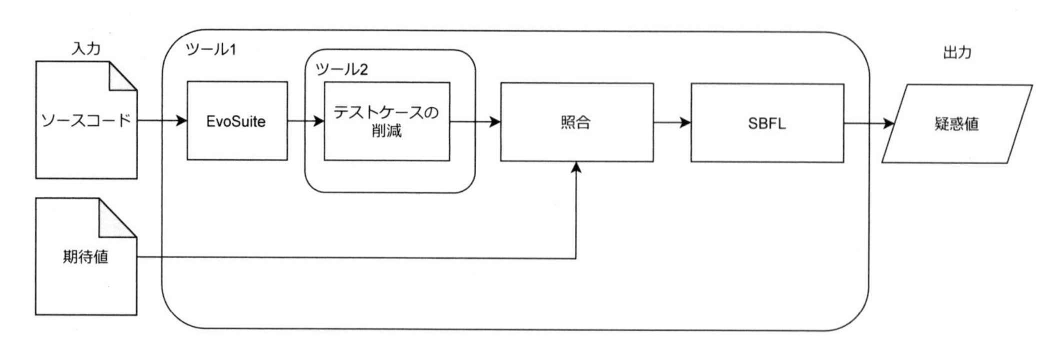

図 1　ツールの概略図

を下げないテストケースを削除

3. テストケース毎でインスタンス化されたオブジェクトの最終状態の期待値を入力する
4. 期待値に合致したテストケースを成功テストとし，合致しなかったテストケースを失敗テストとする
5. Ochiai の疑惑係数 [3] をソースコード行の疑惑値として計算する

ツール 2 によってテストケースの数を削減する理由は，手順 3 でテストケース毎にオブジェクトの最終状態の期待値を入力する際に，その数を減らすことによってツールのユーザの負担を減らすことにある．ソースコードの各行に付与された疑惑値が，その箇所が不具合箇所である可能性のスコアとなる．

3　評価

本研究は，現在は上記のツール 1 とツール 2 が完成した段階である．ツール 1 とツール 2 を実行した際の評価は以下の通りである．ツール 1 のみをある 1 行にバグを仕込んだ Java ソースコードに対して実行してみたところ，ツールはバグ位置とその付近のみの疑惑値を高い値で出力した．また，ツール 2 を Defects4J [4] の中にある Lang プロジェクトのバージョン b1 の 82 個のテストケースが存在するテスト NumberUtilsTest.java に対して実行してみたところ，39 個までテストケースを削減することに成功した．今後の課題として，ツール 1 とツール 2 を実際に組み合わせて動作させ，疑惑値の精度を検証する．

謝辞　本研究は JSPS 科研費 18H04094, JP19K20240, JP20K11745 の助成を受けたものです．また本研究に介し貴重な助言を多数頂きました，九州大学 近藤将成 助教，岡山大学 西浦生成 特任助教に深く感謝致します．

参考文献

[1] Tom Britton, Lisa Jeng, Graham Carver, and Paul Cheak. Quantify the time and cost saved using reversible debuggers. Technical report, Technical report, Cambridge Judge Business School, 2012.
[2] evosuite.org. Evosuite — automatic test suite generation for java, 2021. `https://www.evosuite.org/index.html`.
[3] Rui Abreu, Peter Zoeteweij, and Arjan JC Van Gemund. An evaluation of similarity coefficients for software fault localization. In *2006 12th Pacific Rim International Symposium on Dependable Computing (PRDC'06)*, pp. 39–46. IEEE, 2006.
[4] Darioush Jalali René Just. rjust/defects4j: A database of real faults and an experimental infrastructure to enable controlled experiments in software engineering research, 2021. `https://github.com/rjust/defects4j`.

プログラミングにおけるステレオタイプ脅威の影響分析

Ananyzing Influence of Stereotype Threat on Programming

高塚 由利子* 角田 雅照†

あらまし 性別に基づく先入観が脅威となり，女性の数学試験の成績が低下することがある．この影響はステレオタイプ脅威と呼ばれる．本研究ではプログラミングにおいてもステレオタイプ脅威の影響があるか，ステレオタイプ脅威を抑えた場合の効果があるかを分析した．

1 はじめに

Spencer ら[1]の研究では，性別に基づく先入観が脅威となり，女性の数学試験の成績が低下することが示されている．このような先入観がもたらす悪影響を，ステレオタイプ脅威と呼ぶ．Spencer らは，先入観を取り除くことでステレオタイプ脅威が軽減された場合，女性の数学試験の成績は向上したことも示されている．そこで本研究では，女性が IT 分野における能力を最大限に発揮できる環境を整えることを支援するため，プログラミングにおけるステレオタイプ脅威の影響について分析する．

Kumar[2]はステレオタイプ脅威の影響を分析するために，被験者に性別などを質問した後に，30 分で 9-10 問のコードリーディングのテストを実施している．性別などを質問することはステレオタイプ脅威の効果があることが知られており，分析結果では男女ともにステレオタイプの質問をされたほう場合の成績が低くなっていた．ただし Kumar らの研究では，「プログラミングにおいてもステレオタイプ脅威の影響はあるか」，「ステレオタイプ脅威を抑えた場合の影響はあるのか」などが明らかでない．

2 実験

プログラミングにおけるステレオタイプ脅威の影響を分析するために，2 つの実験を行った．被験者は情報科学を専攻する学部 2 年生から修士 2 年生である．実験 1 では，女性被験者 23 人，男性被験者 23 人に難易度の低いプログラミングの課題に取り組んでもらい，プログラムが正常に動作するまで（Junit によるテストをパスするまで）の時間を計測した．問題は AIZU ONLINE JUDGE に示されている，九九の表を作成するものである．プログラミング言語として，全ての被験者が理解している Java を用いた．

男女ごとに，被験者をさらに 2 グループに分け，一方のグループではステレオタイプ脅威を喚起するために「この問題は，これまで男女差が見られたものである」と提示した．他方のグループではステレオタイプ脅威を抑止するために「問題は，これまで男女差が見られなかったものである」と提示した．

実験 2 では，女性被験者 12 人に対し，実験 1 と同じ課題と，難易度が中程度のプログラミングの課題の 2 つに取り組んでもらい，プログラムが正常に動作するまでの時間を計測した．問題は AIZU ONLINE JUDGE に含まれる，与えられた数値の桁数を求めるも

* Yuriko Takatsuka, 近畿大学
† Masateru Tsunoda, 近畿大学

のである．実験は 2 グループに分け，一方のグループでは課題 1 はステレオタイプ脅威を抑制，課題 2 でステレオタイプ脅威を抑止した．他方のグループではその逆とした．

実験 1 の結果を表 1 に示す．女性の被験者では，脅威を喚起したグループのほうが，タスク時間が中央値で 231 秒（約 4 分）短くなっていた．これに対し男性の被験者では，脅威を喚起抑止したグループのほうが，タスク時間が中央値で 83 秒（約 1 分）長くなっていた．男性については差がないとみなすならば，数学における先行研究[3]と同様の結果といえる．

実験 2 の結果を表 2 に示す．課題 1 については，脅威を抑止したグループのほうが，タスク時間が中央値で 124 秒（約 2 分）短くなっていた．これは実験 1 と同様の結果であるといえる．課題 2 では，難易度が中程度であったが，脅威を抑止したグループのほうが，タスク時間が中央値で 924 秒（約 2 分）短くなっていた．

プログラミング能力の影響を考慮するため，課題 1 のタスク時間を基準値，すなわち分母とし，課題 2 のタスク時間を分子として，課題 2 のタスク時間がどの程度変化しているかを確かめた．課題 2 で脅威を喚起しているグループのほうが作業時間が長くなる場合，（分母が小，分子が大となることから）この値が大きくなるはずであるが，実際にはこのグループの値の中央値が 1.56，他方のグループの中央値が 2.41 となり，逆の結果となった．実験 2 の被験者全体で，課題 1 のタスク時間の中央値が 534 秒，課題 2 の中央値が 1388 秒となっており, 明らかに課題 2 のほうの難易度が高い. にもかかわらず，個別のプログラミング能力を考慮した場合でもステレオタイプ脅威を喚起した場合のほうが，タスク時間が短かった．これは数学における先行研究[3]と異なる結果である．

実験 1 および 2 の結果より，プログラミングにおけるステレオタイプ脅威の影響は明確ではないといえる．Kumar[2]の結果と異なった原因として，プログラミングを取り扱ったこと，被験者が日本人であったことが考えられる．

表 1　実験 1 のタスク時間（秒）

	女性		男性	
	脅威抑止	脅威喚起	脅威抑止	脅威喚起
中央値	674.5	444.0	277.5	360.0
平均値	675.3	478.4	436.2	523.3

表 2　実験 2 のタスク時間（秒）

	課題 1		課題 2	
	脅威抑止	脅威喚起	脅威抑止	脅威喚起
中央値	568.0	444.0	2066.0	1142.0
平均値	518.8	524.6	1764.9	1082.2

3　まとめ

本研究ではプログラミングにおけるステレオタイプ脅威の影響について分析した．2 つの実験における被験者 46 人と 12 人のデータを分析した結果，従来研究の結果とは異なり，少なくとも日本人がコーディングをする場合にステレオタイプ脅威の影響は小さい傾向が見られた．

謝辞　本研究の一部は，日本学術振興会科学研究費補助金（基盤 C：課題番号 21K11840）による助成を受けた．

参考文献

[1] S. Spencer, C. Steele, and D. Quinn: Stereotype Threat and Women's Math Performance, Journal of Experimental Social Psychology, vol.35, no.1, pp.4-28 (1999).
[2] A. Kumar: A study of stereotype threat in computer science, Proc. ACM annual conference on Innovation and technology in computer science education (ITiCSE), pp.273-278 (2012).
[3] L. O'Brien, and C. Crandall: Stereotype threat and arousal: effects on women's math performance, Personality and Social Psychology Bulletin, vol.29, no.6, pp.782-789 (2003).

コードメトリクスを利用した機械学習系ソフトウェアの特徴分析

An Analysis of Machine Learning Software Using Code Metrics

吉本 拓人 * 満田 成紀 † 福安 直樹 ‡

あらまし 開発件数が増加している機械学習ソフトウェアを定量的な観点から特徴を明らかにするために2つの機械学習モデルを使用した．それぞれのモデルでは学習にメトリクスから得られた値を入力データとして使用し，学習結果の図示を行なった．

1 背景

機械学習ソフトウェアの開発件数が増加している [1] なかで機械学習ソフトウェア特有の作り方が存在している事を示すもの [2] があるが，これは定性的なものである．本研究では機械学習系ソフトウェアとそれ以外のソフトウェアの体系における違いを，機械学習モデルにメトリクスの測定値を与える事で定量的な分析を行う．

2 データセット

機械学習のモデルで使用するソフトウェアを GitHub から合計 11 個収集した．収集対象のソフトウェアは知名度の高い企業のリポジトリとしている．これは多くの人が注目している事からバグが少ないため品質が高い事や多くの人が関わっているがために個人に偏った実装にならない為である．

収集したソフトウェアは SourceMonitor [3] によりメトリクスの測定を行う．SourceMonitor は現在でもメンテナンスが続いており，C 系統の言語や Java など多言語に対応しているツールのため採用した．計測できるメトリクスの種類は，ソースコードの行数や複雑度，1 メソッドにおける平均コード行数などである．

3 モデルの学習と結果

分析に使用した機械学習モデルは，深層学習モデルと決定木モデルの 2 つである．深層学習モデルでは分類結果の図示を行い，決定木モデルではどのメトリクスが分類に効いたのかを図示している．

両モデルにおける入力データは 1 ファイルを 1 件とした全 1675 件，この内 10%をテスト用として利用し，出力として情報システム系ソフトウェア，組み込み処理系ソフトウェア，機械学習系ソフトウェアと分類するよう学習させた．

3.1 深層学習モデル

深層学習モデルでの学習結果を図 1，表 1 に示す．図 1 を確認すると，機械学習系ソフトウェアとそれ以外のソフトウェアとで大きく分類出来ている事が確認できる．このときの f1 値を表 1 から確認すると，組み込み処理系がとても小さく 5%となっており，組み込み処理系ソフトウェアを表す点が他ソフトウェアを表す点群に混在している様子が分かる．

3.2 決定木モデル

決定木モデルでの学習結果を図 2，表 2 に示す．図 2 は分類に貢献したメトリクスを表している．棒グラフは左から右に伸びるほど分類に貢献した事を表しており，内訳として機械学習系ソフトウェア，情報システム系ソフトウェア，組み込み処理系ソフトウェアの順で表示されている．図 2 より，

- 情報システム系ソフトウェアではクラスとインタフェースの数
- 組み込み処理系ソフトウェアではコメント行数 (割合)
- 機械学習系ソフトウェアでは 1 メソッドにおける平均コード行数

が最大の決め手となり分類した事を確認した．

*Takuto Yoshimoto, 和歌山大学大学院システム工学研究科

†Naruki Mitsuda, 和歌山大学戦略情報室

‡Naoki Fukuyasu, 大阪工業大学情報科学部情報システム学科

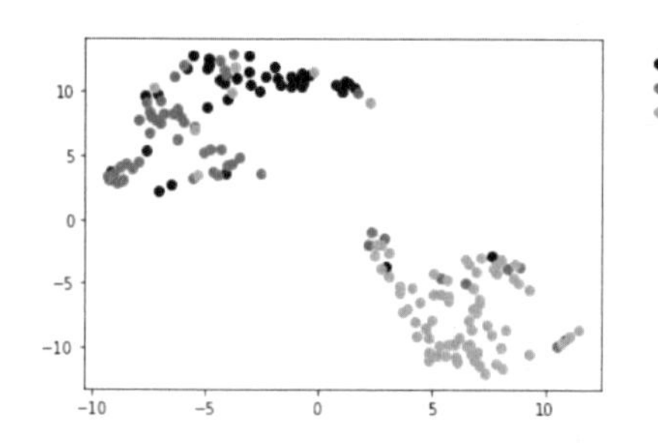

図1　分類結果の出力

表1　深層学習モデルの精度評価

	precision	recall	f1-score	support
情報システム系	0.51	0.75	0.61	40
組み込み処理系	0.08	0.04	0.05	52
機械学習系	0.61	0.68	0.65	76
accuracy			0.50	168
macro avg	0.40	0.49	0.43	168
weighted avg	0.42	0.50	0.45	168

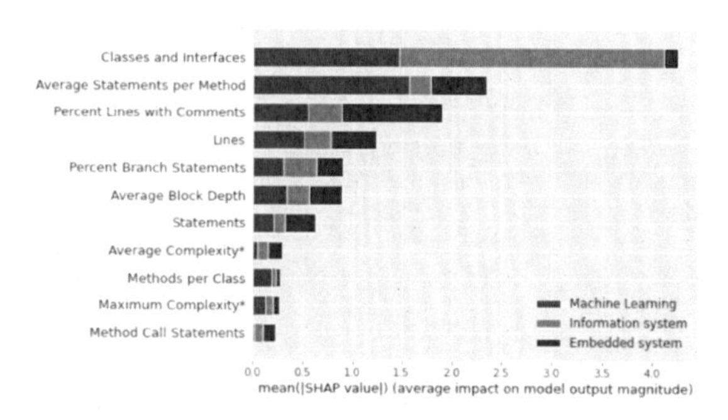

図2　ソフトウェア分類の各メトリクス寄与度

表2　決定木モデルの精度評価

	precision	recall	f1-score	support
情報システム系	0.83	0.90	0.86	42
組み込み処理系	0.91	0.87	0.89	55
機械学習系	0.99	0.96	0.97	71
accuracy			0.92	168
macro avg	0.91	0.91	0.91	168
weighted avg	0.92	0.92	0.92	168

4　考察と課題

今回得られた結果は学習に使用したデータに偏った現象なのか，未知データと今回学習した両モデルを使って，予測精度から汎化性能を確認する事とした．深層学習モデルにおいては，他ソフトウェア体系はほとんど分類出来なかったが，機械学習系ソフトウェアにおいては f1 値 0.75 という値で分類が可能であった．決定木モデルにおいては，組み込み処理系が f1 値 0.18 とほとんど分類出来なかったが，情報システム系では f1 値 0.65 で機械学習系ソフトウェアでは f1 値 0.76 で分類がなされた．未知データにおいても機械学習系ソフトウェア分類における最大の決め手となったメトリクスは，1 メソッドにおける平均コード行数で，同じメトリクスのもと分類がなされていた．

他ソフトウェア体系では過学習気味だが，未知データにおいても機械学習系ソフトウェアがある程度分類出来るのは，他ソフトウェア体系と違い機械学習モデル構築に用いられるメソッドは予め論文等で定義されているものが実装されている点である．つまり，モデル構築部分においては機械学習系ソフトウェア間で大きな違いが無いからではないか．また，Python でモデル構築を行う場合は豊富なモジュールがあり，モデル構築における違いが小さい箇所があるからではないかと考えられる．したがって，メソッドに関連したメトリクスを用いる事で分類がなされている可能性がある．

課題の 1 つとして，決定木モデルでは 1 メソッドにおける平均コード行数により分類したが，深層学習モデルでは別メトリクスの値に注目する事で分類している可能性がある．そのため，決定木モデルと同様に，分類に対する寄与度を出力する必要がある．

他の課題として，今後，ソフトウェアをさらに収集する事やソフトウェア体系の分類方法の工夫，およびなぜそのメトリクスで分類出来たのかを判別するために開発内容の分析が必要である．

参考文献

[1] Octoverse 2018 (2018 年 10 月時点の統計情報) ー オープンソースプロジェクト, GitHub ブログ,https://github.blog/jp/2018-12-19-new-open-source-projects/

[2] H. Washizaki, H. Uchida, F. Khomh and Y. Guéhéneuc, "Studying Software Engineering Patterns for Designing Machine Learning Systems," *2019 10th International Workshop on Empirical Software Engineering in Practice (IWESEP)*, Tokyo, Japan, 2019, pp. 49-495

[3] SourceMonitor, https://www.campwoodsw.com/sourcemonitor.html

鼻部皮膚温度を用いたソフトウェア開発者の認知負荷推定の試み

A Case Study of Measuring Mental Workload of Software Decelopers Based on Nasal Temperature

米田 眞 * 中才 恵太朗 † 角田 雅照 ‡ 鹿嶋 雅之 §

あらまし 身体的負担なしに計測できる生体指標を用いて，ソフトウェア開発者の認知負荷を推定することを試みる．そのためのアプローチとして，サーモグラフィをにより鼻部皮膚温度を計測して生体指標とする．実験では被験者 7 人にプログラミングに取り組んでもらい，その際の認知負荷を生体指標により推定することを試みた．

1 はじめに

近年，脳波などの生体指標（開発者の身体状態を計測して得られる指標）を用いて，ソフトウェア開発時における開発者の認知負荷を計測することが試みられている[1]．認知負荷とは，ある作業を行っているときの人間の精神的な負担の程度を指し，認知負荷が高ければ，作業者にとって精神的に困難な作業を実施していることを示す．

これまで，ソフトウェア開発者の認知負荷を計測するため，脳波，視線，fMRI などの生体指標が用いられてきた[1]．ただし，これらを計測するには，開発者に計測装置を装備してもらう必要がある．例えば，脳波の場合，導電性ジェルや電解液を電極の先につけるため，実験終了後に洗髪する必要があり，開発者に若干の身体的負担が生じる．

2 提案方法

ソフトウェア工学分野以外では，認知負荷の計測を目的として，鼻部皮膚温度が利用される場合がある[2]．鼻部の皮膚温度は，ストレスなどとの関係が強いことが知られており，サーモグラフィカメラにより計測できるため，身体的負担が発生しない．

そこで本研究では，身体的負担なしに計測できる生体指標に基づき，開発者の認知負荷を推定することを試みる．そのためのアプローチとして，サーモグラフィを用いて鼻部皮膚温度を計測し，それを認知負荷の予測モデルの説明変数として用いる．

鼻部皮膚温度として，文献[2]と同様に，前額部と鼻部の温度差 NST を採用する．本研究では，タスク中と平常時の NST の差が認知負荷と関連があると仮定し，タスク中 NST と平常時 NST の差 WNST を定義した．さらに WNST に基づいた以下の 3 つのメトリクスを新たに定義した．

- WMAX: タスク中の WNST の最大値
- WAVE: タスク中の WNST の平均値
- WDIFF: WAX と WAVE の差

実験で用いる心理指標として，NASA-TLX をベースに回答を容易にしたもの[3]を用

* Shin Komeda, 近畿大学
† Keitaro Nakasai, 鹿児島工業高等専門学校
‡ Masateru Tsunoda, 近畿大学
§ Masayuki Kashima, 鹿児島大学

い，ワークロードは raw TLX と同様に，下位尺度の単純平均を用いた．

3　実験

実験では，被験者は 3 つのプログラミング課題に取り組んだ．課題は(1) 実験環境に慣れるためのもの，(2) 低難易度，(3)中難易度の 3 つであり，(2)と(3)については被験者によって順番を入れ替えて実施した．課題は AIZU ONLINE JUDGE で公開されているものを利用した．それぞれの課題は 3 分間安静後取り組んでもらい，タスク完了後に認知負荷計測のための質問票に回答してもらった．

被験者は Web ブラウザ上のエディターでプログラムを編集し，実行ボタンを押すと，実行結果と JUnit の結果が表示される．被験者が問題を表示した時刻から JUnit のテストをクリアするまでの時間をタスク時間として計測した．

被験者は情報科学を専攻する学部 4 年生と修士課程の学生 7 名である．サーモグラフィは FLIR 社の T530 を用いた．被験者とサーモグラフィの距離は約 1m とし，放射率は 0.98 とした．NST は 2 分ごとに算出した．

実験の結果，難易度低のタスク時間は平均 6.9 分，難易度中のタスク時間は平均 13.1 分となった．WNST の平均は 0.7 であったが，最小値 0.26，最大値 1.3 であったことから，個人ごとに閾値を設定することにより，タスク中かどうかを判別できると期待される．

ワークロードと個別の解釈度を目的変数，WMAX，WAVE，WDIFF，タスク時間（対数変換済）を説明変数とし，重回帰分析を行った．タスク時間のみを用いた場合と，提案メトリクスを用いた場合のモデルの調整済 R2 を表 1 に示す．グレーの部分が，提案メトリクスにより R2 が改善したことを示し，太字部分がおおむね 0.5 以上となったものを示す．表より，作業成績，努力，フラストレーションについては提案メトリクスにより推定可能であるといえる．

表 1　調整済 R^2 の比較

モデル	ワークロード	精神負担	身体負担	時間圧力	作業成績	努力	フラストレーション
タスク時間	0.22	0.20	0.03	0.27	-0.06	0.30	0.01
提案メトリクス	0.22	0.27	0.05	0.27	**0.64**	**0.56**	**0.43**

4　結論

本研究では，ソフトウェア開発時の開発者の認知負荷を，身体的負担のない生体指標，すなわち鼻部皮膚温度を用いて推定可能かを確かめた．実験結果より，一部の認知負荷尺度については推定可能であると期待される．

謝辞　本研究の一部は，日本学術振興会科学研究費補助金（基盤 C：課題番号 21K11840）による助成を受けた．

参考文献

[1] L. Gonçales, K. Farias, B. da Silva and J. Fessler: Measuring the Cognitive Load of Software Developers: A Systematic Mapping Study, Proc. International Conference on Program Comprehension (ICPC), pp.42-52 (2019).

[2] 水野統太，野村収作，野澤昭雄，浅野裕俊，井出英人: 鼻部皮膚温度によるメンタルワークロードの継続の評価，電子情報通信学会論文誌 D, vol.J93-D, no.4, pp.535-543 (2010).

[3] K. Shinohara, H. Naito, Y. Matsui, and M. Hikono: The effects of “finger pointing and calling” on cognitive control processes in the task-switching paradigm. International Journal of Industrial Ergonomics, vol.43, no.2, pp.129-136 (2013).

Edutainment 指向のためのソフトウェア教育支援システムにおける学習者データの収集と解析

Analysis of Learners' Data Collected from Software Edutainment Systems

魏 久竣 [*] 堤 峻介 [†] 岡野 浩三 [‡] 小形 真平 [§] 新村 正明 [¶]

Summary. The idea of integrating entertainment elements such as games into education, called Edutainment, can be applied in programming education to provide highly effective learning opportunities. This paper discusses a result of analyzing the data obtained from an edutainment environment for software programming exercise in a university class. According to the result, we found that the data enabled us to estimate the progress of the tasks for each student and infer the behavior patterns of those students.

1 はじめに

近年，Edutainment と呼ばれるデジタルゲームを用いた教育手法が海外を中心に注目を浴びている [1]．本研究ではこれまで，大学専門教育に Edutainment 的なアプローチを適用するために必要な構成要素を検討してきた．そして，多人数向けオンライン統合開発環境を Docker と code-server を用いて構築した．研究の目的は高等教育としてのプログラミング教育に Edutainment や Gamification 的なアプローチを導入し，学習効果を調べることである．

そのために，信州大学の授業にてファイルとその操作の履歴を収集できるオンライン統合開発環境を用いた Java のプログラミング演習を実施し，それらのデータを収集した．環境構築の詳細及び先行研究からの改善点は，著者らの文献 [2] を参照いただきたい．

2 実験とデータ収集

学生が課題を完成する過程を分析するため，ファイルとその操作の履歴を収集できるオンライン統合開発環境を用いて，以下を概要とした実験を実施した．

(1) 期間:2020 年 10 月 30 日から 2021 年 1 月 22 日まで；(2) 講義名:ソフトウェア工学；(3) 対象ユーザ:上記授業の受講者である，信州大学工学部の学部 3 年生 73 名；(4) 演習内容:Java のプログラミング演習課題 13 問；

その演習課題において以下の要素を収集した．

(1) 課題で作成したプログラム；(2) 課題で作成したテストプログラム；(3) ユーザの操作履歴；(4) 課題ごとの，各ユーザが開発環境にアクセス日時；(5) 課題ごとの，各ユーザの累計アクセス時間．

データは，演習を受講した学生 73 名の中で，実験同意書を提出した学生 13 名を対象として収集した．なお，受講生のソースファイルを収集する機能では，課題ファイルを 1.5 秒ごとに確認し，変更があった場合に指定された所に収集を行う．

3 解析と考察

収集したデータから，学生 1 と学生 3 を例にして一つの課題が完成するまで一週間の行動パターンをまとめた，本課題の演習期間は 13 日 10:00 から 19 日 24:00 ま

[*]Jiujun Wei, 信州大学工学部

[†]Ryosuke Tsutsumi, 信州大学工学部

[‡]Kozo Okano, 信州大学工学部

[§]Shinpei Ogata, 信州大学工学部

[¶]Masaaki Niimura, 信州大学工学部

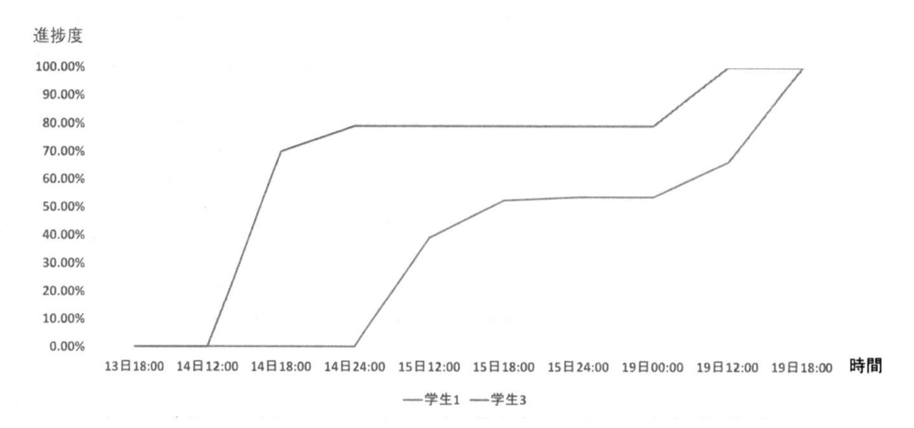

図1　学生の作業パターン

でである，結果を図1に示す．進捗度はその課題における総データ量と統計する時点で収集したデータ量の比率で表す．

学生1と学生3は課題が課された当日（13日）に作業しなかったが，一回のみ開発環境にアクセスした履歴があった．このことから，学生1と学生3は課題ファイルをチェックする習慣がある可能性が高いと考える．

図1に着目すると，学生1は13日で課題を確認した後，週末の15日午前で39％の作業を行った，続いて午後から夜まで3時間作業を行って，15日当日で53％の作業を行った．それから16日で作業の53％を行ったことがわかる．

学生3は13日で課題を確認した後，14日には作業の79％を行ったが，その後の週末と次の週は作業を行わず，締め切り前日の19日で残った21％の作業を行ったという作業パターンがわかる．

4　まとめ

本稿では，code-serverとDockerを用いたクラウドIDEを構築した．そして実験としてこの演習環境を信州大学の授業に導入し，プログラミング課題演習を行った．そのデータの分析により学生の取り組み具合や課題の進捗分析について考察し，学生が課題を完成する作業パターンを調査した．

今後の課題としては，第一に得られたデータから各日時で学生が取り組んだ内容についての分析[3]，第二にデータの可視化，第三にGamification機能の実装が挙げられる．

謝辞　本研究は文部科学省の「Society5.0実現化研究拠点支援事業」に基づき大阪大学が運営している「ライフデザイン・イノベーション研究拠点(iLDi)事業グランドチャレンジ研究」から研究資金の提供を受けている．研究の一部は科研費基盤A(19H01102)と基盤C(21K11826)に負う．また，データ収集と提供にご協力いただいた信州大学工学部の学生有志に感謝いたします．

参考文献

[1] 野口孝文:“ゲーム作成を課題にしたプログラミング教育とその分析方法の開発”, 電子情報通信学会技術報告, vol. 104, no. 222, pp. 1-6, 2004.

[2] 魏久竣, 堤峻介, 岡野浩三, 小形真平, 新村正明:“Edutainment指向のためのソフトウェア教育支援システムの構築と学習者のデータ解析”, 電子情報通信学会技術報告, vol. 121, no. 35, pp. 1-6, 2021.

[3] 吉村涼矢, 坂本一憲, 鷲崎弘宜, 深澤良彰:“プログラミング教育のための類題出題システムの提案”, 情報処理学会研究報告, コンピュータと教育 (CE), vol. 2020-CE-157, no. 3, pp. 1-6, 2020.

暗号通貨ウォレットを構成するソフトウェアの開発活動と時価総額の関係性の観察

Observing Relationships between Development Activities and Market Capitalizations of Software which Constitutes Cryptocurrency Wallet

安藤 勇人 * 横森 励士 † 名倉 正剛 ‡

あらまし 本研究では，暗号通貨ウォレットを構成するソフトウェアの開発活動と暗号通貨の時価総額との関連を観察した．その結果，開発活動の活発さと時価総額の関連を用いてプロジェクトを分類できた．

1 暗号通貨ウォレットとソフトウェア開発

一般的に，暗号通貨は "Satoshi Nakamoto" の論文 [1] で提案された方法を実装したシステムとして実現される．そして代表的なビットコインの他にアルトコインと呼ばれるさまざまな暗号通貨を実現するシステムが実装されている．暗号通貨を実現するシステムを「暗号通貨ウォレット（Cryptocurrency wallet）」と呼ぶ [2]．これは，暗号鍵情報を格納するデバイスや物理媒体の他に，プログラムやサービスを含む．インターネットを介してやり取りする暗号通貨ウォレットにおいて，クライアントで動作するように実装したソフトウェアをクライアントウォレットと呼ぶ．前述のビットコインの場合には，"Bitcoin Core" というクライアントウォレットが実装されている．ビットコインやアルトコインの利用に必要なクライアントウォレットは一般的にオープンソースソフトウェアプロジェクトとして公開されており，その場合は GitHub [1] のようなリポジトリを利用して開発が行われることが多い．

2 ソフトウェア開発活動と時価総額の関係性の観察

現実世界での通貨取引と同様に，暗号通貨は仮想的な取引所によって取引される．この取引に応じて，それぞれの暗号通貨の時価総額が決定する．時価総額は暗号通貨の影響力を示す指標として利用されることもある．そして，CoinMarketCap [2] や CoinGecko [3] のように暗号通貨の最新の時価総額ランキングを公開している Web サイトもある．一般的な通貨と同様に市場原理の下で変動するのであれば，時価総額が高い暗号通貨には影響力があり，多くの利用者が利用しているといえる．

ソフトウェアに対するリファクタリングなどの改変は，バグを修正するような活動によって行われる [3]．多くの利用者が利用するソフトウェアにはバグ指摘や機能追加の機会が多いと考えるのが自然であり，リファクタリングなどの開発活動が多くなるはずである．我々はユーザに直接利用される機会の多いクライアントウォレットのソフトウェアに着目し，ソフトウェアが対象とする暗号通貨と開発活動には何らかの相関が存在するのではと考え，観察を行った．観察手順を次に示す．

手順 1) CoinGecko に公開された暗号通貨のうち，2021 年 8 月時点での時価総額が 1 ドル以上で，クライアントウォレットのソースコードについて GitHub へのリンクがあり，時価総額の過去履歴が存在しているものを選択する．

手順 2) 手順 1 で選択した暗号通貨の月ごとの時価総額を取得する．

*Hayato Ando, 南山大学大学院理工学研究科

†Reishi Yokomori, 南山大学理工学部

‡Masataka Nagura, 南山大学理工学部

[1] "GitHub" https://github.com/ (2021/9/10 閲覧)

[2] "Today's Cryptocurrency Prices by Market Cap" https://coinmarketcap.com/(2021/9/10 閲覧)

[3] "Cryptocurrency Prices by Market Cap" https://www.coingecko.com/ (2021/9/10 閲覧)

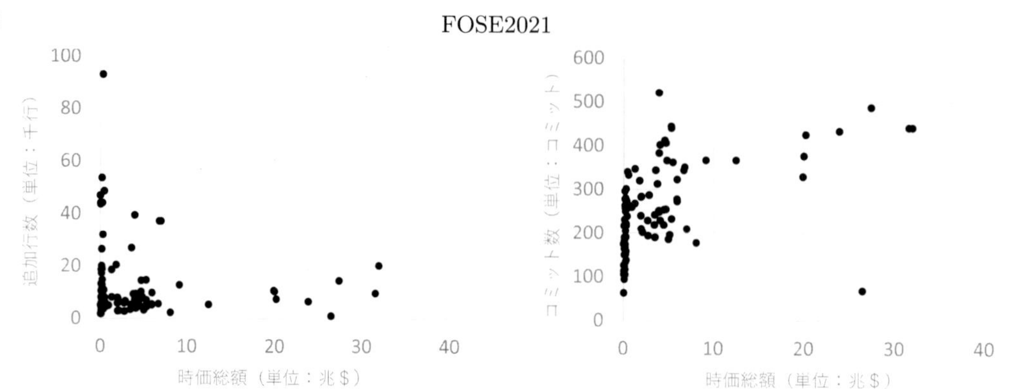

(a) 追加行数と時価総額の関係　　(b) コミット数と時価総額の関係

図 1　開発活動と時価総額の関係　（対象：“Bitcoin Core” プロジェクト）

手順 3) 手順 1 で選択した暗号通貨のクライアントウォレットの GitHub リポジトリから，開発活動を示すメトリクスを手順 2 と同様に月ごとに取得する．

手順 4) 手順 2，3 で取得した時価総額とメトリクスの関連を観察する．

まず手順 1 によって 467 種類の暗号通貨を選択した．そして選択した暗号通貨に対応するクライアントウォレットの GitHub リポジトリを利用し，手順 3 では，コミット数，ユニークな開発者数，追加行数，削除行数をメトリクスとして取得した．

取得した月ごとの時価総額と開発メトリクスとの関係を散布図に示した．一例として “Bitcoin Core” プロジェクト[4] で開発が実施されていた全期間に対し，対応する月ごとの追加行数と時価総額の関係を図 1(a) に，コミット数と時価総額の関係を図 1(b) に示す[5]．観察対象の 467 種類の暗号通貨に対して同様に散布図で表現し分布のパターンを目視で確認したところ，次の 4 つに分類できた．

(1) 時価総額に関わらずコミット数も変更行数も多いもの．
(2) 時価総額が高い時にコミット数と変更行数が少ないもの．
(3) 時価総額に関わらずコミット数が多いが，高い時に変更行数が少ないもの．小さな修正が継続的に実施されていると考えることができる（図 1 が該当）．
(4) 時価総額に関わらずコミット数も変更行数も少ないもの．

3　まとめと今後の展望

暗号通貨ウォレットを構成するソフトウェアの開発活動と暗号通貨の時価総額との関連を観察した結果，4 つのパターンに分類できそうであることが示唆された．Jia らはソースコード類似性から時価総額を予測することを試みているが [4]，プロジェクトメトリクスも時価総額の予測に利用できる可能性があると考える．

謝辞 本研究の成果の一部は，科研費基盤研究 (C)20K11758，2021 年度南山大学パッヘ研究奨励金 I-A-2 の助成による．

参考文献

[1] Nakamoto, S. (2008): *Bitcoin: A Peer-to-Peer Electronic Cash System*, [Online]. Available: `https://bitcoin.org/bitcoin.pdf`（参照 2021-09-10）．
[2] Wikimedia Foundation, Inc.: Cryptocurrency wallet, Available: `https://en.wikipedia.org/wiki/Cryptocurrency_wallet`（参照 2021-09-10）．
[3] Bavota, G., et al.: When Does a Refactoring Induce Bugs? An Empirical Study, in Proc. of 12th IEEE Int'l Working Conf. on Source Code Analysis and Manipulation (SCAM 2012), 2012, pp. 104-113.
[4] Jia A., et al.: From Innovations to Prospects: What Is Hidden Behind Cryptocurrencies?, in Proc. of the 17th Int'l Conf. on Mining Software Repositories (MSR'20), 2020, pp. 288-299.

[4] “Bitcoin Core integration/staging tree” `https://github.com/bitcoin/bitcoin` (2021/9/10 閲覧)
[5] 開発者数は (a) に削除行数は (b) にそれぞれ分布が似ていたので，紙面の都合上掲載しない．

ドキュメントの自動生成によるEnd-to-Endテストスクリプトの理解支援

Automatic Document Generation to Support Understanding End-to-End Test Scripts

但馬 将貴* 切貫 弘之† 丹野 治門‡

あらまし ソフトウェアのテスト自動化は，リリースサイクルの短縮が求められる近年のソフトウェア開発において重要である．テスト自動化のためにはテストスクリプトを実装する必要があり，それを効率化するためにテストスクリプトを自動生成する手法が存在する．しかし，自動生成されたテストスクリプトの可読性は一般的に低く，理解および保守が困難である．本研究では，与えられたテストスクリプトの説明書を生成する手法を提案する．この説明書はテストに関わる画面が強調された画面遷移図とスクリーンショット付きの手順書で構成される．提案手法を利用することでテストスクリプトの理解および保守が容易になることが期待できる．

1 背景

ソフトウェアテスト（以下，テスト）の効率化のための重要な手法の1つとして，テスト自動化がある．画面が存在するWebアプリケーション等を対象とするテストでは，画面の操作を伴うテスト（End-to-Endテスト）が必要であり，End-to-Endテストの自動化のためにSelenium IDE [1] に代表されるWebブラウザの操作を自動化するテストツールが広く用いられている．これらのテストツールはテスト手順が記述されたソースコード（以下，テストスクリプト）を自動生成するが，テスト対象アプリケーションに修正が加わると既存のテストスクリプトに修正が必要になる場合がある．この場合，テストスクリプトを容易に理解できることが重要であるが，自動生成されたテストスクリプトは可読性が低い傾向があり保守が困難である．

自動生成されたテストスクリプトの可読性における問題の1つ目は，一般的なテストスクリプトの記述では操作対象である要素（フォーム，ボタン，リンク等）を識別するためにテスト対象アプリケーションのHTMLソースコード内のメタデータ（id，name，XPath等）が参照されることである．これらのメタデータは必ずしも説明的でないため，アプリケーション画面内のどの要素を操作するかをテストスクリプトから判別できない場合がある．この問題はSelenium IDEだけでなく，APOGEN [2] を初めとする既存のテストスクリプト生成手法にも共通している．可読性におけるもう1つの問題は，生成されたテストケースの概略が文書化されないことである．生成されたテストケースが検証する内容を明らかにするには，テストスクリプトを逐次的に読解するか，実際に自動テストを実行して動作を確認した上で文書化する必要があり，いずれもテストの規模が大きくなると困難である．

本研究では，与えられたテストスクリプトの説明書を自動生成することで，テストスクリプトの理解および保守を容易にすることを目指す．提案手法では，1つ目の問題に対し，テストスクリプトから特定できない操作対象の要素を特定するため，該当要素が強調されたスクリーンショットを付加したテスト手順の記述を生成することで解決する．また，2つ目の問題に対し，テストの概略を視覚的に理解するため，テストに関わる画面遷移を強調した画面遷移図を生成することで解決する．

*Masaki Tajima, 日本電信電話株式会社ソフトウェアイノベーションセンタ
†Hiroyuki Kirinuki, 日本電信電話株式会社ソフトウェアイノベーションセンタ
‡Haruto Tanno, 日本電信電話株式会社ソフトウェアイノベーションセンタ

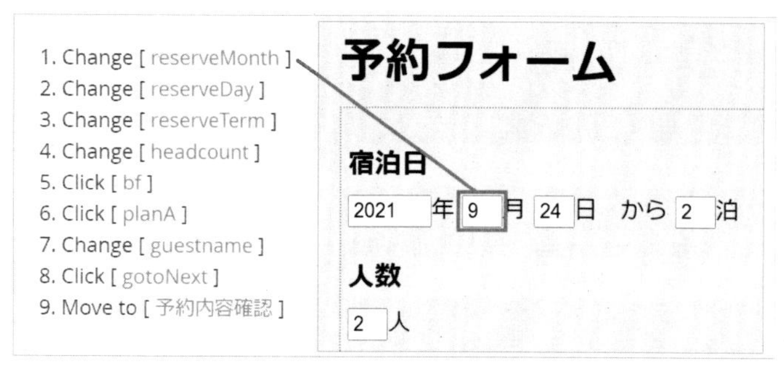

(a) テスト手順

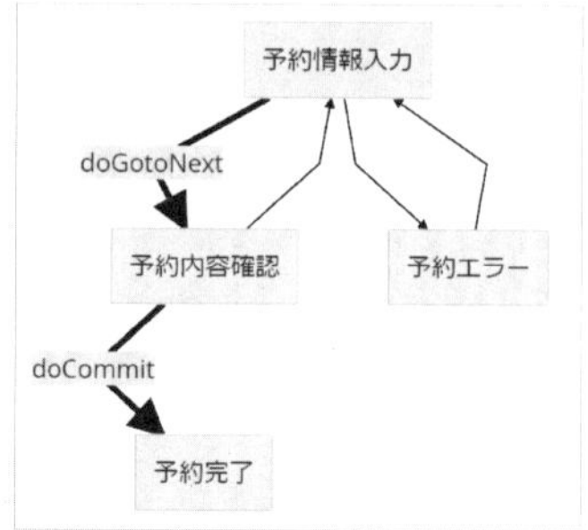

(b) 画面遷移図

図 1: テストスクリプトの説明書

2 テストスクリプトの説明書

本研究では，Web アプリケーションに対する手動テストのログ（以下，テストログ）からテストスクリプトを生成する切貫らの手法 [3] を対象とし，テストスクリプトの説明書を生成する手法を提案する．提案手法はテストログとテストスクリプトを入力とし，テストスクリプトの説明書を出力する．テストログに含まれるテスト対象アプリケーションのスクリーンショットとテストスクリプトに含まれるテスト手順の情報を組み合わせることで説明書を生成する．ここで，テストログは切貫らの手法により事前に取得できているものとする．テストスクリプトの説明書は HTML で記述されており，テストに関わる画面が強調された画面遷移図とスクリーンショット付きのテスト手順で構成される．

図 1 に生成されるテストスクリプトの説明書の例を示す．図 1(a) のテスト手順は，手順中の各操作をクリックすることで操作対象の要素が強調されたスクリーンショットが確認できる．これにより，テストスクリプトを読むだけでは操作対象の要素が判別できない問題が解決できる．図 1(b) の画面遷移図は，あるテストケースで行われる画面遷移と各画面遷移を引き起こすメソッド名を示している．ここでのメソッドとは一画面で行われる一連の操作であり，入力されたテストスクリプトに定義されている．ここでは,「doGotoNext」,「doCommit」という 2 つのメソッド呼出しで構成され,「予約情報入力」,「予約内容確認」,「予約完了」の順に画面遷移することがわかる．これにより，各テストケースで呼ばれるメソッドと行われる画面遷移が視覚的に確認できるため，テストケースの概略を理解する助けとなる．

3 結論

本研究では，自動生成されたテストスクリプトに対して，テストに関わる画面が強調された画面遷移図とスクリーンショット付きの手順書を生成する手法を提案した．これにより，テストスクリプトの可読性の問題を解決し，テストスクリプトの理解および保守が容易になることが期待できる．今後は，提案手法の有効性を示すための評価実験の実施および，一般的なテストスクリプトに対して適用できるように手法を拡張することを検討したい．

参考文献

[1] Selenium IDE: https://selenium.dev/selenium-ide/
[2] Stocco, A., Leotta, M., Ricca, F. and Tonella, P.: Clustering-Aided Page Object Generation for Web Testing, *ICWE2016*, pp. 132-151.
[3] 切貫弘之, 丹野治門: 手動テストのログを用いた有用な End-to-End テストスクリプトの自動生成, *SES2020* 論文集, pp. 106-114.

◎本書スタッフ
編集長：石井 沙知
編集：伊藤 雅英・山根 加那子
表紙デザイン：tplot.inc 中沢 岳志
技術開発・システム支援：インプレスR&D NextPublishingセンター

●本書の内容についてのお問い合わせ先
近代科学社Digital　メール窓口
kdd-info@kindaikagaku.co.jp
件名に「『本書名』問い合わせ係」と明記してお送りください。
電話やFAX、郵便でのご質問にはお答えできません。返信までには、しばらくお時間をいただく場合があります。なお、本書の範囲を超えるご質問にはお答えしかねますので、あらかじめご了承ください。

レクチャーノート/ソフトウェア学 47

ソフトウェア工学の基礎 28

2021年11月19日　初版発行Ver.1.0

編　者　名倉 正剛,関澤 俊弦
発行人　大塚 浩昭
発　行　近代科学社Digital
販　売　株式会社 近代科学社
〒101-0051
東京都千代田区神田神保町1丁目105番地
https://www.kindaikagaku.co.jp

ISBN978-4-7649-6028-2